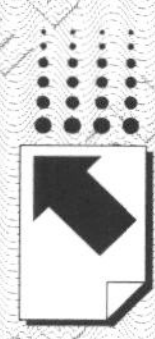

权威·前沿·原创

皮书系列为
“十二五”国家重点图书出版规划项目

中国设计产业发展报告 2014~2015

ANNUAL REPORT ON DESIGN INDUSTRY DEVELOPMENT OF CHINA (2014-2015)

主　编／陈冬亮　梁昊光
副主编／王　忠　张宜春

社会科学文献出版社
SOCIAL SCIENCES ACADEMIC PRESS (CHINA)

图书在版编目（CIP）数据

中国设计产业发展报告：2014～2015/陈冬亮，梁昊光主编. —北京：社会科学文献出版社，2015.3
（设计产业蓝皮书）
ISBN 978-7-5097-7260-7

Ⅰ.①中… Ⅱ.①陈… ②梁… Ⅲ.①产品设计-研究报告-中国-2014～2015 Ⅳ.①TB472

中国版本图书馆 CIP 数据核字（2015）第 052970 号

设计产业蓝皮书
中国设计产业发展报告 2014～2015

主　　编／陈冬亮　梁昊光
副 主 编／王　忠　张宜春

出 版 人／谢寿光
项目统筹／周映希
责任编辑／周映希

出　　版／社会科学文献出版社 · 皮书出版分社（010）59367127
地址：北京市北三环中路甲 29 号院华龙大厦　邮编：100029
网址：www.ssap.com.cn
发　　行／市场营销中心（010）59367081　59367090
读者服务中心（010）59367028
印　　装／三河市东方印刷有限公司

规　　格／开 本：787mm×1092mm　1/16
印 张：27　字 数：407 千字
版　　次／2015 年 3 月第 1 版　2015 年 3 月第 1 次印刷
书　　号／ISBN 978-7-5097-7260-7
定　　价／89.00 元

皮书序列号／B-2015-425

《中国设计产业发展报告2014～2015》
编　委　会

主要编撰者简介

陈冬亮　高级工程师、研究员。北京工业设计促进中心主任，中国工业设计协会副会长、中国设计红星奖执行主席、北京工业设计促进会理事长、北京国际设计周组委会办公室常务副主任。教育部高等学校设计学类教学指导委员会委员、工业设计专业教学指导委员会副主任委员，科技部“现代服务业共性技术支撑体系与应用示范工程”重大项目专家总体组成员，工信部中国优秀工业设计奖终评专家，文化部中国设计大展终审评委，清华大学工业设计学科发展顾问，北京印刷学院客座教授，韩国设计振兴院顾问。

梁昊光　博士、研究员。现任北京市社会科学院经济所副所长，北京市首都发展研究院院长、国家行政学院博士后导师。兼任《中国区域经济发展报告》（蓝皮书）主编。华中科技大学西方经济学博士，中国科学院经济地理专业博士后。近年来，主持国家自然科学基金面上项目、北京市科技支撑计划项目、北京市哲学社会科学基金等重大课题40余项。出版著作4部，在《地理学报》《地理研究》《北京社会科学》等权威期刊发表论文50余篇。曾获国土资源部“国土资源科学技术奖”一等奖、北京市社会科学院优秀成果一等奖等。

摘　要

为充分展现以创新驱动产业发展的成效，传达以创新策略加强知识共享和促进城市可持续发展的意愿，国际创意与可持续发展中心、北京市社会科学院、北京工业设计促进中心联合全国知名专家学者撰写的《中国设计产业发展报告》（蓝皮书），旨在展示设计业创新发展现状与规律，提炼设计业创新发展的新模式，展望设计业创新发展的趋势，关注设计业创新发展的热点，促进推动设计创新能力的提升跨越，努力打造成为中国设计领域最具权威的年度报告。

地区篇展现了北京“科技＋设计”的发展模式，设计提升市民的生活质量已经成为国内先行城市的发展理念，上海、深圳、广州、杭州等城市以设计服务为代表的新型高端服务业发展已形成一定的规模，在促进与实体经济深度融合方面取得了实质性的进展，成为国民经济新的增长点。

行业篇对涵盖广告设计、集成电路、展示设计等设计产业 11 个细分行业进行了全面梳理，对众筹金融、可穿戴等智能设备、3D 打印等新兴业态最新趋势进行了解读。新技术和物联网、大数据、云计算等促进创客运动兴起，专业设计与大众创业、万众创新相结合，将增强设计创新的力量。可穿戴等设备朝着促进情感交流、智能辅助、多通道交互、设备植入、隐私安全等多个方向综合发展。同时，北京设计产业统计分类研究和中国设计红星指数的编制方法也在书中首次披露，通过具体监测指标的量化处理来表征设计行业的综合发展状况和未来趋势变化，对于全国设计产业发展具有典型意义和示范作用。

目　录

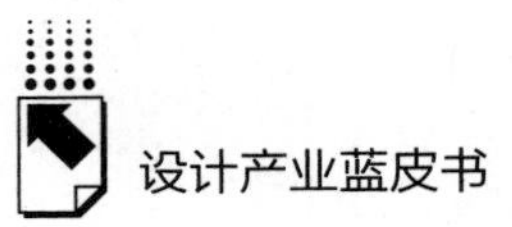

B Ⅲ 地区篇

B Ⅳ 行业篇

ⅣⅤ 热点篇

皮书数据库阅读使用指南

前　言

路甬祥 *

设计始于石器时代，设计促进推动了人类文明进步，也经历了数千年农耕文明和 250 余年近现代工业文明的发展进化。18 世纪中叶，蒸汽机、火车、轮船和工作机械设计制造，引发了第一次工业革命。19 世纪 70 年代以后，电机电器、电力系统、内燃机、汽轮机、燃气轮机、汽车、飞机、核电站等机电设计创造，引发支持了第二次工业革命。兴起于 20 世纪 20 年代的工业设计倡导技艺结合，功能、美学、经济相协调，提升产品附加值和竞争力。20 世纪中叶以来，半导体、集成电路、软件、计算机等发明和设计，使人类进入了信息化、数字化、机械电子一体化的后工业时代。进入 21 世纪，人类步入知识网络时代，全球宽带、云计算、大数据，为设计创新提供了全新的信息网络环境和前所未有的知识信息资源。全球市场多样化、个性化需求持续增长，资源环境压力、应对气候变化、科技创新与产业变革、发展理念进化等，推动设计制造向绿色低碳、网络智能制造与服务转型。设计将更依靠人的创意创造，依靠科学技术、经济社会、人文艺术、生态环境等知识信息大数据；设计制造的全过程，不仅处于物理环境中，还同时处于全球信息网络环境中；将从工业时代注重产品的功能和成本效益，拓展为注重包括制造过程、营销服务、使用运行到遗骸处理和再制造等全生命周期的资源能源高效利用，经济社会、人文艺术、生态环境等协调优化和可持续发展的价值追求；将转向多样化、个性化、定制式、更注重用户体验的设计制造服务；宽带网络、云计算、虚拟现实、3D + X 打印、信息开放获取、智能

---

* 路甬祥，中国科学院院士、中国工程院院士，第十届、十一届全国人大常委会副委员长。

交通物流等，为设计创造了全新的自由开放、公平竞争、全球合作环境；设计将重新与制造融合，成为依托大数据和云计算，全球协同、共创分享的网络设计制造和营销服务。制造者、分销商、运行服务商、用户乃至第三方“创客”皆可共同参与设计创新。知识网络时代的设计是人人可以公平自由参与、共创分享的创意创造。

知识网络时代的资源能源开发利用、转化储存，将转向绿色低碳、智能高效、可再生循环、可持续利用。人们将致力于设计创造绿色材料，超常结构功能材料，可再生循环材料，具有自感知、自适应、自补偿、自修复功能的智能材料等，将设计创造多样的增材与减材绿色低碳工艺与智能装备；空天海洋、深部地球、运载物流、化工核能、生物医学、微纳系统等超常环境、超常功能、超常尺度成为设计的新领域和新目标；增材与减材精确成形与处理等技术创新，将使设计更加自由，任何奇思妙想的设计都能被制造出来；计算机辅助设计也将进化为基于全球网络、大数据和超级计算的数字虚拟现实，多元优化，设计分析、控制管理等工具和应用软件的设计创新成为竞争力和附加值的新要素；设计研发将融合物理、化学、生物与仿生等多样科技创新，将融合理论、实验、虚拟现实和大数据等科学方法；知识网络时代的设计将具有绿色低碳、网络智能、超常融合、多元优化、共创分享等特征。如果将农耕时代的传统设计表征为“设计 1.0”，工业时代的近现代设计表征为“设计 2.0”，知识网络时代的创新设计便可以表征为“设计 3.0”。

近十年来，全球经济与产业结构加快调整，美国提出振兴高端制造战略，德国推进工业 4.0，日本致力发展无人工厂和协同机器人，英国着力发展生物、纳米、数字和高附加值制造技术，法国推出《新工业法国》战略……这些工业发达国家，都将高端制造视为重振实体经济的基础与核心，国家创造力、竞争力、国家安全和可持续发展能力的基石，都将创意、创造和设计创新能力视为引领实现国家制造与服务创新的关键环节，国家和企业提升竞争力、创造价值与品牌的核心要素，努力通过促进信息知识资源共享，加大投入，培育人才，强化知识产权保护，优化设计文化和创新创业环境，抢占创新发展的制高点，并取得了各自的进展和经验。

今天，我国成为全球第二大经济体，成为举世公认的制造大国。近年来，我国科技论文、发明专利数量快速增长，获国际工业设计奖项的数量也快速上升；尤其是航天、高铁、航母、超算等成就标志着我国重大工程装备设计制造能力已进入世界先进行列；华为、联想、阿里巴巴等成为信息网络时代中国企业在技术创新、全球经营和电商模式创新设计和成功实施的范例。但我们也必须清醒地看到，与发达国家相比，我国自主创新能力还比较薄弱，多数企业仍以跟踪模仿为主，缺少自主知识产权的核心技术，关键材料、高端装备、集成电路、基础软件等严重依赖进口，中国制造的附加值、利润率低，仍处于全球产业链的低中端；尤其缺少自主设计创造引领世界的高端产品、先进工艺、关键装备和经营服务模式创新、著名跨国企业和国际品牌。我国还不是制造强国和创造大国。2014 年 5 月，习近平总书记在河南考察时指出，“要推动中国制造向中国创造转变、中国速度向中国质量转变、中国产品向中国品牌转变”。提出了中国制造发展转型升级的新目标。加快实现“三个转变”，必须实施创新驱动发展战略，深化科技体制改革，持续加强相关基础前沿研究；必须加强基础核心技术的自主创新，继续鼓励引进消化吸收基础上再创新和自主集成创新，促进转移转化；必须继续组织实施重大科技专项与工程引领示范。还必须充分认知创新设计在制造业和工程技术创新中的重要价值及在知识网络时代的新特征，鼓励和支持设计创新，提升创新设计的自信和能力，建设创新设计文化，培育创新设计人才和团队，构建以企业为主体、以市场为导向、产学研紧密结合、媒用金统力协同、开放合作的创新设计体系，发展创新设计产业，全面提升创新设计能力和水平。

设计是依靠人的创意创造、有目标的系统集成创新。知识网络时代的创新设计，更是以知识信息大数据为基础，依托先进理念、科技、艺术、经营服务的创新的支撑，创造经济、社会、文化和生态价值，赢得市场、引领未来。设计是创意创造与创新驱动的高端服务业，更是提升制造业、服务业、交通物流、能源环保、健康医药、文化创意等产业竞争力、附加价值和可持

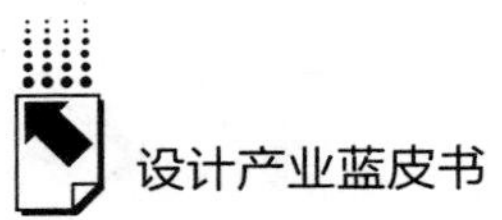

续发展能力的关键因素。设计不仅仅是产品的美学设计和创造，更是对产品性能、工艺技术、营销模式与服务品质、用户体验、安全、健康和环保等社会公共需求的集成创新和系统优化。知识网络时代的设计更具有绿色智能、融合共创、个性化、定制化的特点。设计作为一种先进文化理念和创新方式将渗透到经济社会的各个领域和行业，发挥其催化引领功效，促进相关产业的升级、增值、转型，支持引领制造、营销、服务方式创新，引领促进中国制造向中国创造的转变，创造更美好生活。

设计创新不仅由市场需求推动，更是由技术创新、创意创造的推动。不仅需要政府的重视、支持和引导，更需要企业发挥设计创新的主体作用，需要发挥产学研合作创新的作用，还需要发挥媒用金的参与协同，需要国际合作和交流，需要设计人才和团队的培育优化，需要创新设计的区域集聚、培育创新设计之都。深圳、上海和北京已被联合国教科文组织命名为创意城市网络的“设计之都”。中央与地方各级政府不断加大对设计产业政策扶植力度。2014 年，国务院颁布《关于推进文化创意和设计服务与相关产业融合发展的若干意见》，文化部、工信部、中国人民银行、财政部等积极推动设计产业发展的指导性意见。越来越多的企业将创新设计作为创新发展转型的重要环节。北京、上海、浙江、深圳等越来越多的省市将提升设计创新能力、建设创新设计之都作为创新驱动发展战略的重要抓手。国际设计周、国际创意产业周、国际工业设计活动周，设计红星奖、龙腾奖、“中国好设计”和创新设计产业战略联盟、工业设计中心、创新设计研究院等培育激励设计创新的专项活动和专业组织不断涌现，中国设计与产业创新能力与国际影响力不断提升。但中国设计还面临一些制约因素，包括以下几个方面。从整体而言，中国设计还处于分散自发状态，尚未制订国家创新设计整体规划，缺乏支持鼓励设计创新的政策和行业管理规范和机制的顶层设计；设计市场的发育也还处于初级阶段，知识产权保护的执行力不强，产品设计模仿多、原创少，尤其是第三方设计企业或利益权人多为小微企业或个人，维权难、融资难；设计人才和团队的素质、知识能力结构也不适应“设计 3.0”发展的需要；对于设计文化的理解还大多停留在美学和文化符号层面，需要深化对自主原创、功能效率、绿色环保、智慧诚信、人文艺术、品质品牌等代表中国品格并具时代特征的先进设计创造文化内涵的凝练升华和不懈追求。要注重研究德国设计制造形成的严谨可靠、日本设计制造的精致实用、法国设计制造的优雅华丽、美国设计制造追求的创造引领等各具特点的设计制造文化特征。

当前，中国经济已进入新常态，更加注重发展的质量和效益，更加注重依靠创新驱动，更加需要创新设计的支撑与引领。创新设计也将为中国经济与产业注入新内涵、提供新动力、提升新形象、创造新价值。中国设计必将走出一条具有中国特色的创新设计发展道路。《中国设计产业发展报告》旨在展示设计业创新发展现状与规律，提炼设计业创新发展的新模式，展望设计业创新发展的趋势，关注设计业创新发展的热点，促进推动设计创新能力的提升跨越，努力打造成为中国设计领域最具影响力的年度报告，很有意义。我相信本书的出版，将为我国设计业的创新发展注入正能量，并为广大读者了解设计业创新发展提供有益帮助，也希望我的前言能引发设计界同人们的新思考。

祝中国设计的明天更美好！

总 报 告

General Report

B.1
中国设计产业发展形势与预测

王洪亮*

摘 要：自2008年全球经济危机之后，世界范围内尤其是亚洲地区的经济、文化发生了很大的变化，这一点也影响到了设计产业。本文所指涉和分析的设计内容是结合现实社会生活实用功能基础之上的审美需求实现，其中主要包括现实设计实践本体、引领设计发展的理论建设和设计教育水平发展状况，并结合上述设计领域的三个层面对金融危机后迅速崛起的中国设计产业进行了分析与论述。

关键词：设计实践　设计理论　设计教育

---

* 王洪亮，2005年毕业于清华大学美术学院并获硕士学位，中央美术学院博士，现任教于中国传媒大学广告学院。曾任职于国际广告公司从事创意与设计工作。著有《视觉传达与媒体应用》《媒体设计概论》，发表多篇学术论文，美术与设计作品多次参加国内外展览并获奖。

中国的现代设计起步于20世纪80年代末90年代初。在此之前，中国也有着广泛意义上的设计工作，例如工艺美术、民间美术等艺术门类都起着美化人们生活的现实作用，这种广义的设计就是泛指任何蕴涵人类思想的造物活动。此外，现今的一些专家们也给出了诸如“设计是一种介入方式”“设计是一种关系的构建”“设计是一种事理关系”等对于设计定义的阐释，在此基础之上综合来看现代设计应该是涵盖平面设计、服装设计、工业设计、建筑设计等门类的审美功能与生活实用功能的结合。本文所指涉和分析的设计内容也是结合人们现实生活当中，建立在实用功能基础之上的审美需求的方方面面，其中主要包括现实设计实践本体、引领设计发展的理论建设和设计教育水平发展状况三个方面。

一　设计实践

首先，目前中国的设计实践总体还处于一个相对西方发达国家较低的水平。设计实践的从业主体主要包括设计师、雇主和消费者三个方面。

（一）在中国的设计实践

对象主要涉及城市居民和农民两个大的层面，中国目前乡村居民的基数较大，整体落后于发达国家的经济和社会文化发展水平，在一定程度上限制了设计整体水平的发展。在中国城市居民当中又可以分为普通市民阶层和高度富裕阶层。目前普通城市居民的设计是中国设计消费的主体，这些设计的一个重要特点就是大众化的设计。在这其中消费者分析占据重要的地位，从消费者出发，包括在农村消费的设计务必要考虑到农民百姓的审美水平，在这一点上这是和独立艺术有着很大区别的。虽然2010年我国国内生产总值超过日本，成为世界第二大经济体，但是我们的人均国内生产总值只排在世界第100位左右，但因为我国人口基数过大的原因，经济发展不平衡问题突出，很多城市、乡村的居民水平还是远远落后于发达国家的人均水平的，百姓生活水平仍待提高。这种物质上的匮乏对于意识形态的发展也形成了制约，普通居民对于日用设计的需求还是仅仅停留在满足功能的基础之上，即便具有审美需求也往往受到眼界和文化水平的限制，所以设计师的设计或者说广告主的选择更多是着眼于消费者的喜好。此种现象反映出物质基础还是对上层建筑在根本上起着先决性的作用，虽然个别的设计师坚持自己的设计主张，做一些设计方面的尝试，但这也仅仅局限于实验的范畴和小众的需求。从大众的审美需求来看，目前中国依然处于发展中国家之列，那么总体大众的意识形态也很难超越这种经济和社会的发展水平的现状。

（二）中国目前设计师的发展状态

目前我国设计师从业人数1700万，截至2013年底，我国企业保有量为1546.16万家，也就是说平均每家企业拥有1.1个设计师（图1）。根据波士顿咨询数据显示，全球设计师人数约9000万，这个数字为全职从事设计行业的（图2）。

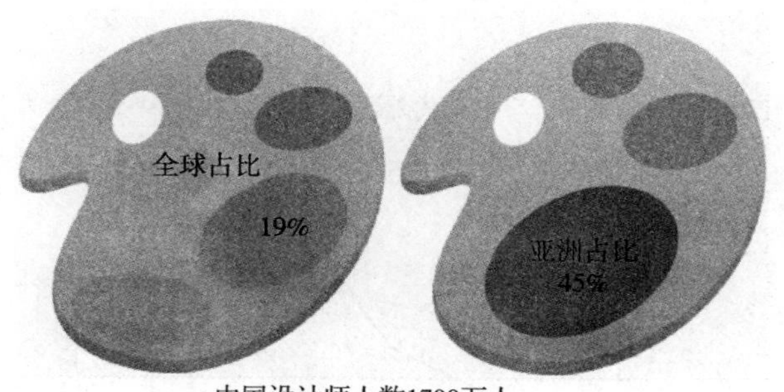

图1　中国设计师人数在全球及亚洲占比

中国的设计师主要分布在经济发达地区、沿海区域及省会城市，北上广深占据了设计师的主要就业地。

收入状况：综合分析数据显示，目前我国设计行业的人员平均薪资在12000元/月左右，虽然设计师的收入随着年龄的增长呈上升趋向，但多数设计师的创作能力却呈现抛物线状态，即随着时间的推移，开始时逐步增长，8年左右的行业背景是创作的最强时期，在进入管理岗位之后

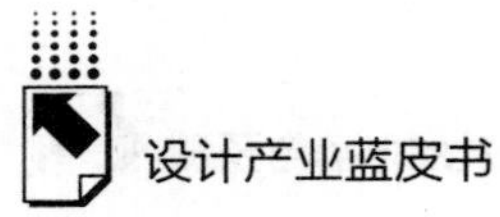

将会逐步下降。且不同区域及行业也有着相当大的具体区别（图 3 为抽样总结数据）。

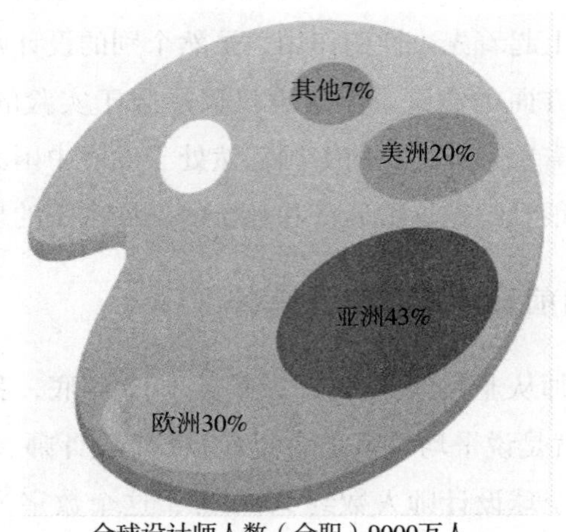

图 2　全球设计师人数构成

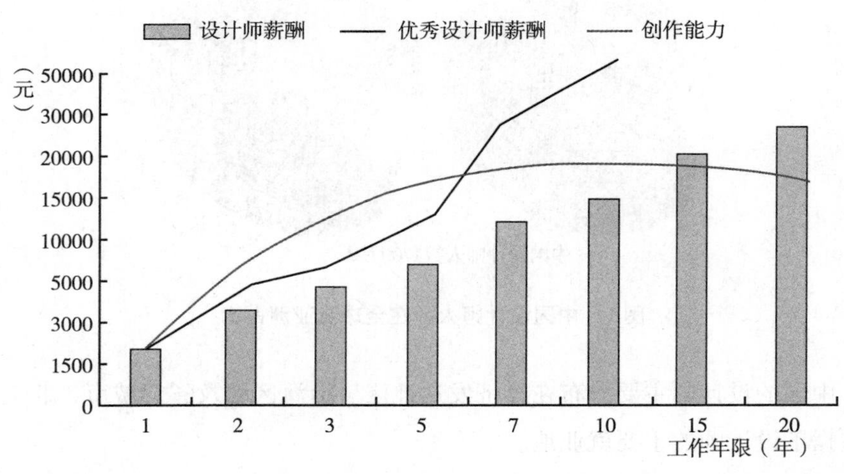

图 3　中国设计行业薪酬

纵观全球，各国设计师按照数量排序前五位的依次为：中国、美国、德国、日本、意大利等。

中国设计师主要分布在建筑设计、室内设计、工业设计、服装设计、产品设计、平面设计、网站设计等 7 个行业类别。①

当代智能设备、机器人、物联网的迅速兴起和蓬勃发展，同时人们生活水平的提升也带来了对于生活品质要求的水涨船高。在未来的几年之内，尤其是在工业设计、环境设计、产品设计等领域，对于相关人才的需求会非常迫切，因此也会为设计人才提供更多就业机会。目前中国的设计师主要是以设计机构和小部分个体户的形式存在的，作为设计机构存在的设计师需要服务于设计机构发展的整体需求，这些设计机构首先需要保证可以在设计市场竞争当中生存和发展，其次才是追求设计的品位。虽然设计机构也可以划分为跨国设计公司和本土设计公司，在国际设计公司方面可以实现服务管理较为规范的大型企业机构，加之本身的设计人员相对水平较高，这可以保证设计表现方面具有一定的水准，但是更多的设计公司因为处于现实市场竞争的考虑会屈从于消费者和雇主的需求，而导致最终的设计呈现品位不高。这就衍生出了对于设计功能的探讨，究竟我们应该坚持对于审美的要求还是满足现实雇主和消费者的需求。在设计实践当中更多的是设计师与雇主和消费者之间相互妥协的结果，也就是设计师并不能够忠实的实现自己对于设计的最初想法。而作为个体户和松散组织的设计机构则可以保持对于客户的选择和相对的独立性，但这种现象更多的存在于成名的设计师当中。这些具有一定名气的设计师，已经具备了个人品牌的知名度和影响力，所以经常可以实现对于设计的过程和结果保持着一定的控制能力。但我们看到目前在中国的设计市场之内还存在着相当多的无名和初级设计师，以及一些未经过专业设计培训和学习就进入设计市场竞争的设计人员，这些人更多的会听命于雇主的意见，同时本身的设计实践水平和设计素养都很有限，那么这也导致了我们看到众多质量不高的设计广泛存在于市场当中。

当下可以得到业内认可的设计机构和设计师依然需要首先获得国际上的

① 《设计师工资、现状以及未来就业前景分析》，全球设计网，http：//www.70.com/news/view－42－4382.html。

认可，在这一点上体现出国内设计界对于国外设计的认可度。例如，中国的建筑设计师王澍因获得被誉为建筑界的奥斯卡奖——普立茨克奖——的时候，国内设计界多少还是感到有点意外，而之后的相关报道和赞誉接踵而至。由此可见，西方国家的工业化进程开始也因此推动了西方现代设计的发展，这样直接导致了工业化进程较晚的我国设计水平和设计意识上与西方发达国家的差距，但王澍的获奖也反映出西方国家对于远东地区文化的兴趣和对我国设计在某些层面的认可。

（三）设计雇主对于当下设计现状的影响

在现实的设计实践当中，设计雇主手中握有对于设计最终的决策权，设计最终呈现出来的样子大多取决于设计雇主的意见，即便是张艺谋、蔡国强这样的知名艺术家实际上也摆脱不了雇主的现实需求。设计雇主通常处于社会构成的上层，自 1979 年中国改革开放以来，中国的上层社会人员拥有了更多的和国际社会交流的机会。这种与国际的交流扩展了这些设计雇主们的眼界，使得他们具有了一定的审美能力，这一点在国有单位当中体现尤其明显，因为现今这些单位的决策者们大多具有高学历和海外学习经历。但在民营企业当中，虽然相比较于国有企业的雇主更有经济实力，但中国目前的发展阶段所造就的民营企业家大多是在中国广大的基层群众市场当中摸爬滚打出来的，其中不乏高学历和海外留学的背景，但其中相当一部分来自于基层且并未曾有过很好的教育经历，因此在审美能力上大多保持着他们来自大众的本色。前面我们谈到中国的大众审美水平必然要受到社会主义初级发展阶段和发展中国家水平的局限，因此现阶段中国的设计市场需要更多的提升设计审美意识，这种对于审美的需求也是出于在中国完成工业化阶段而走向后工业社会过渡这样一个现实状况所必须要做的功课。

此前乃至目前，中国的设计雇主中还存在对于设计在企业发展中的作用看作是锦上添花的认知。好一点的企业会做一个企业视觉识别系统，但一般除了做企业的形象墙和印几盒名片之外就停步了，更不用说系统地规划企业的理念识别系统和行为识别系统了。而且有些设计雇主对于设计师的尊重和知识产权保护意识也十分的淡薄，往往是请几家设计机构来比较设计稿，最后内定一家再综合其他家的设计样式和理念而成，对于是否抄袭、雷同和知识产权保护就谈不上了。笔者就曾亲身经历过一家国内世界500强的企业因盗用知识产权，而以民事协商的方式被迫完成对知识产权的购买的案例。

二 设计理论发展水平

从1998年开始，中国开始有大量理论和史论类的设计书籍出版，其中既有对国外著名学者、设计师著作的翻译推介，如〔美〕马克·第亚尼著《非物质社会——后工业世界的设计、文化与技术》（1998）、〔英〕彼得·多默著《1945年以来的设计》（1998）、李砚祖编著《外国设计艺术经典论著选读》（2006）、〔日〕田中一光著《设计的觉醒》（2009）、〔日〕原研哉著《设计中的设计》（2010）、〔美〕维克多·马格林编著《设计问题历史·理论·批评》（2010）、〔美〕唐纳德·诺曼著《设计心理学》（2011）、〔美〕特里·马克斯著《好设计》（2011）等，也包括介绍西方设计发展历程的著作，如卢影著《视觉传达设计的历史与美学》（1999），王受之著《世界平面设计史》（2002）、《世界现代设计史》（2004），张夫也著《外国工艺美术史》（2003），以及江苏美术出版社2001年出版的由邬烈炎、袁熙旸、曹方等人编著的现代设计系列丛书。[①] 这一阶段理论书籍的出版为国内设计理论的研究提供了必要的信息、研究思路和借鉴。同时一些有关设计概论、设计艺术学、东西方设计史、设计美学等方面的教材大量出版。

这些理论书籍的出版虽然迅速推动了中国设计理论的发展，但从经济的角度来看中国目前还远远落后于西方发达国家，所谓“仓廪实而知礼节，

① 席卫权：《不再“缺位”——当代国内设计批评发展路径梳理》，《美术研究》2014年第3期（总第155期），第77页。

衣食足而知荣辱"，当下的中国农贸市场依然是大众生活的主要构成元素，那里的东西在大众看来物美价廉、实用性强，而至于美观与否并不受到关注。只有我国彻底解决区域发展不平衡问题使经济真正全面达到小康水平，我们才可能期待设计水平和大众的设计审美意识得到大幅度的提升。而设计理论的整体发展水平是和一个国家的设计实践水平密切相关联的，主观强调意识形态与实践可以分离的观点显得苍白无力。因为设计和大众生活的紧密关系，导致了大众的审美水平对于大众设计最终呈现效果的决定权，也决定了设计批评的对象和理论构成。来自瑞典的宜家家居在北欧只是属于低档次的大众消费品，而到了中国则为小资产阶级和中产阶级趋之若鹜，直观看来是大众审美水平能力的欠缺，而进一步则反映了中国整体设计水平与发达国家的审美差异，更深层次的原因则是设计批评理论的不发达。

中国目前的设计理论家主要还是由杂志社的编辑和学院的教师构成主体，这个主体成员绝大多数受过正规的高等教育，他们可以说有着明确的师承关系。一方面，我们看到在这些有关设计的批评当中更多的是指向师承关系之外的声音，而大家多碍于面子缺少对于设计现状的恳切批评。这种批评能力的缺失有着中国设计理论圈较为狭小的原因，同时也有圈内理论家本身缺乏专业的鉴赏能力，而导致他们仅能以赞扬或中性的批评来达到中国文人的所谓圆融的原因。另一方面，由于中国实行工业化进程的时间较晚，导致中国引进建立在现代工业大批量生产基础之上的现代设计引入也较晚的现象。所以我们看到很多中国的理论家和设计师忙于从国外镀金学习和引进大师，加强与国际交流，这是在经济全球化状态下的一种趋势，但从文化的角度来看我们更多的应该保持多元化和独立性，设计的审美层面应该更多地着眼于本土化，这样才有可能建立在国际上独树一帜的中国设计风格，关于具有中国文化特色的设计风格一直以来是中国的理论家笔下的热门话题。如何从"中国制造"转变为"中国创造"，这是一个长期以来在设计界备受关注的议题。我们看到在设计发达国家，无论是欧洲国家还是我们的近邻日本，都在完成工业化的进程当中很好地实现了对于传统文化的保护和发扬，这也使得他们在经济和技术飞速发展的同时文化脉络依然得到很好的保持。从技术操作层面来看实现对传统文化的保护和传承较为容易，但我们需要更多地向西方国家学习的是从传统本土文化当中发掘文化基因，而这也是中国设计实践层面和理论层面需要普遍操持的一种基本态度。

三　设计教育

伴随着中国设计在20世纪80年代末90年代初的迅猛发展，中国的设计教育也逐步推广开来，目前中国的设计教育在不断扩大招生规模的情形下，教育的质量受到了一定的影响。

从几所院校艺术设计男女生就业的情况来看，男生显然在就业方面更具有优势，其68.3%的就业率远高于58.5%的女生就业率，这反映出来在社会工作当中，从长远的发展来看男生的生理优势会使得其在职业上升空间上更具潜力。目前艺术设计类学生当中男女生失衡是一个较为普遍的现象，这种现象的成因在于多年形成文科生女生比例要大于男生比例，而在工科为主的院校当中男生则远多于女生，这也是一种多年形成的社会认知传统。毕竟在传统的社会分工当中男性相对于女性而言更少承担一些家庭责任，而女性在家庭关系中所扮演的社会角色会让他们在工作当中做出更多的牺牲。但就艺术设计的学科发展和社会需要而言，需要更多的男生加入艺术设计的专业之中，协调的男女比例关系可以保证专业在社会当中的长期均衡发展。

在这234名的艺术设计专业毕业生中，我们看到还有39%的学生没有就业（见图4），仅从数据上看似乎艺术设计的就业前景很不理想。其实，现实状况是很多艺术类的学生并没有选择就业，但这其实不意味着没有适合他们的工作机会。例如，很多美术或艺术设计专业的学生可能是有着想成为职业艺术家的梦想，还有相当一部分继续升学深造或想出国留学，所以就业与否对于他们来说只是一个形式问题。我们不必苛求大学生毕业就一定要就业，就业可以成为衡量大学教学质量的一个指标，但不应当成为一个重要指标，更不能是唯一指标。只想解决就业问题不必上大学，所谓的新读书无用论正是建立在就业率其实是“皇帝的新装”这样一个前提之下的。大学生的就业率，是我们国家评定一个专业是否可以继续办下去的重要衡量指标，在这样的要求之下学校有很多专业的就业率是99.9%，这就给了这些专业很好地继续生存下去的理由。

男生就业率 68.3%

女生就业率 58.5%

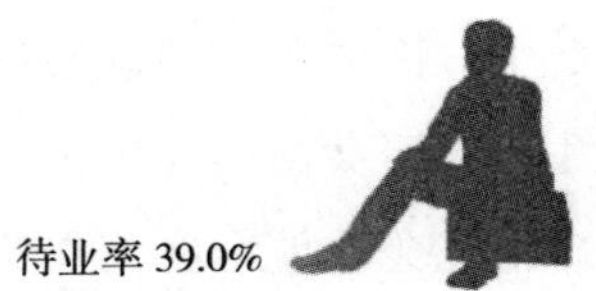

待业率 39.0%

图4　234人就业率分析（2004～2012年）

在所调查的234名毕业生当中只有37人从事了设计行业。为什么学生们大多没有从事本专业？是他们不具备专业就业能力，还是他们不愿意从事本专业？抑或是社会对艺术设计人才需求过小？而且我们看到在这37人当中，国企是学生们普遍追求的理想就业单位，但也是较难进入的单位，其比率为24%，外企和民企所占比率最大，分别为17%和49%，其中民企的就业率是最高的，也是相对最为容易进入的单位。而自主创业则是选择最少的，只占10%（见图5、图6）。毕竟刚刚从大学毕业的学生在社会经验和工作经验上都有所欠缺，他们尚不能对一个行业形成较为全面和深入的认识，直接创业面临的竞争压力比较大。而在这些自主创业的学生中，大多数在上学期间就有着较为突出的专业能力和社会沟通能力，这为他们快速融入社会打下很好的基础。

图 5　37 人设计行业就业分析（2004 ~ 2012 年）

从目前的专业就业率来看，专门的艺术设计院校学生的专业就业率明显要高于综合类大学艺术设计专业的就业率，这主要在于专业的艺术院校有着较好的就业传统和专业性，而综合类大学艺术设计学院或是艺术设计专业的学生在生源上就有着和传统专业艺术院校的区别。从中我们可以看出，专业

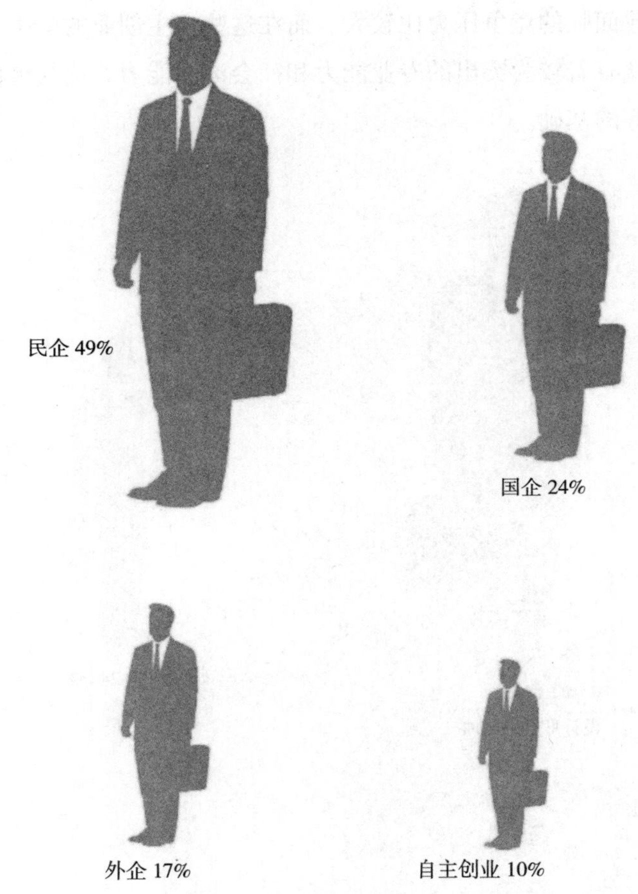

图 6　37 人设计行业性质分析（2004～2012 年）

的基本素质是很多就业单位比较看重的选项，相比较而言，有着扎实基础的专业院校艺术类学生从事与本专业相关职业的道路上有着较强的潜在能力。而一些综合大学新开设的艺术设计专业在师资配备和教学经验上都存在着一定的欠缺，这也导致了学生们学习的兴趣和专业学习上的不足。

在国内，伴随着艺术设计市场的蓬勃发展，很多地方院校开设了艺术设计专业，据不完全统计，在全国有 2000 多所高校开设了艺术设计专业。从目前艺术设计类学生的分布来看，显然北京地区的学生的就业率要低于地方院校，一方面在于北京、上海、广州等大中型城市的学生对于职业有着较高的期望值，相对比较挑剔；另一方面还在于大型城市的行业竞争更为激烈，对于从业人员的经验的专业能力要求更高，这是很多刚毕业的学生难以达到的要求。虽然地方院校学生的专业能力因教育资源分配的不平衡，可能要低于大型城市的毕业生，但由于他们的就业期望值低，所以相对应的就业率也就比较高。北上广地区的学生虽然就业率比较低，但就业的质量比较高，他们在薪酬方面也高于在地方就业的同学，尤其像中国台湾地区的刚毕业的学生的薪酬待遇在6000元人民币以上（图7）。而其他较为偏远的、资讯和师资都不够发达的地区虽然就业率比较高，但因地区的局限性却很难保证就业质量。虽然近些年教育发达地区对于相对落后地区进行了很多的教育支持，诸如派遣青年教师对口支援和加强对落后地区艺术设计教育的物质支持，这些落后地区的学生偶尔在大城市也可以获得成功，但整体上还处于比较落后的状态。但若想从现实和根本上解决教育资源不均衡的问题，则不能头痛医头、脚痛医脚，只从就业情况去反映教育质量，更多地应当从策略高度全面的对教育资源分配加以考虑，培养全面发展、综合素质较高的未来人才。

作为大学教育而言，一方面要系统地传授给学生们以知识，使他们将来有着较好的专业发展；另一方面更为重要的是要教学生们学会处理问题、分析问题和解决问题的方法，学会对人对事的正确的态度。为学生们将来顺利地步入社会或深造做好铺垫工作，而各类社会工作的组织与内容安排上的不尽相同，评判指标也不尽相同，使得初始就业的第一份工作很难完全、真实地反映出学生的能力。比如某位同学在工作上面有着突出的表现，有可能有其自身素质和专业教育水平高的原因，但更多的则可能是该学生对于工作的积极态度，决定了他将来的业务水平高度；而有的学生虽然依靠在学校的光鲜成绩获得他人眼中较为理想的稳定工作，但也可能因为兴趣等原因导致其在职业道路上不能走得太远。

所以我们要系统、科学地对教学过程进行调整，首先就是要保证日常教学工作的质量。时下很多学校为了加强教师的自律和教学水平的提升，各个学校开始建立学生对于教师的评价体系，以此保证授课教师能够认真负责、保质保量完成教学任务。一方面这种让学生评价老师的方法，会给授课教师

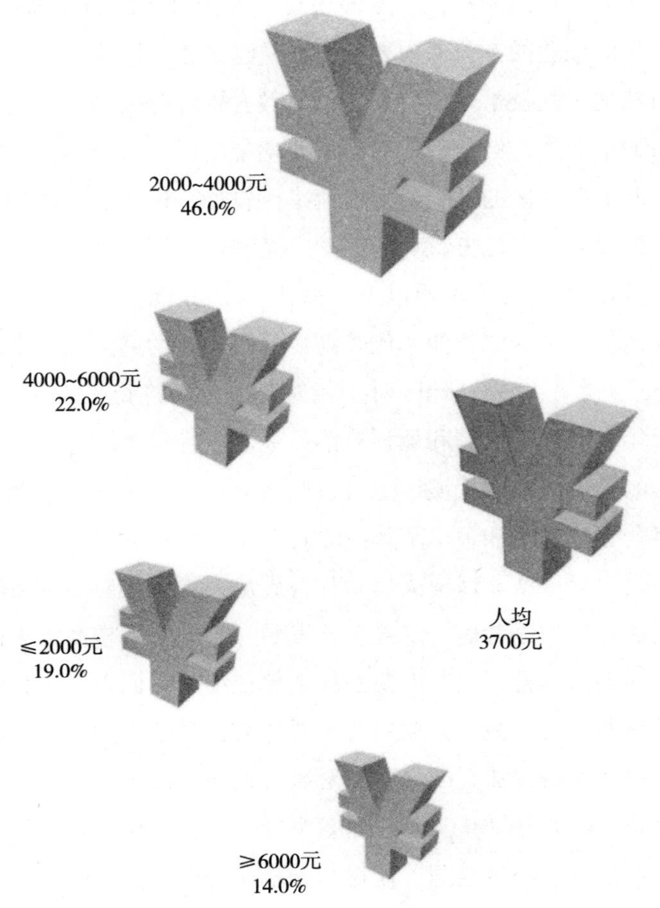

图7　37人设计行业薪酬分析（2004～2012年）

以压力从而避免懈怠的教学行为发生。但同时因为是匿名评价教师的方式，也难免会有不那么客观的评价，而使得一些“聪明”的教师出现讨好学生的现象，而真正意义的严师却越来越少，那么，如果严师缺位的话，高徒自然也就难产了。

艺术设计教育有着很强的自身特点，在完成学生到社会就业的过渡问题上，除了完成基本的课堂教学以外，应当更多的鼓励学生积极到各个社会实践单位进行实习，来让学生及早了解社会，完成专业的无缝对接。学校可以为学生们提供更多的社会实习、实践机会，并要求学生们对实际工作中所见所闻进行阶段汇报和归纳总结，让他们更深入的感受社会上的行业竞争和专业要求。这样一种方式看似使学生远离了课堂，投入了一些具体的公司事务之中，有可能学生三个月下来只是在见习，甚至连上机进行设计制作的机会也没有，但学生们正是在实践中可以更真实地接近课堂所讲的规律并加以验证。或许这种验证还有迷茫和不解的地方，但对于学生将来顺利地过渡到社会工作却是一个很好的过程。毕竟将来作为刚毕业的大多数学生而言，见习是一个非常重要的阶段，要经历一个从底层琐碎的工作做起的阶段。尤其是在艺术设计行业的工作上，不完成多个行业，多个设计案例的量的积累，一个从业者是很难发生质变的。在真正艺术设计实践当中，学生可能接触到各式各样的充满工作利益的工作伙伴和商业利益的客户，这种现实关系绝不是学生从学校的课堂所能学习得到的。在实践中所习得和悟到的工作技巧和方法，往往是最直接的也是非常有用的，完成对于学生的就业指导，我们可以鼓励更多的学生真正地走入社会当中进行实习、实践，再加以学校老师在方向和理论方面的指导，让学生们在摸着石头中顺利过河。同时我们还要注意大学的艺术设计教育不能等同于专门职业技术学校，大学教育更应当加强对于人的教育，提升学生的整体素质，这可以使得他们在将来的职业道路上走得更远。

保证学生就业质量，需要增加在校学生从学校到社会工作的顺利过渡。让学生走进实际工作单位的教学方式对于学校来说，要求学校的教师既要有着丰富的教学经验和业务水准，同时更为重要的是要有着足够的业界资源，以让学生既有选择的余地又要有着足够的兴趣。但对于一般的艺术院校尤其是经济不够发达的地区来说，想要真正实现这种学习方式则是难度极高。

1. 我们应当清醒地看到大学教育并不是职业教育，更应着力于学生的素质与兴趣的培养

我们应该提倡“生活般的教育”①，即在生活中发展出的有意义的结果以及能相互作用的经验。一个具有教育和反思性质的空间可以让我们检查好

---

① Dewey, J., 1938/1997. *Experience and Education.* MacMillan.

生活的过程和前景，为未知生活和想象世界的繁荣做好准备①。其实，我们要客观地承认，可能有些学生通过四年的大学学习发现自己所学的专业并不适合自己，那么我们从育人的角度来看，应当让学生有更多的结合自身能力和兴趣的自由选择空间，从事专业固然代表专业教育的成功，但专业转型也体现了教育的人文关怀，也有利于调动学生们学习的积极性和开发他们的潜在能力，对于他们长期的人生规划也是有所帮助的。以台湾“国立台东大学”为例，我们看到其中就有着 45.5% 的毕业生选择了转变专业（图 8）。

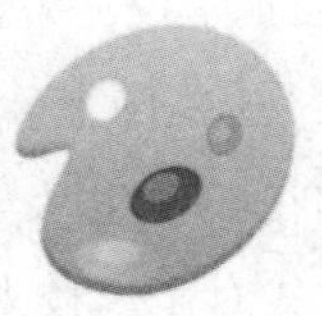

图 8　11 人 2012 年专业从业者比率（台湾“国立”台东大学美术产业学系）

---

① 〔英〕安妮·鲍丁顿：《艺术设计的现状：招手还是求救?》，王家欢译，《装饰》2014 年第 11 期，第 25 页。

学生们在学校通过社会实践才可以真正检验自己的课程所学，并发现哪些是真知灼见，哪些还需要进行调整，哪些是自己的兴趣所在，这样才使教书和育人切合实际，并发现培养现实社会真正所需人才的规律。通过我们对教学过程的不断改造，来掌握学生健康成长的规律，结合新时代的各种变化和社会需求的变化，培养出越来越多的适合社会发展的学生，让学生的兴趣、专业能力和社会需要形成有机的结合，才可以对于大学教育的质量形成一个相对较为全面、客观、成熟的认知。

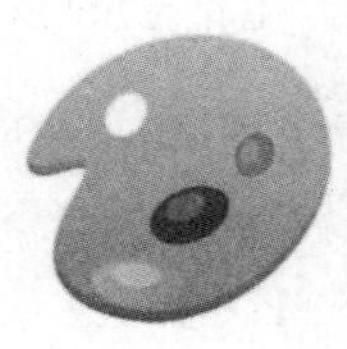

图 9　5 所院校设计专业从业者比率（2004 ~ 2012 年）

2. 培养社会真正需要的设计人才

目前中国的经济、文化、教育总体上还是与西方发达国家有着相当的差距，具体反映到我们的艺术设计人才培养机制和模式上，许多艺术院校还延续着几十年前的教育体系，这必然就会造成设计教育与社会实际需求相脱节的情形的发生。我们看到所调查的7所院校中，其中5所院校艺术设计专业当中，专门的艺术院校如山东工艺美术学院和四川美院的专业从业率都达到了50%以上，而其他综合大学的艺术设计专业就业率就很不理想（图9）。我们不主张完全照搬西方的教育模式，毕竟中国社会有着中国的国情，中国的艺术设计现实状况也有着自己的特点。一方面大学也要结合各自专业的特点，教授给学生们解决各自专业问题的技能；另一方面大学要教授给学生正确的人生观、世界观和价值观，让学生们受到“生活般的教育”并做出生活般的设计，为实现大国设计的崛起增加正能量。

参考文献

〔法〕第亚尼：《非物质设计社会：后工业世界的设计文化与技术》，滕守尧译，四川人民出版社，1998。

〔英〕迈尔－舍恩伯格、〔英〕库克耶：《大数据时代》，盛杨燕、周涛译，浙江人民出版社，2013。

〔美〕梅岳：《工业文明的社会问题》，费孝通译，群言出版社，2013。

综合篇

Comprehensive Chapter

B.2 国际设计产业发展趋势及启示

王忠　陈冬亮*

摘　要： 受全球经济低迷的影响，全球设计产业增长速度下滑，总体保持上升趋势。设计已成为德国、英国、美国、日本、韩国等先发国家的战略重点，通过制定国家设计战略、建立专门的促进机构、投入专项资金、设立奖项等措施促进本国工业设计水平提升并保持世界领先水平。后发国家也纷纷制定相应的发展政策与战略，推动设计服务业健康可持续发展。在此背景下，我国应制定设计产业发展总体目标，建立多主体协同治理网络体系，完善设计人才教育体系，制定符合设计产业发展阶段特征的政策体系。

关键词： 国际　设计产业　设计之都　趋势

---

* 王忠，男，博士，北京市社会科学院副研究员，研究方向为产业经济；陈冬亮，男，研究员，北京工业设计促进中心主任。本报告为北京市委、市政府重点工作及区县政府应急项目：北京规划设计地理信息公共数据开放服务平台建设（项目编号：2141100006014006）阶段研究成果。

一 总体情况

近年来，设计产业凭借着创新思维和前沿技术，在全球范围内形成了新的经济增长点，创造了大量的就业机会。梳理设计产业一百多年来的发展历程，其产业地位不断提升，已成为一个国家和城市国际竞争力的重要评价指标，成为其创新战略的重要组成部分。

目前，没有专门的机构对全球设计产业规模做过估算。设计行业中较有权威的统计数据是英国设计理事会（http：//www. designcouncil. org. uk/）每年发布的年度报告。借鉴该年度报告数据，综合课题组的调研数据估算，2014 年全球设计产业规模达到 2029 亿美元。受全球经济低迷的影响，近年来全球设计产业增长速度下滑。2011 年尤为明显，增速下降至 0.9%。但 2012 年后，增速有小幅度的回升，总体保持上升趋势。

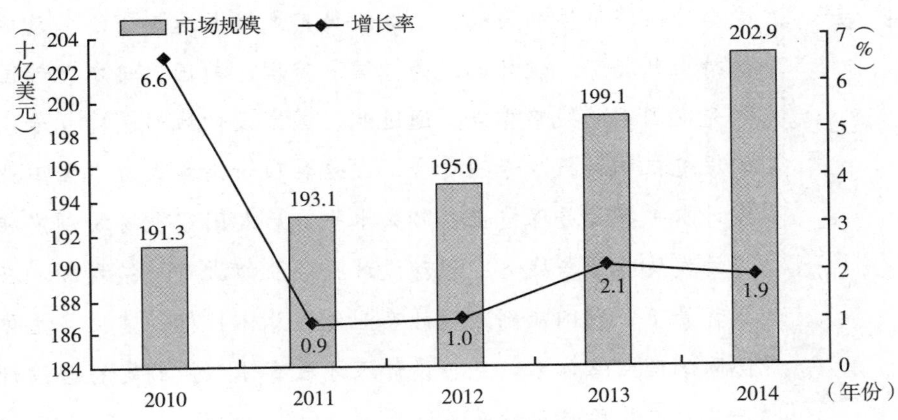

图 1 2010～2014 年全球设计产业收入规模及增速

二 先发国家发展情况

目前，设计产业发展较好的国家主要是英国、美国、德国、日本和韩国。这些国家将设计作为国家战略，通过制定国家设计发展规划、建立政府促进机构、投入专项资金、设立奖项等措施，强力推动其发展，并保持着国际领先地位。

英国是最早采用政府主导设计产业发展的国家。早在1944年，英国政府就成立了专门的行业发展促进机构工业设计协会，经过30多年的发展，形成了今天的设计理事会。英国政府每年都为此投入大量财政资金。2003年，英国推出了首届伦敦设计节，获得了全球业界的广泛关注，时至今日已成为全世界最重要的年度设计活动之一。2014年度（2013年4月1日～2014年3月31日），英国设计行业收入达632.1万英镑，平均每个企业员工数为56人，总就业人数近百万。世界上顶级的设计公司几乎都在伦敦设有办事处。

美国设计产业发展主要推动力为社会组织。美国有众多的基金会和协会组织为设计企业提供服务，其中最著名的是美国工业设计师协会（Industrial Designers Society of America，IDSA）。该协会于1965年由美国三个与工业设计相关的组织合并而成，它们是美国设计师协会（American Designers Institute，IDI）、全美工业设计师协会（American Society of Industrial Design，ASID）、美国工业设计教育联合会（Industrial Design Education Association，IDEA）。目前该协会影响力遍及全球，分为28个专业部门，共有3200多名员工。为了培养设计人才，成立了专门的设计奖学金。为了更好服务行业发展，该协会出版发行了两本颇具行业影响力的杂志（月刊），《创新杂志》（*Innovation Magazine*）和《设计视角》（*Design Perspectives*）。下设的IDSA奖是全球工业设计界重要的评奖活动之一。

德国设计产业发展得益于其雄厚的工业基础。德国在设计方面的成功案例众多，如鲁尔工业区变身欧洲文化创意之都、柏林废弃机场变身柏林时尚节永久会址、莱比锡老工厂变身创意设计艺术区等。以设计产业支撑老旧工业区转型在德国得到很好的诠释。目前，涵盖工业设计等11大产业门类在内的设计产业已成为德国仅次于机械制造和汽车工业的第三大产业。创设于1955年的红点设计奖已经成为世界上最具影响力的设计奖项之一。

日本设计产业助力国家实现模仿向创新的蜕变。日本政府提出“设计立业”发展战略，通过政府、大企业财团的联合推动，实现了设计产业的迅猛发展。日本工业设计振兴会（Japan Industrial Design Promotion Organization）是该国最重要的设计产业发展促进组织，由其主办的 G-mark 设计奖是当今世界最著名的设计奖项之一。

韩国设计产业发展是典型的政府主导模式。2013 年，韩国设计产业约占 GDP 的4.4%，这一比重有上升趋势。促进设计产业发展最为关键的机构是韩国设计产业振兴院。该机构的成立目的：一是培养优秀的本国设计企业，每年投入大量专项资金（约为 1.5 亿元人民币）扶持企业发展；二是为本国设计企业提供全球设计情报（资讯），指导企业进行国际竞争和产品布局；三是培养优秀的本国设计师，目前韩国设计产业人员约有 5 万人，专业设计公司近 3000 家；四是推动设计产品产业化，推动知识产权转让、设计产品交易以及大公司设计创意收购；五是设立韩国设计大奖（GD 奖）。

三　创意城市网络发展情况

2004 年 10 月，由联合国教科文组织提出了“创意城市网络”。作为全球最负盛名的创意称号，该网络主要分为设计、文学、音乐、电影、民间艺术、媒体艺术、烹饪美食等七个创意主题。截至 2015 年 1 月，已有 69 个城市先后加入。在 7 类主题中，“设计之都”的竞争最为激烈，全球知名城市大多将目标定位指向这一头衔。截至 2015 年 1 月，全球已有 14 个城市获得“设计之都”称号。表 1 对国外设计之都的特点进行了概述，国内的设计之都在下文将专文分析，在此不赘述。

表 1　国外设计之都的特点

国外设计之都城市	所属国家及城市性质	特点
柏林	德国首都	• 设计精致的城市公共空间 • 发达的设计产业，2 万名设计从业人员，600 多家设计公司，20 亿欧元设计收入 • 完备的设计教育，有 4 所大学开设设计课程

续表

国外设计之都城市	所属国家及城市性质	特点
布宜诺斯艾利斯	阿根廷	• 设计产业为支柱产业 • 应用最新科技的城市设计
蒙特利尔	加拿大	• 2.5 万名设计师,8 亿美元的设计收入 • 设计产业发展专项基金 • 设计大奖赛
神户	日本	• 以时尚设计著称 • 服装设计产业链完备
名古屋	日本	• 众多大型设计公司,尤其是 IT 企业 • 举办国际设计大赛 • 传统与现代结合的城市设计
首尔	韩国首都	• “设计”是城市名片 • 设计产业为支柱产业
敦提(Dundee)	苏格兰东部港口城市	• 邮票、X 射线、阿司匹林以及无线电报发明地 • V&A 设计博物馆
都灵	意大利西北部城市	• 机器人设计世界闻名 • 汽车建模技术体系成熟 • 虚拟现实以及电影艺术等企业集聚
毕尔巴鄂	西班牙北部城市	• 古根海姆博物馆为文化地标,造型、结构和材料堪称三绝
赫尔辛基	芬兰首都	• 以交通基础设施设计著称于世,轨道快速公交系统、环形道路系统与补给路线有机结合
库里提巴(Curitiba)	巴西南部城市	• 举办赫尔辛基设计周,为国际盛会 • 专门成立赫尔辛基设计特区(Helsinki design district)

四 发展趋势

大力发展设计服务业，对推动国家经济发展方式转变和产业结构升级具有重要意义。尤其对于提升城市品位、塑造城市形象意义重大，越来越多的大城市将设计产业作为提升城市综合竞争力的一项重要战略产业。

（一）构建国家设计体系是大势所趋

国家设计体系（National Design System）是指设计产业创新发展的各类相

关主体及其活动，以及创新主体相互作用的总称。欧盟、英国、美国、芬兰、丹麦、韩国等诸多先发国家及经济体通过长期建设形成了较为完整的国家设计体系，以及在此基础之上的城市设计子系统，并制定了引导设计活动和设计能力可持续发展的规划。我国主要城市，尤其是获得“设计之都”称号的城市设计体系已经基本建立，并在不断完善之中。然而，国家层面的设计体系尚待进一步完善。

（二）设计产业成为转型升级的重要推动力

随着全球水、土地、能源等资源短缺现象日趋严峻，资源、生态、环境压力不断加大，劳动力、土地、资源等要素成本不断提高，传统工业发展遭遇越来越多的瓶颈。设计产业逐渐成为产业转型升级的重要推动力。

（1）提升产业附加值。设计产业对于传统工业发展具有引领作用，能够带动新材料、新工艺等上游产业的应用与创新，推动企业技术进步与创新，提高市场占有率，创建自主品牌。这种作用在手机、家电、汽车、医疗器械以及日用消费品等领域都十分明显。因此，对于仍处于全球工业价值链中低端环节的后发工业国家和资源匮乏地区，设计服务业不容置疑地成为重要突破口，以转变产品附加值低、竞争力弱的困境。

（2）促进产业融合。设计服务业也是产业融合的重要引擎。产业融合导致众多产业的知识、技术集约化程度提高，产业界限趋于模糊，从而促进了产业之间和产业内部的更迭和转换，产业结构整体朝高级化迈进。特别是融入了高新技术之后，设计产业的渗透性和扩散性进一步增强，把原来的传统产业高级化，推动传统产业向价值链高端迈进。

（3）推动产业集群。从韩国、日本、中国台湾等东亚国家和地区的发展实践来看，设计与文化、技术之间的交叉、融合，推动了相关产业在特定地理空间的集聚，并促进新的产业集群的形成。

（三）设计市场需求日益旺盛

全球范围内，设计市场前景广阔，主要来自以下三个方面。

（1）宏观层面：城市的设计需求。不少文化已经与提高城市的品位和档次息息相关，如建筑设计风格、环境设计理念等。市政设施形象、城市空间形象、城市精神等在内的城市行为体的设计，既对市民的审美能力、创意水平产生影响，又能促进城市文化形象的提升，从而对整个城市的发展产生积极而深远的影响。

（2）中观层面：组织的设计需求。无论是以营利为目的的企业，还是非营利的社会组织，为了扩大其社会影响力，增强市场竞争力，都需要进行品牌设计、形象设计。

（3）微观层面：产品的设计需求。随着市场竞争的日益激烈，消费者的品位日益提升，产品的个性化或定制化是市场竞争的必然趋势。而这就需要细致入微的设计。

五　启示

设计服务业由于具有高知识、高附加值和强辐射等特点，已经成为世界各个国家和地区大力争夺的战略高地。各国纷纷制定相应的发展政策与战略，推动设计服务业的健康可持续发展。在国际竞争激烈、没有先发优势的背景下，我国应采取以下措施。

（一）制定设计产业发展的总体战略

纵观各个国家和地区，设计产业政策目标已由实现经济增长逐渐扩展到国家形象塑造，社会生活环境舒适、便利、安全水平提高，以及终身学习的设计教育体系的构建。目前，我国更重视设计产业的经济效益，对于其他两方面的长远效益则缺乏认识。应借鉴国外经验，从全局视角制定设计产业发展总体战略，通过设计产业发展提高社会福利，增加国民就业机会，改善城市生活环境，促进设计产业可持续发展。

（二）建立多主体协同治理的网络体系

各类设计产业的特定管理部门应充分吸收利益相关方参与行业治理，与企业、非政府组织、非营利组织、科研院所、客户群体的相关组织协调工作，就行业发展的重要问题深度参与。各利益相关方应在共同的政策目标下，形成动态有机的协同治理网络体系，实现国际之间的合作、中央政府与地方政府的合作、各级政府各部门之间的合作、公共部门与私人部门的合作等。

（三）制定符合设计产业发展阶段特征的政策体系

在不同的发展阶段，设计产业需要不同的扶持政策。应深入分析先发国家设计产业起步阶段的重要政策，不能依葫芦画瓢，照搬其目前出台的政策措施。第一，我国国民对设计本身的理解和设计重要性的认识不足，需要借鉴各国设计意识培育、设计理念推广等政策措施。第二，知识产权方面，设计产业的知识产权政策更强调版权的保护而非发明专利。第三，应建立符合设计服务业发展的统计指标体系，根据科学的统计数据出台产业政策。

参考文献

陈圻、陈国栋、郑兵云、吴讯：《中国设计产业与工业的互动关系研究——基于独立设计机构专利数据的相关前沿理论验证》，《管理科学》2013 年第 3 期。

姜特、陈海波：《创意设计产业的风险投资评价指标体系研究》，《工业技术经济》2012 年第 1 期。

李怡、柳冠中、胡海忠：《中国设计产业需要自己的知名设计品牌》，《艺术百家》2010 年第 1 期。

李天舒：《工业设计产业的市场需求环境和发展途径分析》，《社会科学辑刊》2010 年第 2 期。

Afacan Yasemin, Introducing sustainability to interior design students through industry collaboration, *International Journal of Sustainability in Higher Education*, 2014, 15 (1): 84 – 97.

Choi Seungpok, Effective shared process and application of knowledge management (KM) in interior design service industry, *International Journal of Contents*, 2010, 6 (3): 65 – 70.

Daniell, Katherine A., White Ian, Ferrand Nils, Co-engineering Participatory Water

Management Processes: Theory and Insights from Australian and Bulgarian Interventions, *Ecology and Society*, 2010, 15 (4).

Hodgkinson, Gerard P. , Starkey Ken. Not Simply Returning to the Same Answer Over and Over Again: Reframing Relevance, *British Journal of Management*, 2011, 22 (3): 355 - 369.

Kim Hyong-koo, 이영숙.. Status Quo and Revitalization Strategy of Design Industry in Busan. *International Journal of Contents*, 2011, 7 (1): 65 - 72.

B.3

中国工业设计行业发展形势与政策

朱焘*

摘　要：2013~2014年，我国工业设计行业总体呈现产业化向纵深拓展之势，新模式、新业态、新成果、新思潮不断涌现，继续呈现健康、蓬勃发展之势。政府持续、大力推动产业发展，制造企业、设计企业、设计园区、设计院校全面进入转型升级新阶段，行业组织继续发挥促进作用，促进活动呈现常态化。具有中国特色的政、产、学、研、商、金协同创新机制初步形成，整个产业走向高端综合、大设计发展趋势显著。

关键词：工业设计　产业纵深发展　全面转型升级

一　概述

在第三次工业革命的国际大背景下，在我国走新型工业化道路、实施创新驱动发展战略、加快转变经济发展方式的需求驱动下，2013~2014年，我国工业设计行业总体呈现产业化向纵深拓展之势，新模式、新业态、新成果、新思潮不断涌现，整个行业十分活跃。

2013~2014年，政府对工业设计愈加重视。继2010年工业和信息化部等11个国务院部门联合发布《关于促进工业设计发展的若干指导意见》

* 朱焘，中国工业设计协会会长，中国企业联合会副会长。

后，很多省市相继出台了推动工业设计发展的政策措施。2014 年国务院发布两个与工业设计有关的重要文件，3 月发布《关于推进文化创意和设计服务与相关产业融合发展的若干意见》（国发〔2014〕10 号），8 月发布《国务院关于加快发展生产性服务业　促进产业结构调整升级的指导意见》（国发〔2014〕26 号），两个文件再次从国家层面强调包括工业设计在内的设计创新对转方式、促发展、调结构的重要作用。

2013 ~2014 年，从我国工业设计产业主体来看，转型升级是最为突出的主题。制造企业的设计创新投入及成果持续增加，设计企业的转型升级调整态势愈加明显，设计园区的聚集平台效能更趋追求产业链整合效益，设计院校的教学更加注重综合性、实践性、应用性，行业组织多有增加并在不同层面持续推动产业发展，各种形式的行业促进活动日益丰富并呈现常态化。政、产、学、研、商、金协同推动工业设计向产业化纵深发展的机制开始形成，工业设计的创新价值备受社会关注和高度期待。

二　背景

（一）国际形势

自 20 世纪下半叶以来，特别是进入 21 世纪后，以发达国家为代表的第三次工业革命发展迅猛，信息科技日新月异，后工业化时代的知识经济前行涌动，引发了全球范围的新一轮科技革命和产业变革的孕育和兴起。在全球经济一体化的发展下，发达经济体、发展中经济体和新兴经济体之间的差距，使得全球制造业的分工格局与竞争格局不断变化。在后工业社会向信息社会的转型中，在实体经济与虚拟经济的抑扬交错中，2008 年的国际金融危机，警醒和遏制了对虚拟经济的狂热和冒进，以美国为代表的欧美发达国家重新审视和重视实体经济的重要性及其发展方向，美国提出“再工业化”的“新经济战略”，德国提出“工业 4.0”的高科技战略。前沿观点认为，在经济发展的新的历史阶段中，工业设计必将对以数字化、网络化、智能化为特征的人类文明走向起到引领和促进作用。

（二）国内形势

历经改革开放30年的粗放式发展，中国已成为全球第一制造大国。但是，以往那种不计资源消耗的发展方式不可持续；包括人力成本在内的综合成本的不断升高，使得以往的低成本制造优势消失殆尽，且有被新兴经济体所取代的趋势；长期依赖的外向型经济，以及倚靠投资拉动的增长方式难以为继；在全球制造业的分工中，大而不强的中国制造基本上失去了以往的优势。当前，中国经济超高速发展的时期已经结束，整体经济处于增长速度换挡期、结构调整阵痛期、前期刺激政策消化期“三期”叠加，国民经济潜在增长率趋于下降，转型升级压力日趋加大。因此，转变发展方式，依靠创新驱动，从中国制造转向中国创造，成为十分紧迫的现实需求。无论是遵从工业化的发展规律，还是从中国要走新型工业化道路发展，转变中国制造为中国创造的必由之路——设计创新——大力发展工业设计，成为制造业转型升级的必然选择和重要途径，设计创新正在成为越来越广泛的社会共识和发展需求。

（三）国际工业设计发展

200多年来，伴随着工业社会的发展，工业设计在发达国家已十分成熟。同时，为了不断地满足工业化进程的需要，工业设计的理念及方法、内涵及外延、范围及形式也在不断地变化和调整。

成立于1944年的英国设计委员会于2005年对工业设计的定义为：“工业设计是一种将创意具体塑造为产品的工作。它有着创造性、人本化、简约化、合作化等四点工作特性。”

成立于1957年，由多国工业设计组织发起成立的国际工业设计联合会，于1970年、1980年、2006年对工业设计三次定义。2006年的定义为：“设计是一种创造活动，其目的是确立产品多向度的品质、过程、服务及其整个生命周期系统，因此，设计是科技人性化创新的核心因素，也是文化与经济交流至关重要的因素。目的在于对结构、组织、功能、表达和经济关系的发现和评估。其任务是：

· 增强全球可持续化发展和对环境的保护（全球道义）

· 赋予人类社会整体，个人与集体的利益与自由

· 决定用户，生产者和市场领导者（社会道义）

· 不论世界如何全球化，支援文化多样性（文化道义）

· 赋予产品、服务和系统与其特性在形式（符号的、语义学）的表达并与它们的内涵相协调（审美的、美学）一致。”

成立于1965年的美国工业设计师协会于2009年对工业设计的定义为：“工业设计是一种创造及发展产品新观念新规范标准的行业；借以改善外观和功能，以增加该产品或系统之价值；使生产者及使用者均受其利。其工作需与其他开发人员共同进行，如经理、工程师、生产专业人员等；工业设计之主要贡献，乃在满足人们的需要与喜好，尤指产品的视觉、触觉、安全、使用方便等。工业设计师在综合上述条件时，需考虑到生产及技术上的限制、市场的机会、经费的限度、销售与售后服务等种种因素。工业设计乃一种专业，其服务宗旨为保护大众安全、增进大众福祉、保护自然环境，以及遵守职业道德。”

从以上具有代表性的三个定义中不难看出，国际工业设计理念与当今的社会经济发展是相适应的，且大部分国家将工业设计界定为服务业。工业设计在发达国家已经是成熟的产业，且在大部分发达国家，工业设计仍然得到政府的重视，如英国、德国、日本等国政府对工业设计一直采取扶持政策，如韩国政府设立的韩国设计振兴院，近两年国家每年投入的资金相当于3亿元人民币。

目前，国际上工业设计发展呈现这样一些趋势：设计资源配置全球化，设计观念注重可持续，设计目标追求用户体验，设计对象趋向数字化、虚拟及非物质，企业设计战略强调系统化，商业设计策略趋向定制化，设计需求注重个体价值化，产品使用界面注重交互性，设计价值趋向品牌化、机制化、整合化。

专业设计机构的发展呈现这样一些趋势：趋向咨询化形态：成为大型专业设计战略及方案咨询事务所；趋向品牌化形态：成为拥有自主品牌的特质企业；趋向终端化形态：成为整体解决方案提供商，即标准的创造型企业。

三　现状

（一）发展基础

我国政府作为新兴产业的重要推动者，对工业设计的定义对工业设计产业发展具有重要的导向作用。经过对国际经验研究，结合我国现阶段发展实际，2010 年，工业和信息化部等 11 个国务院部门联合发布的《关于促进工业设计发展的若干指导意见》中对工业设计的定义是："工业设计是以工业产品为主要对象，综合运用科技成果和工学、美学、心理学、经济学等知识，对产品的功能、结构、形态及包装等进行整合优化的创新活动。工业设计产业是生产性服务业的重要组成部分。"这一定义所体现的综合性、集成性、创新性，及将工业设计界定为生产性服务业，对我国工业设计产业发展起到广泛的影响和积极的引导作用。

2013 ~2014 年，我国工业设计产业呈现蓬勃发展之势，这种态势的形成既是当前制造业急需转型升级的迫切需求所致，也与我国工业设计发展 35 年的历史积累有着必然联系，更是近些年政府大力推动的结果。

业界普遍认为，我国工业设计发展的纪年起点以中国工业设计协会成立为开端，时间是 1979 年。35 年前，工业设计作为一门专业兴起于中央工艺美术学院等几所高等院校，而后，经历了 20 多年的专业化起步和行业化形成，近 10 年，工业设计的产业化开始形成并呈加快发展之势。

进入 21 世纪以来，国际上，步入后工业化时代的信息社会的知识经济发展十分迅猛，发达国家科技革命和产业变革下的再工业化加速起步，国际化的再分工为中国经济结构的调整带来前所未有的压力和机遇。在国内，设计创新成为制造业迫切需要转型升级的内生动力和市场需求，设计服务向着更加专业化和更为综合性的纵深拓展，设计教育规模迅速扩张成为仅次于计算机专业的第二大专业，设计园区作为产业资源集聚的新型经济平台广为兴起，各种设计促进组织纷纷成立并积极参与到产业发展之中。在这样的形势下，政府高度重视并大力推动工业设计发展，使之初步形成了政、产、学、研、商、金互动的我国工业设计产业特有的发展方式。

近年来工业设计产业化发展的主要特征表现为：一是政府大力推动，二是转型升级需求，三是各种模式探索，四是典型示范带动，五是社会普及宣传，六是资源协同创新。在这些努力中，在市场和政府共同作用的前提下，以政府为主导的推动和扶持，对形成如今的工业设计产业全面快速发展，起到十分重要的作用。仅从政府推动的一些历史节点，即可看出近年来我国工业设计产业化发展的大致路径。

2006 年发布的《中华人民共和国国民经济和社会发展第十一个五年规划纲要》提出："鼓励发展专业化的工业设计"，这是国家政策首次正式提出发展工业设计。2007 年，中共中央办公厅、国务院办公厅发布的《国家"十一五"时期文化发展规划纲要》提出："促进文化产业与教育、科技、信息、体育、旅游、休闲等产业的联动发展，与工业设计、城市建设等经济活动相结合，形成新的经济增长点。"这两个《纲要》的发布，拉开了政府政策性推动工业设计发展的序幕。

2007 年温家宝总理在中国工业设计协会呈送的报告上批示"要高度重视工业设计"，成为政府大力推动工业设计发展的重要历史节点。

2007 年，国务院发布《国务院关于加快发展服务业的若干意见》，首次明确了工业设计归属于服务业范畴。

2010 年 3 月，《2010 年政府工作报告》中进一步把工业设计界定为面向生产的服务业。同年 8 月，工业和信息化部等 11 个国务院部门联合发布《关于促进工业设计发展的若干指导意见》。这个里程碑式的文件，首次从国家政策的角度明确了工业设计的产业地位，确定了我国工业设计现阶段的概念定义，勾画了工业设计的产业架构和行业体系，规划了到 2020 年工业设计产业发展的总体目标和任务。《指导意见》有力地开启了我国工业设计

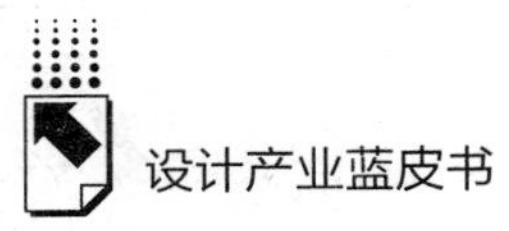

产业加速发展的进程。《指导意见》发布后，北京、江苏、广东、浙江、山东、重庆、四川、宁波、厦门、深圳等省、市结合实际相继出台支持工业设计发展的指导意见，明确目标任务，提出具体推进和扶持政策。

2011 年发布的《中华人民共和国国民经济和社会发展第十二个五年规划纲要》提出："加快发展研发设计业，促进工业设计从外观设计向高端综合设计服务转变。"这一导向的提出，为工业设计发展指明了方向，时至今日，工业设计界仍在为此而努力。

2012 年 12 月 9 日，习近平甫一就任中共中央总书记，首次出行就考察了广东工业设计城，再次发出重视工业设计的导向。

事实上，政府的政策推动既是对产业发展的主动把握，同时也是对行业发展与呼声及时回应的结果。这种互动互促的作用，对于新兴的工业设计产业发展尤为重要。

中国经济经历了 30 年粗放式的高速发展后，以 2008 年国际金融危机为爆发点和明显的转折点，近 5 年来，在转型升级压力和动力的驱动下，我国制造业转向设计创新的步伐明显加快。工业设计从初起时多应用于消费品工业，开始走入装备制造业。由于工业设计理念、方法、内容和内涵的广泛性，工业设计开始在越来越多的行业得到推广和普及。

近年来，各种工业设计促进活动如雨后春笋般广泛开展。促进活动不仅成为各地开展工业设计的前奏，有益于不断普及社会认知，也成为不断促进设计创新水平提升的手段，有日益常态化之势。特别值得一提的是，2012 年工信部主办了首届中国优秀工业设计奖评选活动，这个奖项是经中央政府批准的国家级政府奖，是在全国清查评比表彰项目总撤销率超过 97% 的情况下，新增批准工信部开展的工作，足见国家对工业设计的高度重视。

回顾过去，我国工业设计产业是在不断摸索和调整中形成和发展的。

（二）产业状况

1. 总体规模

据不完全统计，目前，全国直接从事工业设计的总人数约 50 万人，从业者主要为20～30岁的年轻人，其所占比例达到总人数的93%，且主要集中于经济相对发达城市。其中，华北地区占24%，华东地区占22%，华南地区占20%，西南和东北地区分别占8%，西北地区为4%。北京与设计相关人员近25万人，其中工业设计相关从业人员超过2万人；上海工业设计从业人员超过8万人；广东工业设计从业人员超过10万人。全国范围有一定规模的工业设计类企业超过6000家，其中经政府有关部门认定的省市级工业设计中心超过200家；工业设计公司2000多家；设计园区已突破1000个，以工业设计为主体的园区40多个；设置设计类专业的高等学校达1917所，其中工业设计院校超过500家，当年各设计类招生专业人数超过57万，在校学生总人数超过140万。

2. 政府继续推动

2013～2014年，政府继续起到推动工业设计产业发展的主导作用。从中央到地方，政府部门采用出台政策、举办活动、评定示范、宣传推广等多种形式推动工业设计发展。2013年以前，经济较为发达的很多省市相继出台了有关工业设计的政策和措施。2013年，一些中西部省市也出台了有关工业设计的政策和措施。

2013年，中央政府继续出台一些促进设计创新的政策，如《国务院关于印发“十二五”国家自主创新能力建设规划通知》中提到：培育发展专业化的工业设计、研发机构；工业和信息化部、发展改革委、环境保护部联合印发《关于开展工业产品生态设计的指导意见》；工业和信息化部印发《关于2013年国家级工业设计中心名单的通告》，认定26家制造企业工业设计中心、6家设计企业为国家级工业设计中心；工业和信息化部办公厅、财政部办公厅发出《关于做好2013年中小企业发展专项资金有关工作的通知》，重点支持为小型微型企业提供工业设计等创新服务项目等。一些省市政府如吉林省、山东省、湖南省、福建省、陕西省、广西壮族自治区、宁夏回族自治区、新疆维吾尔自治区等，出台促进工业设计发展的相关政策和措施。

2014年，李克强总理在《2014年政府工作报告》中指出，要“促进文

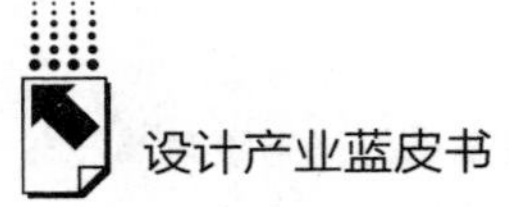

化创意和设计服务与相关产业融合发展”，“以创新支撑和引领经济结构优化升级”。在第二届京交会暨全球服务论坛北京峰会发表主旨演讲中时李克强指出，要“通过税收、股权激励等多种措施，促进做强研发、设计、营销等服务环节，推动工业向中高端迈进”。李克强主持召开国务院常务会议，部署推进文化创意和设计服务与相关产业融合发展。国务院发布《关于推进文化创意和设计服务与相关产业融合发展的若干意见》《国务院关于加快发展生产性服务业　促进产业结构调整升级的指导意见》。文化部印发《关于贯彻落实〈国务院关于推进文化创意和设计服务与相关产业融合发展的若干意见〉的实施意见》。

如前几年一样，2013～2014 年较有影响的工业设计促进活动都有各级政府的主导或支持。

3. 制造企业

近年来我国制造业设计创新步伐明显加快。一是市场化程度越高的行业变化越大，如家电、电脑、通信、家居等。二是关系国计民生的重点行业加大设计创新力度，如高铁、大飞机、装备制造等。许多制造企业自觉地认识并运用工业设计开展设计创新。在家电行业，工业设计已成为“第二核心技术”，带动产品结构向高附加值跃升，推动家电产业整体转型升级。

设计创新在企业经营中的表现形式多种多样。政府重点关注并予推动的是工业设计平台建设。2013 年，工业和信息化部首批认定 26 家制造企业工业设计中心和 6 家工业设计企业为国家级工业设计中心。首批国家级工业设计中心主要集中在工业设计发展相对成熟的东部地区。在工业和信息化部带动下，浙江、天津、福建、甘肃、江苏、湖北、山东、四川等省、市先后制定了省（市）级工业设计中心认定管理办法，并开展认定工作，目前已经认定的省级工业设计中心超过 220 家，集中在家电、汽车、消费电子、家具、家居、交通工具、产品包装、服装服饰等行业。

近年来，一些企业积蓄多年的设计创新的努力成果开始显现。例如，国产高铁的国内普及和国外出口势头正猛，2014 年上海商飞集团国产新支线飞机交付运营，集团已经成立了工业设计所。联想集团历经八年研发的原型创新产品 YOGA 笔记本电脑在 2012 年一经推出便引领了当年的国际跟风，因此 2013 年联想设计与用户体验团队获得被誉为国际工业设计奥斯卡的德国“红点年度最佳设计团队奖”，成为第一个获此奖项的中国设计团队，同时联想的 Ideapad U430s 笔记本电脑第三次荣获“红点最佳”中的最佳奖。2014 年小米手机等国产品牌异军突起，打破了苹果和三星雄霸天下的格局。在 2014 年广东省第七届工业设计活动周上，以千亿级企业美的集团、华为公司、广汽集团为代表，他们所展示的成果显示出，他们正在转向以设计创新为引领的发展之路。作为中国创客元年的标志性赛事，联想公司主办的“2013 联想创客大赛”吸引上百万人的参与，突出地反映出制造企业及全社会对原创设计的强烈呼唤。

4. 设计企业

我国工业设计企业获得普遍、快速发展是近十几年的事。目前，具有一定规模的工业设计类企业超过 6000 家，工业设计公司超过 2000 家，工业设计从业人员近 50 万人，较有实力的工业设计公司大都集中在北上广深等一线城市。在获得 2013 年工信部首批认定的国家级工业设计中心的 6 家工业设计公司中，有 1 家资产总额为 8000 万元以上，1 家资产总额为 4000 万 ~ 8000 万元，两家资产总额为 2000 万 ~ 4000 万元，两家资产总额低于 2000 万元。工业设计服务已从消费品领域产品的外观设计，逐渐发展到工程机械、船舶、汽车等领域的产品研发设计、企业形象设计、造型结构设计、功能整合设计等全方位的设计策划服务。在企业技术创新、产品研发和市场战略等方面的作用日益凸显。一批具备较强技术优势的设计公司如深圳嘉蓝图、深圳浪尖、中信国华标识、上海同济同捷、上海指南、上海龙域、上海 YANG、杭州飞鱼、杭州凸凹、杭州瑞德、北京洛可可等不断获得国际设计大奖，广泛承接政府、国内大型企业、跨国公司的设计业务。2014 年底，杭州瑞德设计挂牌新三板，成为国内工业设计公司股票上市第一股。

2013 ~ 2014 年，工业设计公司积极寻求转型升级成为一种趋势。寻求设计价值的提升，通过资源整合向产业链延伸，增强综合服务能力成为工业设计公司普遍追求。事实上，这种趋势的形成是长期积累与现实需求的结果。一直以来，在尚不成熟的设计需求市场和知识产权保护不力的环境中，工业设计公司始终在努力突破包括自身在内的各种发展局限，去尝试一些本不擅长的业务，如产品制造、产品销售、自有品牌产品经营、资本经营等。种种努力在近两年有了一定的结果，成功者少，失利者多，而留下更多的是思考、坚持和探索。因此，在 2013～2014 年可以明显地看到，工业设计公司的经营类型开始更趋多样化，有的趋向做全产业链的整合者，有的在众筹众包中兼做自有品牌产品，有的专精于某些领域的设计服务，有的转向做设计战略咨询服务，有的走出国门去拓展，等等。总之，层次在拉开，专业化在提高，向高端综合发展是总体趋势。

5. 设计园区

作为一种新型的经济形态，伴随着工业设计的产业化发展，设计园区的发展不过是近十年的事。设计园区是设计资源聚集的载体，是围绕设计驱动而充分体现政、产、学、研、商、金协同创新的平台，是政府以设计创新促进区域经济转型升级的一个抓手。目前，全国设计创意类园区已突破 1000 家，以工业设计为主体的园区有 40 多家。经工业和信息化部认定，以工业设计为主的国家新型工业化产业示范基地有两家：广东广州经济技术开发区、广东佛山顺德区工业设计产业示范基地。经过十年发展，目前在工业设计方面较有代表性的园区包括：北京 DRC 工业设计创意产业基地、无锡（国家）工业设计园、深圳田面设计之都、上海 8 号桥设计创意园、广东工业设计城、宁波和丰创意广场、江苏大丰东方 1 号创意产业园等。这些园区在当地政府的大力支持下，吸收国有资本、民营资本和外资共同投资兴建，采取市场化运营方式，形成了明显的聚集效应。

目前，民营所有制园区的占比已经达到所有园区的一半，大多数设计园区的入驻企业数量在 100 家左右，有的甚至超过 200 家，平均的入驻企业数量为 80～120 家。园区的平均产值在 2 亿元左右。一半以上的园区的设计产值占比超过了园区总产值 30%。园区依托的产业类型主要集中在电子和通信产品、机械制造设备、文化行业和办公用品，其次是家具、家电、医疗器械和交通工具制造行业。

由于各地区经济发展不平衡，产业结构有所差异，如何因地制宜地搞好设计园区普遍缺乏经验。如何加强系统性的科学规划，加强集约化，特色更明确，可持续性更强，更加有效地促进区域经济创新发展，是摆在所有园区经营者面前的课题和难题。当前，每一个园区都在不同程度上正经历着从资源聚集向资源协作，从数量增加向质量提升的探索过程。如何协调好政、产、学、研、商、金的协同创新关系，不断完善资源及管理结构，使园区不断内生创新活力，打造可持续发展的园区经济生态，是设计园区的普遍追求。

6. 设计教育

2013～2014 年，设计教育的突出表现和趋势是设计教育要转型升级。

教育先行在我国工业设计发展中充分体现。30 多年前，我国工业设计起步于设计教育。30 多年来，设计教育伴随了我国工业设计发展全过程。30 年间，设计院校规模扩大了 100 倍，在校学习人数增长超过了 1000 倍。设计教育在人才培养、引进和传播工业设计理念及方法以及产学研合作中发挥了重要的、积极的基础性作用。在工业设计的绝大部分活动中，都有设计院校的参与。当前，设计院校是我国工业设计产业中最为活跃的生力军。

到 2012 年末，我国 31 个省市自治区（不含港、澳、台地区）设置设计类专业的高等学校达 1917 所，其中普通高等院校 966 所，高职高专院校 951 所，当年各设计类招生专业人数约为 573808 人。据教育部 2012 年统计，全国普通高等学校共 2442 所，1917 所已超过全国普通高等院校总数的 3/4 以上。

而与此同时，设计教育的大规模高速增长，使得资源稀释，加之大一统的行政化体制加剧的雷同化，在一定程度上造成了设计教育质量与产业需求的不相适应。近几年，为了扭转这种状况，设计教育也在转型升级，更加注重实践型、应用型、综合型设计人才的培养，更加注重产学研用的结合。一些院校走在了前面，如清华大学美术学院、中央美术学院、浙江大学、同济大学、广州美术学院、东南大学、南京艺术学院、西安交通大

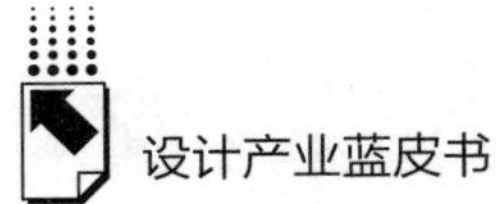

学、四川美术学院、大连民族学院、广东工业设计培训学院等，相继开展了以素质培养、通识教育、跨界教学、以用代学等为目标的教学改革。在这些改革探索中，一些制造企业和工业设计公司也参与其中，增加了产学研用的实践内容。这些教学改革在 2013～2014 年取得了阶段性成果，其产生的影响进一步带动了整个设计教育的转型升级，有更多的设计院校开始步入改革的行列。

设计教育改革既是当前的必需，更是影响未来设计创新质量的决定性基础，因此工业设计界对此十分期待和关注。

7. 行业组织

工业设计行业组织概括起来有三大类，工业设计协会、设计产业联盟和专业设计联盟，其中工业设计协会发挥着较为全面、综合推动产业发展的作用。

工业设计协会

目前，已有 20 多个省区市在民政部门注册成立了工业设计协会。从省级协会看，在工业设计处于发展较慢阶段的地区，协会依托于高等院校的居多，如陕西、吉林、黑龙江、河南、重庆等；在产业化发展进入较快阶段的地区，协会依托或主管单位为政府有关部门的居多，如北京、上海、广东、浙江等；在进入产业化和市场化同步发展较快阶段的地区，协会主要依托企业或社会化办会，运行机制上企业化程度较高，如深圳设计联合会、深圳市工业设计行业协会。各地协会的运行质量差距较大。北京、上海、广东、深圳协会的运行活跃度高，对产业发展促进作用明显。近几年，一批重视工业设计的省市和地区，协会发展随之起步或有所加强，如浙江、江苏、湖南、重庆、大连、宁波、厦门、青岛等。协会开展的促进工作与活动十分广泛。一是协助政府制定产业政策，承担政府委托的促进产业发展的项目。二是推动产业基础建设，工作涉及行业标准、行业规范、资格认证、学科建设、学术研究、产业研究等。三是营造产业环境，如开展工业设计周、展览展示、设计竞赛、评选评比、论坛交流等活动。四是提供行业服务，如反映诉求、产业对接、服务咨询、职业培训等。五是向社会宣传和普及工业设计理念、知识、成果等。

以中国工业设计协会为例，协会自 1979 年成立以来，在我国工业设计发展中发挥了重要的推动作用。目前已开展的一些工作如下。

主办（联合主办、协办、支持）设计周、评选、赛事等各种活动有：中国工业设计周、中国工业设计创新大会、全国青年设计师工作会议、中国工业设计十佳大奖、中国设计红星奖、重庆市“长江杯”工业设计国际大奖赛、江苏省工业设计大赛、湖南省“芙蓉杯”国际工业设计创新大赛、中国“太湖奖”工业设计大赛、“大连设计节”工业设计大赛、“金勾奖”设计创新大奖赛——中国卫浴五金（水龙头类）、“昆山杯”中国笔记本电脑设计评比大赛、“中国制造之美”年度评选、“东莞杯”国际工业设计大赛、“徐圩杯”中国节能环保设计大赛、“潘天寿杯”设计艺术奖全国文具设计大赛、“河姆渡杯”中国小家电创新设计大赛、“恒福杯”茶具创新设计大赛、“醒狮杯”国际家电及消费电子产品创新设计大赛、“海峡杯”福建晋江工业设计大赛、“艾美特杯”产品创意设计大赛、建设节约型社会——节能减排主题招贴设计大赛等。

协会与政府、园区、企业、高等院校等合作共建工业设计示范基地和工业设计中心，如：与上海市经信委共建“中国工业设计研究院”、与德稻集团共建中国工业设计协会——德稻创新学院、与北京大学工学院共建“北京大学工业设计研究院”、与北京大兴区政府共建“中国（大兴）工业设计产业基地”、与重庆市经信委共建“中欧国际设计研究院”、与天津滨海新区政府共建“中国工业设计智造 · e 谷（天津）基地”、与浙江义乌市政府共建“中国（义乌）工业设计中心”、与福建莆田市政府共建“中国鞋业创新示范基地”和“中国鞋业研发设计中心”、与连云港徐圩新区管委会共建“中国节能环保产业基地”和“节能环保产业设计促进中心”、与路达（厦门）工业有限公司共建“中国卫浴工业设计中心”、与福建瑞达精工股份有限公司共建“中国（福建）钟表工业设计中心”、与浙江聚宝盆电子商务有限公司签署战略合作协议，共建“中国工业设计云服务平台”、与广东工业设计培训学院共建“中国工业设计人才（南方）培训基地”等。

2013～2014年，受工信部委托，协会承办了隶属“国家企业经营管理人才素质提升工程”的“工业和信息化部中小企业经营管理领军人才培训项目工业设计高级研修班”，取得广泛影响。2014年获得工信部组织的全国各类高研班评比第一名。

设计产业联盟

随着工业设计产业化发展的不断推进，工业设计特质的集成创新需求促使更多的行业性联盟组织自发地形成，其性质及表现形式大多为民间性组织。凡有工业设计发展的地区，依发展水平不同，都有各种形式的、级别不等的、大小不一的联盟性组织，如：中国工业设计园区联盟、全国工业设计产业创新联盟、中国创新设计产业战略联盟、中国国际设计产业联盟、北京设计产业联盟、中国3D打印技术产业联盟等。目前，设计产业联盟数量还有增加趋势。

设计专业联盟

工业设计具有跨领域、跨行业、跨学科的特点，因而其专业范围跨度较大，各种专业性的交流与合作需求广泛，因此形成众多的、多种形式的专业联盟。这种联盟有跨省市、跨地区、跨行业的，也有地域性、行业性较强的，这些专业联盟基本上是松散型的民间组织。如：全国性的，中国设计师联盟；国际性的，亚太设计师联盟；地区性的，上海设计师联盟，南京设计师联盟，浙江设计师联盟；纯专业性的，以门户网站形式组成的网页设计师联盟等，数量众多，参差不齐，且数量还在不断增加。

当前，随着国家政府机构改革的全面深化，社会团体改革和发展也将成为趋势。2013年9月，《国务院办公厅关于政府向社会力量购买服务的指导意见》发布，意见提出：到2020年，在全国基本建立比较完善的政府向社会力量购买服务制度，形成与经济社会发展相适应、高效合理的公共服务资源配置体系和供给体系，公共服务水平和质量显著提高。政府改革意味着，以往很多由政府直接出钱支持的活动已经在减少，且转为政府购买社会服务的方式。这种转变将推高行业组织的地位，同时推动公共服务能力和水平的提高。

8. 促进活动

工业设计作为新兴产业，促进活动伴随着35年来工业设计发展的全过程，是产业发展中最为常见的表现形式，近两年已成为一种常态。在所有的有影响的促进活动中，都有各级政府部门的主导或支持。概括起来，常见形式有：工业设计周、展览展示、设计竞赛、评选评比、论坛交流、产业对接、服务咨询、职业培训等。

粗略统计，2013年全国共举办工业设计大型、重点促进活动近94项，其中包括设计周11项、评选赛事52项、展会14项、论坛11项。在94项大型、重点促进活中，北京市占20%，广东省（含深圳市）占24%，上海市占12%，江苏省占6%，浙江省占14%，这5个省市合计72项，约占总量的77%。从以上数据可以看出，工业设计开展活跃度主要集中在广东省、上海和江浙地区、北京市三大板块，初步形成了环渤海（以北京为中心，向大连、青岛等地扩展）、长三角（以上海为中心，向杭州、宁波、无锡、太仓等地扩展）、珠三角（以深圳、广州为中心，向东莞、顺德等地扩展）三大工业设计产业带。

在较有影响的大型活动中，设计周如：中国工业设计周、北京国际设计周、上海国际创意产业活动周、广东工业设计活动周、香港“设计营商周”、中国（深圳）国际工业设计周、中国（深圳）国际工业设计节等。评选赛事如：中国设计红星奖、中国设计贡献奖、中国工业设计十佳大奖、中国设计业十大杰出青年、广东“省长杯”工业设计大赛、中国设计奖——红棉奖、全国大学生工业设计大赛等。展会如：北京国际设计三年展、中国（深圳）国际工业设计大展、中国（杭州）工业设计产业博览会等。论坛如：中国服务贸易大会世界设计服务产业高峰论坛、北京国际设计周北京设计论坛、中国设计创新大会、“中国交互设计体验日”大会、世界绿色设计论坛、中国工业设计北滘论坛等。

2013~2014年，工业设计促进活动的普遍特点显示：各级政府继续占据主导地位，工业设计发展较快较好的省市活动多，产学研用合作成果展示增多，设计创新与产业创新融合趋势明显，突出地区产业经济优势、重点打造特色活动意识增强，国际交流活动和内容明显增多，发达国家政府及设计界加强对华交流。

四 形势分析

（一）发展特征

转型升级是2013～2014年我国工业设计产业发展的主题，体现在产业发展和产业主体的方方面面。

2014年国务院发布的10号文件和26号文件，深刻揭示了当今工业经济与设计创新之间的关系本质，高度概括了当前经济的转型发展趋势及融合发展特征，为我国当前工业设计产业发展进一步明确了努力方向。结合2011年发布的国家“十二五”规划提出的“加快发展研发设计业，促进工业设计从外观设计向高端综合设计服务转变”的要求，我国工业设计产业的总体发展方向是明确的，这个方向既有高屋建瓴的顶层设计，也有着眼现实的切合实际。当前我国工业设计产业正在朝着这个方向努力。

近十年来，特别是近五年来，我国工业设计的产业化初见端倪，并呈现加快向纵深拓展之势，新模式、新业态、新成果、新思潮不断涌现，整个行业十分活跃。这种活跃在2013～2014年尤为显见，究其根本，是制造业必须转型升级的迫切的内在需求与压力所导致。同时，整个行业表现出的最显著特征就是，边探索、边建构、边发展、边调整，递进式的螺旋上升。这种过程表现在设计创新上的特征就是，由外形到功能，由简单到综合，由专业到商业，由产品到产业……总之，是设计价值、产业价值不断形成和提升的过程。

（二）存在问题

作为新兴产业，工业设计存在很多发展中的问题。较为突出的有，全社会创新氛围不够浓，创新文化建设还较差；设计教育改革滞后，缺乏综合型设计人才；许多企业还未真正重视设计创新，还未从引进、抄袭思维中解脱出来，有的企业遇到困难是等待走回头路；对知识产权保护不力，设计价值还比较低；专业设计机构总体特点是小弱散，政府部门的扶持、激励政策也存在力度、到位不够的问题，等等。

国家工信部总工程师朱宏任对存在问题进一步概括指出：一是自主创新能力薄弱，设计水平仍较低，对工业强国战略的支撑能力仍有待加强。二是产业整体上尚处于从外观设计到提供产品设计的过渡阶段，缺乏提供品类战略规划、品牌运营等领域的系统解决方案能力，价值链层级有待进一步提升。三是区域发展不平衡。中西部地区仍处于初级阶段，与产业发展要求还有很大差距。四是专业人才和高端人才不足，一定程度上制约了行业的发展。五是具有国际竞争力的大型工业设计企业仍有待培育。

五 产业动向

工业设计企业转型升级，进一步为经济发展转型升级服务，将是未来中国工业设计产业发展的主题。同时，边探索、边调整、边建构、边发展依然是工业设计产业发展的特点。在数字化、网络化、智能化以及融合、协同、合作的创新发展大趋势下，工业设计产业将在多层面、多领域、多行业探索更加科学的、系统的理论、方法和相关产业合作的模式，提高设计价值，把经济效益与社会效益结合起来。

从 2013 ~2014 年业界的各种成果及活动中，可以观察到如下普遍现象。

（1）专业的、系统的、科学的设计创新方法论及体系正在发展和沉淀，这种追求和成果体现在工业设计产业中的很多方面。

（2）站在国际视野与国情的背景和基础上，产学研等多方面对设计创新本质的思考与实践更为突出。

（3）重视工业设计的制造企业明显增多。从制造业在产业的主体地位和作用看，制造企业的设计创新作用将会有较大提升。

（4）制造业转型升级于产品创新上的迫切需求，促使工业设计企业在专业化、综合性、系统性上加速提升服务能力。

（5）融合发展和跨界创新推动了设计服务向更加专业化与高端综合发展。

（6）工业设计企业在发展能力上更趋分化，强者渐强，弱者收缩。更趋专注和精深发展成为主流，转向突出和强化工业设计理念和方法的设计咨询将成为新的追求。

（7）在网络营销、众筹、众包、众销中，工业设计企业拓展出新的生存与发展空间，自主品牌与原创设计会有新的出路。

（8）设计园区将着重园区经济生态的建设，从资源聚集向资源协作转变，不断完善资源及管理结构，使园区不断内生创新活力。

（9）重在产学研用的设计教育转型成为广泛共识，将有更多的设计院校推出新的改革举措。

（10）产能过剩为产品设计创新提供了产业链整合的新机会。产品和产业的软硬件结合促进智能化设计的快速发展。

（11）设计领域的年轻人正趋成熟起来，他们将在业界发挥愈加突出的创新开拓和引领作用。

（12）3D 打印技术促进创客运动兴起，专业设计与大众创新、万众创新结合，将增强设计创新的力量。

以上现象，值得业界内外进一步关注和研究。

六 结语

我国工业设计发展至今只有 30 多年，产业化形成只是近十年的事，存在一些问题在所难免。近年来在政府的大力推动和市场作用下，工业设计产业呈现健康、蓬勃发展之势，工业设计的创新作用及其价值显见于社会。工业设计产业将逐渐走向高端综合，走向大设计发展。我们应该抓住新一轮科技革命和产业变革到来的历史性机遇，使设计创新在建设制造强国，实现中国梦过程中，不断贡献更大的力量。

参考文献

中国工业设计协会编《中国工业设计年鉴 2006 ~2013》，知识产权出版社，2014。

朱宏任:《发展工业设计实现工业强国梦》，在工信部企业经营管理领军人才工业设计高研班上的报告，2014 年 9 月 20 日。

中国工业设计协会编《设计通讯》2014 年第 1 ~6 期。

B.4

中国红星设计指数（北京）编制方法研究

奚大龙　刘 涛　崔正华　黄秋翔　戴俊骋*

摘　要：随着大数据时代的来临，全球经济正逐步进入“指数经济时代”，设计产业的发展愈发需要以数据来表征行业的发展动态和趋向。本文以中国红星设计指数（北京）的编制为切入点，分别从指数编制的背景意义、框架结构、指标体系及计算方法等方面，研究编制开发出了中国红星设计指数（北京），并对2014年前三季度的指数计算结果进行了发布和解析。

关键词：设计指数　指标体系　行业指数　中国红星

进入新世纪以来，设计产业作为文化、科技和经济深度融合发展的产物，凭借其独特的发展模式、产业价值链以及广泛的产业渗透力、带动力、影响力和辐射力，成为全球经济和现代产业发展的新亮点，其发展规模与影响程度已经成为衡量一个国家和地区综合竞争力的重要标志。但作为一个新兴产业，国内对设计产业的研究和统计起步较晚。

中国红星设计指数（北京）作为行业经济和国家经济相结合的产物，

* 奚大龙，中国西部发展研究促进会文化创新研究院执行院长，北京嘉乐世纪科技有限公司总经理，长期从事文化创意产业、设计服务业、科技服务业等领域的发展战略研究和产业化实践；刘涛，北京嘉乐世纪科技有限公司高级咨询师；崔正华，北京嘉乐世纪科技有限公司高级咨询师；黄秋翔，北京嘉乐世纪科技有限公司董事长助理，高级咨询师；戴俊骋，北京师范大学博士后。

是以历届红星奖获奖参评企业和首都设计提升计划入围企业两大数据库为依托，通过具体监测指标的量化处理来对北京市设计产业实行动态监测与科学测评。它将成为深刻反映北京设计产业发展动态的晴雨表和为政府政策制定提供评价尺度的综合测评系统。

一　中国红星设计指数（北京）编制的背景

随着我国设计产业的快速发展，设计产业作为连接产品和市场的重要桥梁，在“中国制造”向“中国智造”转型升级中扮演着重要角色。目前，北京已发展成为中国设计创意资源最为密集的城市之一，“北京设计”品牌魅力不断升温，国际影响力进一步提升，北京设计市场逐渐发掘出巨大的潜力。北京在《北京市促进设计产业发展的指导意见》中也明确提出，要把北京市建设成为全国设计核心引领区和具有全球影响力的设计创新中心。当前，推进北京“设计之都”的建设，打造社会主义先进文化之都，加快首都创新体系的构建，充分发挥北京作为文化中心和科技创新中心的示范作用，已经成为首都社会经济发展的重要任务和目标。

编制发布中国红星设计指数（北京），通过建立多层次、多指标的数据体系，以更加清晰的可视化数据表征，准确及时地反映北京设计产业的综合发展情况和动态趋势，不仅可以掌握北京设计产业的整体运行状况和市场活跃度变化走势，也将为政府决策、企业经营、行业发展、消费者消费及其他兄弟省市发展设计产业等提供决策参考。

二　中国红星设计指数（北京）编制的必要性

（一）“指数经济时代”发展的必然要求

当前，全球经济正逐步进入“指数经济时代”，行业指数为各国各行业宏观经济的调控提供着预警信号，正成为行业经济发展走向的缩影表征。而

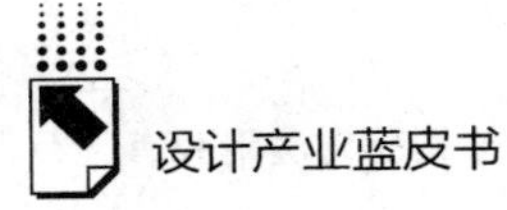

且，目前国际指数编制所涉及的范围，也正由传统的实物商品价格指数向各类股票价格指数、基金指数、商品期货指数、房地产指数等新型指数产品过渡。因此，中国红星设计指数（北京）作为国家经济和行业经济相结合的产物，其编制发布既是符合全球经济发展趋势之举，也是引领行业发展数据表征的题中之义。

（二）国家行业指数体系建立健全的需要

目前，我国已经初步建立起部分原料价格指数、海关进出口价格指数、CPI 居民消费价格指数、PPI 生产物价指数、物流采购 PMI 指数等宏观指数体系。同时，行业类指数近年来也成为中国经济的一大发展亮点，如沪深指数、IT 指数、地产指数、空气质量指数、淘宝指数、百度指数、阿里指数、雅昌指数等。中国红星设计指数（北京）的编制构建势必成为现行国家行业指数体系的重要补充，对现行行业类指数形成有力支撑。

（三）设计产业资源整合、转型升级发展的需要

作为一种集成创新，设计工作的成果和价值很难从其他流程中单独剥离出来，这就造成从国家管理到企业运行的各个环节，对设计工作的定义和绩效很难确定和划分。中国红星设计指数（北京）从基础数据收集到设计指数的提炼，将成为北京设计产业走势的风向标，为企业提供一个重要的参照体系，引导企业在产品开发、产业投资等方面提供数据参考，为宏观政策制定、产业技术进步、行业结构调整等形成准确科学的数据服务支持，最终以“大数据”的方式来反映北京设计产业的发展情况与趋势。

三　中国红星设计指数（北京）编制的意义

从全球化的背景来看，中国红星设计指数（北京）的编制有着宏观、

中观和微观三个层面的重要战略意义。宏观上，它将对政府决策特别是政府信息公共服务职能发挥巨大作用；中观上，它将成为洞察行业发展状况、价格走势的重要窗口；微观上，它将成为企业经营管理的“风向标”，起到积极的引导作用。

从具体来看，中国红星设计指数（北京）的编制具有如下重要意义：一是有利于企业根据指数反映的情况调整各自的计划，为企业在产品开发、固定资产投资、资源配置等方面的理性选择提供参考数据，有利于整个行业的健康发展；二是有利于建立权威、科学的指数发布体系，为全国乃至全球的设计企业提供更加全面、准确、及时的市场信息，保证交易市场的正常经营秩序；三是有利于对设计产业发展状态进行动态监测与科学测评，为国家相关产业政策制定、产业技术进步、产业投资和行业结构调整提供有力的决策支持；四是有利于推动我国设计产业的调整升级，促进我国设计产业的发展模式由量的增长和价格竞争向研发设计、品牌创新转变，帮助设计企业更好地融入全球经济，提升产品的价值空间和综合竞争力，获得国际市场的话语权；五是有利于通过指数及时反映产品价格变动、景气波动和发展趋势，为企业经营决策提供有效的信息引导，避免企业无序竞争、盲目投资和低水平重复建设等。指数的发布还将规范行业市场竞争，引导企业合理地进行规划和产能投放，使行业发展更加趋于理性。

四　中国红星设计指数（北京）编制的内容

中国红星设计指数（北京）的编制以各现行相关统计数据为基础，通过从基础数据收集到设计指数的提炼，将其打造成为北京设计产业的权威表征。

（一）中国红星设计指数（北京）的体系构成

中国红星设计指数（北京）体系整体由两部分组成：价格指数和景气

指数。其中，中国红星设计价格指数（北京）由内销价格指数和外贸价格指数构成，以反映市场价格的波动幅度和趋势；中国红星设计景气指数（北京）由统计行业景气指数和调查行业景气指数构成，以反映企业和市场交易的综合情况。

但是，设计工作作为一种集成创新活动，其成果和价值很难从其他流程中单独剥离出来，这造成从国家管理到企业运行的各个环节，对设计工作的定义和绩效很难确定和划分。基于此因，根据现有的指数编制基础条件和指数建设支撑能力，先行编制并发布中国红星设计景气指数（北京）和中国红星设计 50 指数（北京）。同时，中国红星设计价格指数（北京）指标体系及相关数据积累工作已经展开，待编制条件成熟之后价格指数将进行跟进发布，同期还将编制推出中国红星设计指数（北京）的特色指数——中国红星设计创意指数（北京），以准确地对行业的创意能力和创意水平进行可视化表征。

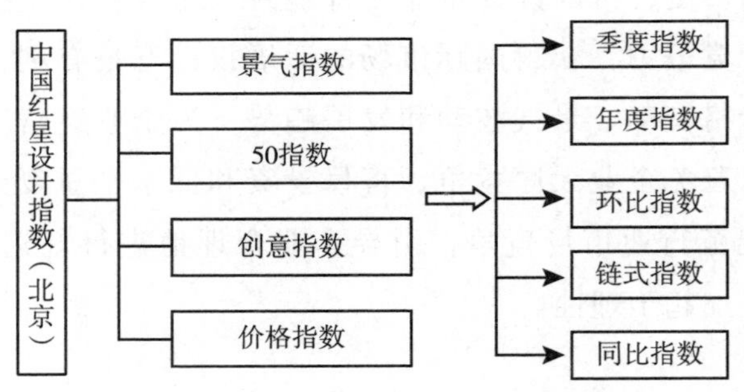

图 1　中国红星设计指数（北京）体系示意

（二）中国红星设计指数（北京）编制的基本原则

中国红星设计指数（北京）作为体现北京设计行业发展的评价指标，为客观反映北京设计行业的发展状况和市场行情变化，在充分深入挖掘设计行业特点和本质的基础上进行编制。

1. 科学性原则

中国红星设计指数（北京）应能充分反映北京市设计行业发展的特点，准确地理解和把握设计行业发展的实质。指标的选择要以相关设计行业发展理论和规律为基础，指标权重的确定、计算与合成要科学合理。在建立该指数体系时应正确反映设计行业发展过程中各种关系内在的、本质的、必然的联系及其比例，且各指标之间不存在矛盾冲突，遵循科学性原则。

2. 可操作原则

构建中国红星设计指数（北京）体系的目的在于指导实践，因此指数的构建一定要具有可操作性。可操作原则是指在构建指数体系时，应充分考虑所涉及的指标在实践中应便于获取、统计和汇总，并且数据要具有可靠性，指标的计算方法应当明确，不要过于复杂，在指标设置上也要体现少而精的原则。

3. 可持续原则

中国红星设计指数（北京）在较长的时期内要有一种注重长远发展的参考作用，要有一个相对的稳定性，因此在设计指数体系时要贯彻可持续性的观念，充分考虑各种因素的变动趋势及其影响，必须以可持续发展思想为指导，注重指数指标对北京市设计行业产生的引领作用。

4. 典型性原则

由于影响北京市设计行业发展的因素和相关数据不尽相同，也较为复杂，因此中国红星设计指数（北京）的编制必须合理区分个别的、次要的、分散的或者是短暂的影响因素，紧紧抓住具有代表性和全面性的关键典型指标作为主要指标。

（三）中国红星设计指数（北京）产业的分类

设计产业的分类是中国红星设计指数（北京）编制的基础。我国设计产业发展晚于发达国家，目前尚没有关于概念范畴的统一界定，学术界关于设计产业的认识众说纷纭，有一些关于工业设计、产品设计方面的研究成

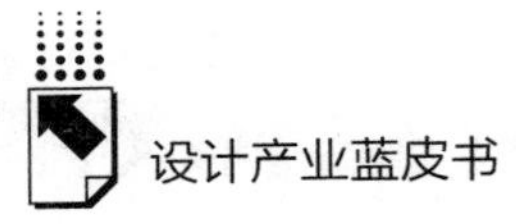

果，但缺乏针对设计产业整体的系统性研究。由于缺乏科学的统计分类，有关设计产业统计数据只得推算。

为建立统一和规范的指数运算基础，保证指数充分且均衡地反映北京市设计产业的整体运行情况，根据2012年北京市统计局、市科委联合研究制定的《北京市设计产业分类标准》中的产业分类标准，同时采用复合分类方法进行样本确定和数据采集。中国红星设计指数（北京）样本数据采集企业类型在大类上涵盖产品设计、建筑与环境设计和视觉传达设计三大领域，同时结合《北京市设计产业分类标准》中12个设计产业中类，均匀分布选取样本企业，进行数据定点采集。分类如下。

第一级（大类）：产品设计、建筑与环境设计、视觉传达设计和其他设计服务。

第二级（中类）：工业设计、集成电路设计、服装设计、时尚设计、工艺美术设计、建筑设计、工程设计、规划设计、平面设计、电脑动漫设计、展示设计、其他设计。

第三级（小类）：交通工具设计、通信设备、计算机及其他电子设备设计、工业装备设计、医疗器械设计、仪器仪表设计、家电设计、建材设计、家具设计、玩具设计、文具设计、其他工业设计、集成电路设计、服饰设计、装饰及流行物品设计、其他时尚设计、工艺美术设计、房屋建筑设计、景观设计、室内装饰设计、通信工程设计、电子工程设计、城乡规划设计、城市园林绿化规划设计、广告设计、包装装潢设计、网页设计、交互设计、动漫衍生产品设计、数字游戏设计、展台设计、模型设计、舞台设计等。

（四）中国红星设计指数（北京）发布的周期

北京设计产业拥有着雄厚的资源基础及活跃的市场氛围，为了及时准确掌握北京市设计市场动态情况和综合发展水平，推动北京市设计行业可持续健康发展，综合考虑数据来源的时效性、应用性及需求性等多方面因素，中国红星设计指数（北京）以季度为周期对外进行公开发布。

（五）中国红星设计指数（北京）编制指标构成

根据工信部《关于促进工业设计发展的若干指导意见》以及北京市委市政府《北京市促进设计产业发展的指导意见》《北京市“十二五”时期文化创意产业发展规划》等相关文件，结合数理统计评价法、加权系数评价法、设问评价法等设计行业常用的评价方法，同时参考北京市现有的数据统计情况，确立中国红星设计景气指数（北京）（表1）和中国红星设计50指数（北京）（表2）指标体系。

表1　中国红星设计景气指数（北京）指标体系

目标层	组分层	指标层	指标意义
中国红星设计景气指数（北京）	总体判断	经营环境	反映报告期内对行业发展具有重要影响的外部因素（包括政治与社会发展状况、宏观经济与宏观政策、国内外相关市场供求关系）构成的综合系统
		运行状况	反映报告期内行业的生产、销售、服务等经济活动的总体状况
	生产判断	设计成本	反映报告期内为设计产品或提供劳务而发生的各项生产费用，包括各项直接支出和制造费用
		设计业务收入	反映报告期内完成的符合设计要求的主要产品的业务收入
		设计订单	反映报告期内正式签订的设计合同计算出的主要设计订单数量
		其中：国外订单	反映报告期国际订单贸易情况
		设计订单平均合同金额	反映报告期内签订设计订单合同的平均金额
		设计订单完成周期	反映报告期内设计订单平均完成的天数
		设计产品销售量	反映报告期内设计产品销售的平均数量
		设计产品销售价格	反映报告期内设计产品销售的平均价格

续表

目标层	组分层	指标层	指标意义
中国红星设计景气指数（北京）	经营判断	赢利（亏损）变化	反映报告期内获得的赢利（或亏损）净额
		流动资金	反映报告期内全部的流动资产，包括现金、存货（材料、在制品及成品）、应收账款、有价证券、预付款等项目
		企业融资	反映报告期内通过债务性融资（包括贷款等）和权益性融资（主要指股票融资）等手段进行融通资金的活动
		订单款拖欠	反映报告期内本企业拖欠其他企业货款额与其他企业拖欠本企业货款额的总和
		设计人员需求	反映报告期末企业主要设计人员的人力资源需求
		固定资产投资	反映报告期内用于建造和购置固定资产的金额
		设计技术创新投入	反映报告期内用于新产品、新技术开发和购买的资金

注：以上产品概念所指包括设计服务类产品和具体实物设计产品。

表 2　中国红星设计 50 指数（北京）指标体系

目标层	组分层	指标层	指标意义
中国红星设计 50 指数（北京）	量化层	主营业务收入	反映报告期内企业总体经营规模情况
		企业利润总额	反映报告期内企业经营效果及赢利能力情况
		设计投入总额	反映报告期内企业在设计业务上的投入情况
		设计产出总额	反映报告期内企业设计业务带来的效益产出
		企业员工数量	反映报告期内企业从业人员数量情况
		企业设计人员数量	反映报告期内企业设计人力资源情况
		拥有知识产权数量	反映报告期内企业知识产权拥有情况
		设计成果获奖数量	反应报告期内企业设计产品获奖情况
	判断层	经营环境	反映报告期内对行业发展具有重要影响的外部因素（包括政治与社会发展状况、宏观经济与宏观政策、国内外相关市场供求关系）构成的综合系统
		运行状况	反映报告期内行业的生产、销售、服务等经济活动的总体状况
		设计成本	反映报告期内为设计产品或提供劳务而发生的各项生产费用，包括各项直接支出和制造费用

续表

目标层	组分层	指标层	指标意义
中国红星设计50指数（北京）	判断层	设计业务收入	反映报告期内完成的符合设计要求的主要产品的业务收入
		设计订单	反映报告期内正式签订的设计合同计算出的主要设计订单数量
		其中:国外订单	反映报告期国际订单贸易情况
		设计订单平均合同金额	反映报告期内签订设计订单合同的平均金额
		设计订单完成周期	反映报告期内设计订单平均完成的天数
		设计产品销售量	反映报告期内设计产品销售的平均数量
		设计产品销售价格	反映报告期内设计产品销售的平均价格
		赢利(亏损)变化	反映报告期内获得的赢利(或亏损)净额
		流动资金	反映报告期内全部的流动资产,包括现金、存货(材料、在制品及成品)、应收账款、有价证券、预付款等项目
		企业融资	反映报告期内通过债务性融资(包括贷款等)和权益性融资(主要指股票融资)等手段进行融通资金的活动
		订单款拖欠	反映报告期内本企业拖欠其他企业货款额与其他企业拖欠本企业货款额的总和
		设计人员需求	反映报告期末企业主要设计人员的人力资源需求
		固定资产投资	反映报告期内用于建造和购置固定资产的金额
		设计技术创新投入	反映报告期内用于新产品、新技术开发和购买的资金

注：以上产品概念所指包括设计服务类产品和具体实物设计产品。

（六）中国红星设计指数（北京）的计算方法

1. 量化层计算方法

单项指标指数的计算方法：

$$I_t = \sum_{n=1}^{N} i_t^n w_t^n \text{，其中 } w_t^n = \frac{v_{t-1}^n}{\sum_{n=1}^{N} v_{t-1}^n}$$

其中：

I_t 为指数 t 期某单指标的指数；

i_t^n 为标的第 n 大类企业的该指标的得分；

w_t^n 为企业的 t 期第 n 大类企业的权重；

N 为企业的个数；

v_{t-1}^n 为 $t-1$ 期第 n 大类企业的主营业务收入。

由下而上逐级汇总生成量化层指数：量化层指数通过单项指标指数汇总而成。由于我们所选择的指标彼此之间不可替代，因而在计算权重的时候给予了平均赋权。

$$X = \frac{1}{M}\sum_{m=1}^{M} x_m$$

X 为量化层指数；

x_m（m=1，2，……m）为主营业务收入、企业利润总额、设计投入总额、设计产出总额、企业员工数量、企业设计人员数量等二级指标景气指数；

M 为单项指标的个数。

2. 判断层计算方法

预判层指数的计算采用平衡差法：

$Y = Balance$ 法：额、设计投入，其中 $Balance = (P-M)/(P+M+E)$

Y 为 En 调查行业景气指数；

P 为景气正向答案的个数；

M 为景气负向答案的个数；

E 为景气持平答案的个数；

3. 中国红星设计景气指数（北京）/50指数的合成

$I = \mathrm{a}X + \mathrm{b}Y$（其中，a+b=1）

I 为北京红星设计景气指数/50 指数；

X 为量化层指数；

Y 为预判层指数；

a 为量化层权重系数；

b 为预判层权重系数。

（七）中国红星设计指数（北京）的表征意义

行业指数在表征意义上通常是通过数据对行业进行表征和分析解读。数据表征通常有两种方法：一是将选择好转的定义为200，将持平的定义为100，将恶化的定义为0。这样汇总出来的景气指数就将在0～200之间波动。二是将选择好转的定义为1，将持平的定义为0，将恶化的定义为－1，则汇总出来的景气指数就将在－1～1之间波动。中国红星设计指数（北京）采用目前较为通行的第一种指数表示法，即景气指数在0～200之间波动。

在中国红星设计指数（北京）的分析使用上，根据指数计算结果和数据区间表征意义，给出定性结论，并进行行业深层次分析和解读。

表3　数据区间及行业表征意义

指数区间	表征意义	指数区间	表征意义
(180,200]	非常景气	(100,90]	微弱不景气
[180,150)	较强景气	(90,80]	相对不景气
[150,120)	较为景气	(80,50]	较为不景气
[120,110)	相对景气	(50,20]	较重不景气
[110,100)	微景气	(20,0]	严重不景气
100	景气临界点		

五　2014年前三季度中国红星设计指数（北京）结果解读

中国红星设计指数（北京）已于2014年12月12日在北京正式发布，2014年前三季度数据同时发布。

（一）中国红星设计景气指数（北京）

从图2来看，2014年三季度中国红星设计景气指数（北京）为125.6，较二季度上升2.2个点，整体上继续保持平稳运行，实现稳中有增。其中，反映北京设计当前景气状态的即期景气指数为120.4，较二季度上升1.3个点；反映北京设计未来景气状态的预判景气指数为130.7，较二季度上升2.9个点。这反映出在当前国内经济呈现新常态的背景下，受益于国家密集出台的鼓励大众创业、全民创新的系列政策，设计产业发展活力继续得到释放和提升。

图2　2014年一至三季度中国红星设计景气指数（北京）

从图3分行业看，2014年三季度中国红星设计景气指数（北京）由高到低依次为产品设计、视觉传达设计、建筑与环境设计，景气指数分别为130.4、121.1、114.4。

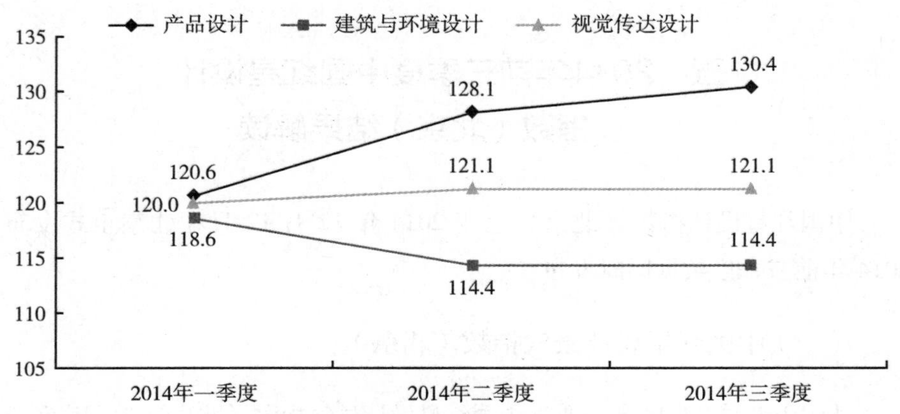

图3　2014年一至三季度中国红星设计分行业景气指数（北京）

（二）中国红星设计50指数（北京）

从图 4 看，2014 年三季度中国红星设计 50 指数（北京）为 124. 0，较二季度上升 2. 7 个点，整体运行开始回升，扭转了二季度开始下行的态势。其中，主营业务收入指数为 102. 4，较二季度上升 0. 3 个点；企业利润总额指数为 102. 2，较二季度上升 0. 2 个点；设计业务投入指数为 102. 3，较二季度上升 0. 7 个点；设计产出指数为 102. 4，较二季度上升 0. 8 个点（见图 5）。这进一步表征出在国家鼓励创业创新发展环境中，设计企业自身发展的动力增强和企业家信心回暖。

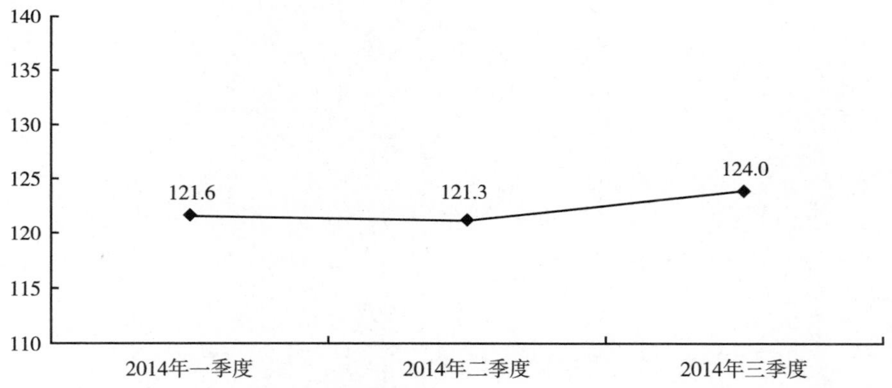

图 4　2014 年一至三季度中国红星设计 50 指数（北京）

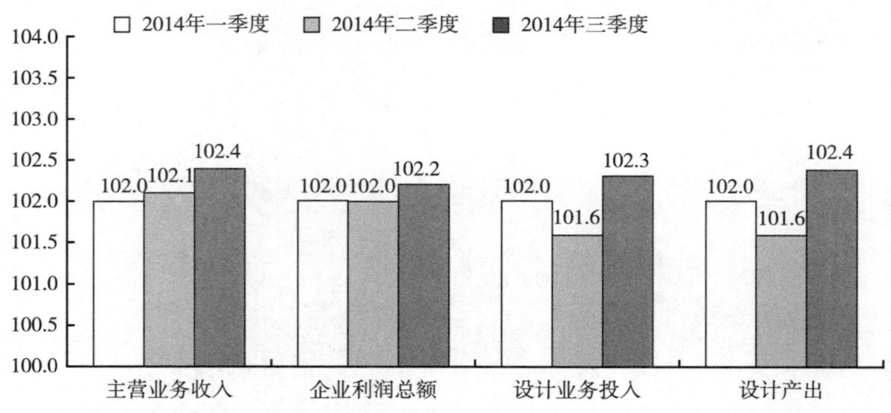

图 5　2014 年一至三季度中国红星设计 50 分指标指数（北京）

六 结语

中国红星设计指数全面反映了北京设计行业动态发展变化和预测未来发展趋势，勾画出北京设计市场动态晴雨表，填补设计监测评价体系的空白，为政府政策制定提供评价尺度的综合平台系统。中国红星设计指数（北京）将在景气指数、50 指数基础上，进行分期开发、编制和发布包括价格指数、创意指数在内的系列指数体系，以具体监测指标的量化处理来表征北京市设计行业的综合发展状况和未来趋势变化。

B.5

北京市设计产业统计分类研究*

张勇顺**

摘　要：目前，我国尚没有统一的设计产业概念及统计分类，有关设计产业的数据只能大体推算。因此，研究和建立设计产业统计分类对于掌握设计产业发展进程和制定相关促进政策具有重要的理论和现实意义。本文在借鉴国内外相关研究成果的基础上，理论与实证相结合，对北京的设计产业进行了系统研究，建立了北京设计产业统计分类标准，为监测评价工作提供了科学依据。

关键词：设计产业　统计　分类

随着社会的进步和生产分工的深化，设计的重要性日益凸显，设计活动从传统的分布于各个行业的活动中逐渐分离出来，成为新兴产业。设计产业以其高科技、高知识含量和高附加值的特性大大提高了产业的核心竞争力。

我国设计产业发展晚于发达国家，目前尚没有关于概念范畴的统一界定，学术界关于设计产业的认识众说纷纭，由于缺乏科学的统计分类，有关

* 根据北京市领导批示，北京市统计局、国家统计局北京调查总队、北京市科委及北京工业设计促进中心组成联合课题组对设计产业统计分类标准进行了研究。本书组稿之际，作为原课题组成员的张勇顺先生受托对课题研究成果进行了改编，形成本文。

** 张勇顺，北京市发改委体改处副处长，高级会计师、注册税务师、律师、北京市高评委专家库成员，MBA 和管理学双硕士，曾留学新加坡南洋理工大学和美国麻省理工学院，先后在财政局、国资委、统计局和发改委等部门工作，主持过多个重大课题研究，公开发表财会、税务、法律、统计等领域文章 20 多篇。

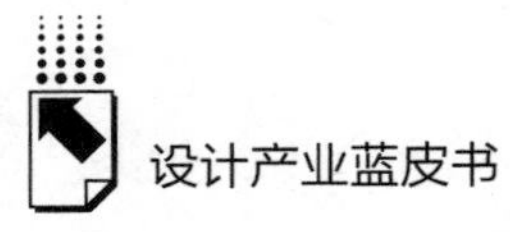

设计产业数据只能大体推算。因此，研究和建立北京设计产业统计分类，开展设计产业统计监测评价工作，对于掌握北京设计产业发展进程、制定相关促进政策、推进设计产业统计理论方法研究、加快北京设计产业发展，具有十分重要的理论和现实意义。

一　设计产业相关理论

（一）设计产业的发展与演进

1. 设计的产生与发展

英文的“设计”（Design）一词起源于拉丁语，意为画记号。在中国，古汉语的“设计”是“设”与“计”的合词。据东汉许慎《说文解字》，“设”是“施陈也”；“计”是“会也算也”。其核心含义是设想、运筹、计划与预算。

设计自人类旧石器时期就已出现，始终伴随着人类文明的发展。设计活动如建筑、规划、工程、景观，在很长一段时期，设计活动主要体现为工匠们设计与制造一体化的活动，设计者也是制造者。

18 世纪英国工业革命后，设计活动便进入了一个崭新的阶段——工业设计（Industrial Design）阶段，设计的内涵被大大丰富，逐渐从狭义的艺术范畴走向更开放的意义。在这一阶段，产品开始机械化批量式生产，这使得设计的领域急剧扩大，除建筑设计逐渐从建筑施工活动中分离出来，成为独立的活动，还诞生了产品设计、平面设计等新的设计领域。

工业设计经历了三大发展阶段。

第一个阶段是 18 世纪下半叶至 20 世纪初期，这是工业设计的酝酿和探索阶段，新旧设计思想开始交锋，传统的手工艺设计逐步向工业设计过渡，并为现代工业设计的发展探索出道路。

第二个阶段是 20 世纪初期至第二次世界大战，这是现代工业设计形成与发展的时期。这期间工业设计开始形成系统的理论，并在世界范围内得到传播。尤其是德国的“德意志制造联盟”和“包豪斯学院”的出现和发展，在理论、实践和教育体系三方面将工业设计发展成一门独立的学科。

第三个时期是在第二次世界大战之后，国际工业设计协会成立，并于1959年第一次对工业设计制订了定义，之后的几十年后，工业设计的领域不断扩展更新，概念不断被更新。与此同时，西方工业设计思潮出现了众多的设计流派，形成了多元化的格局。特别是美国的现代工业设计发展迅速，影响了全世界，成为世界首个把设计变成一门独立职业的国家，并使高技术产品成为工业设计的主要领域。

随着社会的发展，设计的定义被不断更新和完善。近几十年来，国内外设计协会、学术界专家学者对“设计”相关概念内涵都做出了界定，虽然解读的角度不同，但通过归纳这些定义可以看出，各国对“设计”有着共性的认识，即设计与创造、创意、计划相关，是各种科学技术、文化知识作用于品质、过程和服务的相关活动（见表1）。另外，设计过程还涉及艺术与文化，是一种人性化的创新活动，并与市场机会相结合。

表1　国外机构、学术界对“设计”的概念内涵阐述

机构、人物	概念
剑桥英语词典	设计通常指有目标和计划的创作行为、活动，在艺术、建筑、工程及产品开发等领域起着重要的作用
2006年国际工业设计协会（ICSID）	设计是一种创造活动，其目的是确立产品多向度的品质、过程、服务及其整个生命周期系统，因此，设计是科技人性化创新的核心因素，也是文化与经济交流至关重要的因素
英国设计委员会	设计就是将一个创意转化为一个有价值的产品蓝图的活动，无论这个产品是汽车、建筑、图册还是一种服务或流程
澳大利亚设计委员会（Design Institute of Australia）	设计是一种广泛使用的词。它是适用于任何依靠计划的活动，而不是依靠机会。因此，人们在所有的经济活动中会使用设计。在很多情况下，设计与计划具有同种意义
R. Edward Freeman（美国佛尼吉亚大学　企业道德系列商业圆桌会议机构学术主任）	设计是创新得以实现的重要因素，因为设计不仅产生创意，并且能将技术的可能性与市场机会相结合
柳冠中（中国工业设计协会副理事长）	设计就是文化——纷乱与混沌掩盖着秩序，彷徨与矛盾孕育着机会，忧虑与理想蕴藏着哲学，思想与探索需要观念的更新和方法机制的科学

2. 从设计到设计产业

设计活动产生于远古，其产业化的实现经历了相当长的过程。产业化是将新技术、新产品、新工艺和新材料通过商品化、市场化、规模化达到实用，并获得回报的过程（见图1）。设计的产业化发展，是设计劳动的商品化过程与贡献的社会化过程，它是成熟的市场经济和生产力发育的结果。

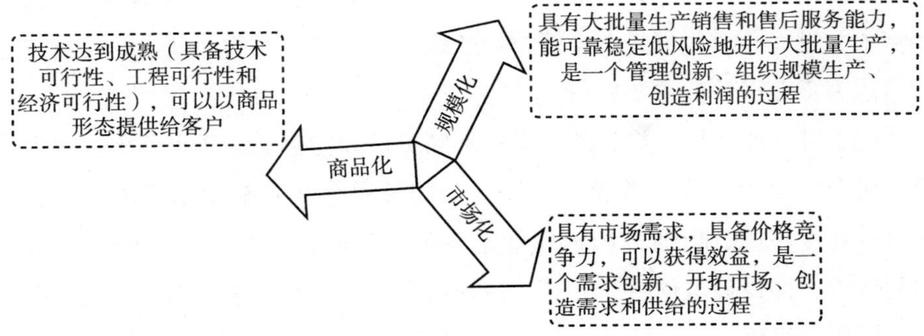

图1　实现产业化的三个标志

说明：国务院发展研究中心、中国社会科学院均把生产、服务、经营一体化视为产业化的前提条件，而且把生产、服务、经营方式的规模化、科技化作为产业化的标志。

从百年世界现代设计史发展来看，工业设计之后，设计产业从原来分散的制造业中分离出来，形成独立的产业体系，其本身具备了规模化、商品化和市场化特性。可以认为，工业化促成了设计产业的形成与发展，工业设计是设计产业最早的表现形式。

设计产业形成后，其内涵随着经济和技术的发展得以不断丰富，大概可以分为三个阶段：一是传统工业设计阶段，其标志是产品设计的产业化和建筑设计的专业化。工业革命带来产品创新的产业化，形成了以产品设计为内容的工业设计。二是工业与信息技术结合阶段，即现代工业设计阶段。随着信息数字技术的兴起，出现了动漫设计行业、交互设计等行业，使得设计产业的范畴超越了狭义的工业设计，形成了包含数字多媒体设计在内的设计产业。三是泛设计产业阶段，其标志是服务设计的产业化。随着发达国家进入后工业化时代，服务业在国民经济中占据主要地位，设计产业也从工业设计领域拓展到了服务业设计领域。目前，一些发达国家设计产业发展较为成熟，已涵盖社会经济生活的方方面面，形成了独立而丰富的产业体系，并创造了巨大的市场价值。

（二）国际上有关设计产业分类的比较研究

目前国际上对设计产业尚无统一的界定和分类，各国按照自身产业发展特点，对设计产业进行统计分类，这些分类大都由协会来完成。通过分析各有关国家和国际组织关于设计产业的分类可以看出，由于各国发展设计产业的推动方式与力度不同，因而对制定统计分类的认识程度也不同：以国家政策调控驱动型的国家，如英国、澳大利亚、韩国，均明确提出了设计产业、工业设计产业等概念，并进行统计分类界定；靠市场力量和企业创新为主要推动力的国家，如美国、加拿大，则未建立系统的关于设计产业的分类，只在其国民经济行业分类体系中以专业设计服务的形式体现。国际上关于设计产业的界定与分类简单归纳如下。

1. 设计产业

目前，国际上明确提出“设计产业”概念的国家机构主要有英国设计委员会、澳大利亚设计委员会、韩国、国际工业设计协会（见表2）。“设计产业”在这些国家基本涵盖了国民经济中所有与设计相关行业，是广义的设计产业的概念。值得注意的是，有的国家设计产业的范畴除了传统的设计领域，还将服务设计、旅游设计、可持续设计等纳入分类，体现了对设计产业认识的发展。

表2　国外定义“设计产业”的国家机构和组织

机构	分类
英国设计委员会(Design Council)	设计产业主要分传达设计(Communications),包括平面、品牌、印刷设计、信息设计、企业形象设计;产品和工业设计(Product and industrial),包括消费者/家庭用品、家具、工业设计(包括汽车工业设计,工程设计,医疗产品);室内和展览设计(Interior and exhibition),包括零售设计、办公室/工作场所的设计、照明、显示系统、展览设计;时装和纺织设计(Fashion and textiles);数字与多媒体设计(Digital and multimedia),包括网站、动画、电影和电视、数字设计、交互设计;服务设计(Service design)

续表

机构	分类
澳大利亚设计委员会(Design Institute of Australia)	澳大利亚设计委员会将设计产业分为三大类:工业设计(Industrial Design),包括家具设计、纺织设计、时尚时装设计、珠宝设计;室内设计(Interior Design),包括商业室内设计、住宅室内设计、零售设计、电视电影戏剧设施;平面设计(Graphic Design),包括网页设计、多媒体设计、数字动漫设计、展览展示设计、数字游戏设计
韩国(Korea)	韩国设计产业分为产品设计、视觉传达设计、环境设计、包装设计。首尔的主要设计产业包括IT相关设计、数码内容、时装设计、交通设备设计、旅游和城市设计
国际工业设计协会(ICSID)	国际工业设计协会设计产业分类包括但不仅限于:建筑设计、设计教育、时尚设计、动态平面设计、动画和新媒体设计、平面/传播设计、工业设计、室内设计、景观建筑设计、城市规划设计

2. 工业设计

在设计产业中，工业设计是其重要组成部分，工业设计发展历史悠久，理论发展较为充分，不同层面的组织和个人均对工业设计进行了界定（见表3）。工业设计的初级阶段仅囿于产品外观造型设计层面，继而发展为对产品的综合设计，即有策略地用视觉的手段对工业产品从视觉美感、功能创新、材料工艺、色彩文化、市场价值、生产制造与环境健康等方面进行综合性提升和创新。因此，狭义的工业设计就是指围绕工业产品开发相关的设计服务。而当代国际工业设计的范围已经拓展延伸到生产环境、产品包装、市场推广等产品生产和流通的整个过程的广义的工业设计。

表3　国内外有关“工业设计”的定义

机构	概念
1970年国际工业设计协会ICSID	工业设计,是一种根据产业状况以决定制作物品之适应特质的创造活动。适应物品特质,不单指物品的结构,而是兼顾使用者和生产者双方的观点,使抽象的概念系统化,完成统一而具体化的物品形象,意即着眼于根本的结构与机能间的相互关系,其根据工业生产的条件扩大了人类环境的局面
1980年国际工业设计协会ICSID	就批量生产的工业产品而言,凭借训练、技术知识、经验及视觉感受,而赋予材料、结构、构造、形态、色彩、表面加工、装饰以新的品质和规格,叫做工业设计。根据当时的具体情况,工业设计师应当在上述工业产品全部侧面或其中几个方面进行工作,而且,当需要工业设计师对包装、宣传、展示、市场开发等问题的解决付出自己的技术知识和经验以及视觉评价能力时,这也属于工业设计的范畴

续表

机构	概念
美国工业设计协会 IDSA	工业设计是一项专门的服务性工作，为使用者和生产者双方的利益而对产品和产品系列的外形、功能和使用价值进行优选
中国工信部	工业设计是以工业产品为主要对象，综合运用科技成果和工学、美学、心理学、经济学等知识，对产品的功能、结构、形态及包装等进行整合优化的创新活动。工业设计的核心是产品设计，广泛应用于轻工、纺织、机械、电子信息等行业

目前，各国多将工业设计作为设计产业中的一个大类，英国设计委员会、澳大利亚设计委员会、北美产业分类体系、英国经济活动标准行业分类、澳大利亚新西兰标准行业分类、印度国家产品分类（NPC）体系、国际工业设计协会的设计产业分类中均细分出工业设计大类。

3. 专业设计服务

除将设计产业单独进行系统分类外，设计产业在很多国家的国家标准或产品标准中有明确的体现，即在国民经济行业分类中设有专业设计服务业/活动（Specialized Design service/activities），将一些设计活动特征明显的行业进行归纳（见表4）。这些服务或活动是设计产业的一部分。

表4　国家标准或产品标准中关于设计产业的表述

机构	分类
英国经济活动标准行业分类	2007年版英国经济活动标准行业分类（SIC 2007）中，与设计有关的行业分散到4个行业，分别为专业设计活动（Specialised design Activities）（行业代码：74.1），包括时尚设计、工艺设计、平面设计；网页设计与编程（Design and Programming of Web Pages）（行业代码：62.1）；建筑设计（Architectural Design）（行业代码：71.11）；工程设计（Engineering Design）（行业代码：71.12）
澳大利亚、新西兰国家标准行业分类	2006年版澳大利亚新西兰标准行业分类（ANZSIC2006），设计相关产业主要为两个行业，分别为工程设计和工程咨询服务（Engineering Design and Engineering Consulting Services）（代码：6923）和其他专业设计服务（Other Specialised Design Services）（代码：6924）
美国、加拿大行业统计分类体系	美国的国民经济行业分类使用北美产业分类体系（NAICS），与设计相关产业主要是专业设计服务业（Specialized Design Services）（代码：5414），其中又包括了四大细分类别：室内设计服务业（Interior Design Services）、工业设计服务（Industrial Design Services）、平面设计服务（Graphic Design Services）和其他专业设计服务（Other Specialized Design Services）

续表

机构	分类
印度国家产品分类(NPC)	印度的国家产品分类(NPC)统计体系中,与设计产业有关的主要行业为专业设计服务业(Specialty Design Services)(行业代码:998391),包括了三个大类:室内设计服务业(Interior Design Services)(行业代码:9983911)、工业设计服务业(Industrial Design Services)(行业代码:9983912)和其他专业服务业(Other Specialty Design Services)(行业代码:9983919)。其他有关设计的行业包括应用IT设计和发展服务业(IT Design and Development Services for Applications)(行业代码:9983141)、网络和系统IT设计和发展服务(IT Design and Development Services for Networks and Systems)(行业代码:9983142)

4. 其他界定

除了设计产业、工业设计、专业设计服务外，部分国家或组织对设计产业还有一些其他的界定和称谓。如日本称为“商业及工程设计服务业”(Commercial and Engineering Design Services)，联合国教科文组织称为设计驱动型创意产业（Design-driven Creative Industries）（见表5）。

表5　国外对设计相关产业的其他名称

国家和机构	设计相关产业范围界定
日本	日本的设计产业又称为“商业及工程设计服务业”(Commercial and Engineering Design Services),属于服务业范畴的“专业服务业”(Professional Services)分支
联合国教科文组织	联合国教科文组织的设计相关产业为设计驱动型创意产业(Design-driven Creative Industries),包括建筑、室内、时尚和纺织、珠宝及配饰、交互设计、城市设计、可持续设计等

（三）国内设计产业的界定与分类

近些年，国内从国家到地方层面陆续出台了针对设计相关产业的政策指导意见。2010年，我国工信部出台《关于促进工业设计发展的若干指导意见》中定义了“工业设计”的概念。北京是国内对设计相关领域研究较早的城市。2006年，北京统计部门出台《北京市文化创意产业分类标准》，在九大分类中设置了“设计服务”领域。同年，无锡市出台《中共无锡市委市人民政府关于加快发展工业设计产业的若干意见》，明确了工业设计产业的定义。2007 年，《上海工业设计产业发展三年规划（2008～2010 年）》从狭义和广义两方面阐述了工业设计的定义，认为工业设计是技术创新的载体，是技术成果转化为现实生产力的桥梁，是科技与艺术的结合。2008 年和 2009 年，深圳、杭州、宁波等地也分别出台设计相关产业的政策，提出了行业的界定范围（见表 6）。

综合看来，与国际界定相比，国内对于设计产业的界定相对范围较广。如，深圳的创意设计业包括了 IC 设计，杭州的设计服务业包括了市场调查、社会经济咨询、知识产权服务等。上海三年规划中定义包括了交通工具、装备制造、电子信息等；北京促进设计产业规划中包括了集成电路。

表 6　国内一些省市对设计相关产业范围的界定

省市	发布的相关政策和规划	时间	政策主体	行业名称	行业范围
深圳	《深圳市文化产业发展规划纲要（2007～2020）》	2008 年	广东省深圳市人民政府	创意设计业	广告设计、建筑设计、工业设计、时装设计、IC 设计和软件设计等行业
宁波	《宁波市工业设计产业发展规划（2010～2012）》	2009 年	宁波市政府	工业设计	工业产品设计、视觉传达设计、流行时尚设计
上海	《上海工业设计产业发展三年规划（2008～2010 年）》	2007 年	上海市经济和信息化委员会	工业设计产业	重点分类主要是：交通工具、装备制造、电子信息、服装服饰、食品工业、工艺旅游纪念品、家居环境、视觉传媒等八个方面
杭州	《杭州市文化创意产业发展规划（2009～2015）》	2009 年	杭州市市委市政府	设计服务业	工业设计、建筑景观设计业及广告业
	《杭州市文化创意产业八大重点行业统计分类》	2008 年	杭州市文化创意产业指导委员会	设计服务业	建筑装饰业、工程勘察设计、规划管理、工程管理服务、其他专业技术服务（含工业设计及服装设计业等）、广告业、市场调查、社会经济咨询、其他专业咨询、知识产权服务

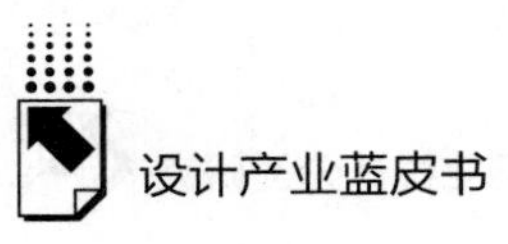

续表

省市	发布的相关政策和规划	时间	政策主体	行业名称	行业范围
北京	《北京市文化创意产业分类标准》	2006 年	北京市统计局	设计服务业	建筑设计、城市规划以及其他设计三大类别。其中"其他设计"涵盖产品设计、模型设计、单纯服装设计、装饰物品及流行物品的款式设计、包装装潢设计、工艺美术设计等
	《北京市"十一五"时期文化创意产业发展规划》	2007 年	北京市委	设计创意产业	工业设计、软件设计、建筑环境设计、工程设计、平面设计、服装服饰设计、工艺美术设计等
	《北京市促进设计产业发展的指导意见》	2010 年	北京市科委	设计产业	工业设计、建筑设计、工程设计、规划设计、集成电路设计、服装设计、工艺美术设计、平面设计、展示设计、电脑动漫设计、时尚设计等

（四）设计产业比较研究的结论

1. 各国关于核心行业的认识具有较强的一致性

尽管目前国际上关于设计产业相关界定较多，定义和分类不尽相同，但均关注了设计产业的核心特征。即富有创造性，集文化、科技、市场因素于一身，处于生产服务活动的前端，能够提高产品的附加价值。大部分国家都将以下行业纳入设计范畴：工业设计、建筑设计、工程设计、服装设计、规划设计、时尚设计、平面设计、电脑动漫设计和展示设计。一些设计较为发达的国家和地区对设计范畴有所拓展。

2. 各国设计范畴体现本国经济发展的阶段特征

当今世界经济格局的显著特点之一是发达国家和发展中国家分别以服务业经济为主和工业经济为主，体现了产业的不同发展阶段。设计产业自形成以来，就一直是产业发展阶段的映射。被称做"创意的发动机"的英国，设计产业范畴延伸到了服务设计领域，而发展中国家的设计产业更多体现了近些年工业化发展的成果。如我国部分省市纳入集成电路和软件设计。韩国

表7　国内外设计产业分类划分综合情况

行业	行业类别	纳入国家或地区
核心行业	工业设计、建筑设计、工程设计、服装设计、规划设计、时尚设计、平面设计、电脑动漫设计、展示设计	英国设计委员会、澳大利亚设计委员会、北美产业分类体系、英国经济活动标准行业分类、澳大利亚新西兰标准行业分类、印度国家产品分类（NPC）体系、韩国、国际工业设计协会、联合国教科文组织、深圳市、杭州市、宁波市
特色行业	服务设计、设计教育、旅游、电视电影设计、市场调查、社会经济咨询等	英国设计委员会、韩国首尔设计产业、国际工业设计协会、杭州市

首尔包括了旅游设计，印度包括了应用 IT 设计和网络系统 IT 设计。这些独特的设计行业是各国结合本地经济发展特征所总结的结果。

3. 已有统计分类实践对北京有重要启示

综合国内外统计分类实践，北京在制定设计产业统计分类时可有以下几点借鉴。

（1）北京的设计产业分类应涵盖各国（地区）认定的核心行业，体现产业的本质特征。将工业设计、建筑设计、工程设计、服装设计、规划设计、时尚设计、平面设计、电脑动漫设计、展示设计等各国普遍认同的核心行业纳入统计分类。

（2）在产业分类中应体现本地区设计产业发展特征。集成电路是我国现阶段鼓励发展的产业，与深圳的情况相同，北京的集成电路产业具有较大的发展潜力和良好的发展前景，是北京重点发展的产业。集成电路设计活动是对集成电路板的优化设计，符合创新性、规划性的设计特征；工艺美术设计是富有独特魅力的中国特色产业，北京的设计制造和展示活动集中，且工艺美术具有鲜明的产品艺术设计特征。因此，我们认为集成电路、工艺美术应纳入北京设计产业范围之内。

（3）北京的经济结构特征是服务业主导型，服务业占地区生产总值的比重已达到发达国家水平，伴随着北京服务业的发展，北京的服务领域设计活动将不断增加。笔者赞同英国设计委员会将服务设计引入设计产业范畴。

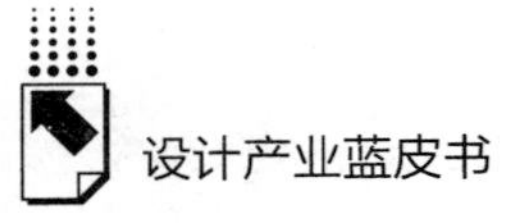

北京将服务设计等其他设计作为未来设计产业发展的领域，纳入北京设计产业范畴。

二　北京设计产业分类标准

（一）研究方法

北京设计产业分类的研究方法。

一是文献研究方法。通过搜集研究大量国际、国内有关文献，研究设计产业概念的产生与发展，比较研究各国设计产业的概念内涵以及产业分类的范畴。为提出北京设计产业的概念与内涵寻找理论依据。

二是产业经济学研究方法。从产业经济学理论出发，研究设计产业发展演进规律和北京产业发展现阶段特征，结合北京设计产业的发展现状与目标，为确定北京设计产业分类范畴提供依据。

三是借鉴新兴产业统计分类的模式研究成果。国内新兴产业分类普遍采用产业链法、业务活动归集法、体系分类法等。本分类使用了业务活动归集法的分类方法。

（二）北京设计产业的定义

1. 设计产业概念与特征

综合设计产业发达国家对设计产业的普遍认识，结合我国设计产业发展进程，我们认为设计产业具有以下几个特征。

（1）体现创造性的产业

设计的本质在于创造，设计产业是综合创意、科技、计划、文化艺术、知识、人性化、市场等要素进行的创新性活动。

（2）具有独立与不完全独立两种特征的产业

设计是一种服务活动，是产业链上游的重要环节，成熟的设计活动从所服务的领域中独立分离出来，大量的设计活动仍广泛分布于生产、建设、服务活动当中。

（3）具有知识密集、高附加值的产业

设计兼具艺术特征、科技特征和经济特征，设计与市场因素结合形成产业化发展，从而提高生产、生活的品质和附加价值。

因此，北京设计产业定义为：集成科学技术、文化艺术与社会经济要素，基于智力和创意，利用现代科技手段，提升生产、生活价值和品质的创新活动。

2. 设计产业表现形态

主要归纳为以下四个大类：产品设计、建筑与环境设计、视觉传达设计和其他设计。

（1）产品设计

产品设计是以工业产品为主要设计对象，其核心是批量化产品的设计。从家具、餐具、服装等日常生活用品到汽车、飞机、电脑等高新技术产品，都属于产品设计的范畴。它最突出的特点，是将造型艺术与工业产品结合起来，使得工业产品艺术化。其本质是追求功效与审美、功能与形式、技术与艺术的完美统一。

产品设计包括工业设计、服装设计、工艺美术设计、集成电路设计等。

（2）建筑与环境设计

建筑设计是解决包括建筑物内部各种使用功能和使用空间的合理安排，建筑物与周围环境、与各种外部条件的协调配合，内部和外表的艺术效果。环境设计，是指人类对各种自然环境因素和人工环境因素加以改造和组织，对物质环境进行空间设计，使之符合人的行为需要和审美需要。环境艺术就是要对人们生存活动的场所进行艺术化处理。

建筑与环境设计包括建筑设计、规划设计、工程设计、景观设计、室内装饰设计等。

其中规划设计是指城镇发展战略规划、城镇体系规划、城市设计、居住区规划、历史文化名城保护规划、风景名胜及旅游规划等。工程设计是有目标地创造工程产品构思和计划的过程，对建设工程所需的技术、经济、资源、环境等条件进行综合分析论证，提供相关服务的活动。

（3）视觉传达设计

视觉传达设计是通过可视的艺术形式传达一些特定的信息到被传达对象，并且对被传达对象产生影响的过程。视觉设计主要是指人们为了传递信息或使用标记所进行的视觉形象设计。

视觉传达设计包括电脑动漫设计、时尚设计、平面设计、展示设计等。

（4）其他设计

其他包括上述三大类中未包含的设计活动，主要指随着社会经济发展而最新产生的设计活动。如：服务设计。服务设计是有效地计划和组织一项服务中所涉及的人、基础设施、通信交流以及物料等相关因素，从而提高用户体验和服务质量的设计活动。根据英国设计委员会，服务设计是一种有关设计的服务途径，服务设计既可以是有形的也可以是无形的。1994 年英国标准协会颁布了世界上第一份关于服务设计管理的指导标（BS7000－3 1994），最新的版本为（BS7000－3 2008）。在英国，著名的从事服务设计的公司有 Live/Work、Direction Consultants、Engine。美国著名的 IDEO 公司也增加了服务设计业务内容。一些欧洲国家的学校在设计学院也开设了服务设计专业。

（三）制定北京设计产业分类的原则

1. 指导性

工信部联合各部委发布的《关于促进工业设计发展的若干指导意见》以及市委市政府《北京市促进设计产业发展指导意见》是我国和北京市关于设计产业发展的指导性文件，本分类以服务产业发展、满足宏观管理需要为目的，立足北京产业发展重点内容和方向，同时考虑设计产业自身发展阶段性特征与发展趋势。

2. 可比性

本分类广泛研究借鉴世界各国及我国主要城市关于设计产业的概念和分类方法，在核心领域上保持一致性，能够与国内外相关设计产业数据进行比较。

3. 可操作性

设计活动广泛分布在国民经济各个行业中。具有不完全独立性。《北京市设计产业分类标准》的设计活动对应《国民经济行业分类》98 个行业小类，因此，必须充分考虑分类标准的可操作性。

（四）北京设计产业分类架构

依据分类原则，将设计产业分为三层。

第一层根据设计的表现形态分为四个大类，即产品设计领域、建筑与环境设计领域、视觉传达设计领域和其他设计服务领域。

第二层按设计活动性质对应四个大类中的 14 个中类。

第三层根据设计活动内容对应所涉及的《国民经济行业分类（GB/T4754－2011)》，细分为 98 个小类。

由于设计活动在国民经济行业中分布范围较广，多数行业内有部分企业有设计活动，或企业内部有部分设计活动。本课题在相应行业类别后用“*”表示，并对这些行业中的设计活动做进一步解释。

（五）《北京市设计产业分类标准》的主要特点

《北京市设计产业分类标准》主要有以下几个方面的特点。

1. 覆盖第二、三产业全部设计活动的统计分类

目前我国关于设计活动的统计，主要依据《文化创意产业分类》或《创意产业统计分类》中有关第三产业的设计服务活动，尚没有专门针对设计产业的统计分类标准。《北京市设计产业分类标准》是按各类设计业务活动进行归集的统计分类。设计产业的范围突破了第三产业的范围界限。既包括第三产业中的专业设计服务活动，也包括第二产业中制造业、建筑业企业内部的设计活动。是涵盖第二、三产业全部设计活动的统计分类，是国内首个专门针对设计产业的统计分类。

2. 新版《国民经济行业分类》的派生分类

新修订的《国民经济行业分类（GB/T4754－2011)》依据我国实际情

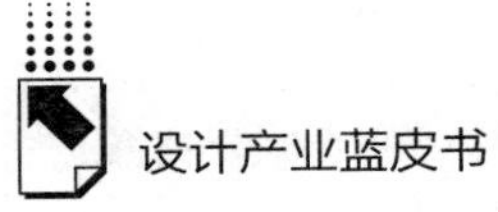

况，兼顾联合国对数据对比的需求，增加了新的行业类别，行业划分更细，增加了有关设计的“专业化设计服务”“集成电路设计”“数字内容服务”等行业小类。本分类对应2011年版《国民经济行业分类》的行业小类，是新版《国民经济行业分类》的派生分类。与现行的国民经济核算体系相衔接，有利于设计产业数据采集、核算和监测评价。

3. 与国际设计产业发达国家统计分类相衔接

本分类充分研究借鉴了美国、英国和澳大利亚等国家和地区的设计产业分类范畴。在核心领域保持一致，均包括工业设计、建筑设计、工程设计、规划设计、平面设计、服装设计、电脑动漫设计、时尚设计等领域。

4. 在原有设计的概念和范畴上有所调整和发展

本分类充分体现了北京创新驱动科技、创意驱动文化发展的“双轮驱动”战略思想，力求突出产业发展地方特色。分类框架对应了《北京市促进设计产业发展指导意见》中重点发展的11个设计领域。在保持与国内外产业分类共性特征一致的基础上，对各类设计活动进行细分，单独列示汽车设计、展示设计、动漫游戏设计等优势领域，补充了具有地方特色的集成电路设计、工艺美术等领域，并增加了反映未来设计服务发展趋势的“其他”领域。

（六）设计产业分类应用中难点问题的认识与解决

1. 研发与设计的区分

研发R&D（Research and Development），是指在科学技术领域，为增加知识总量（包括人类文化和社会知识的总量），以及运用这些知识去创造新的应用而进行的系统的创造性活动，包括基础研究、应用研究、试验发展三类活动。

设计是集成科学技术、文化艺术与社会经济要素，基于智力和创意，利用现代科技手段，提升生产、生活价值和品质的创新活动。

研发与设计的联系在于两者都是为满足人类生产生活的需要，运用科学技术知识而进行的创新活动。两者的区别在于研发更侧重科学技术领域，而设计则强调科学技术与文化艺术的结合；研发更侧重功能性的创新，而设计更强调功能与外观相结合的创新。如纤维材料领域的研究属于研发，而服装造型领域的研究则属于设计。

通常情况下，研发与设计紧密相关，研发从想法的产生到最终形成成果，这个过程本身就是广义的设计。因此，统计数据采集工作中，要将研发与设计进行清晰的划分较为困难。我们可以从研发与设计通常应用的领域，进行基本的划分，如基础研究领域的创新通常为研发活动，而应用研究领域的创新通常是集研发与设计为一体，可以将其认定为设计活动。

2. 工业、建筑业及其他行业设计活动的统计

（1）工业企业内部设计活动的统计

工业企业内部设计活动包含在产品制造过程中，如家具制造、消费电子产品制造、服装鞋帽制造，由于制造过程难以将设计与制造、销售活动相分离，无法计算企业内部的设计活动产生直接收入，设计活动的附加价值反映在产品销售收入中，因此需要从产品销售收入中剥离出设计活动增值部分。

我们从设计投入的角度间接核算。根据企业内部对设计活动的成本投入，利用企业的成本利润率核算设计活动增值和设计活动收入。参考英国设计产业核算方法，对于内部存在独立设计部门的企业，以设计部门的预算为基础进行核算；对于内部不存在独立设计部门的企业，以设计活动人员成本和其他设计相关成本为基础进行核算。在进行工业内部设计活动核算时，可以参考工业 R&D 投入数据。

（2）建筑业企业内部设计活动的核算

建筑业内部设计活动主要表现为建筑施工企业从事的各类设计活动，包括房屋建筑设计、工程设计和室内装饰设计等。建筑业内部的设计活动表现为三种形式，第一种是建筑业企业为本企业施工项目自行设计活动，第二种是建筑业企业为其他企业项目提供设计服务，第三种是建筑业企业向其他企业购买设计服务。在建筑业项目合同中会分别列出设计费和工程费用，因此，能够通过对企业的调查获得数据。

（3）广告业、会展业、动漫网游等内部设计活动的核算

广告企业的业务活动包括广告的设计、制作、代理、发布等。其中，广告设计为行业的设计活动。广告单位签订合同时通常会分出设计制作费、代理费、发布费，因此，通过对广告企业的调查可获得相应数据。

会议及展览服务企业的业务活动包括会议、展览的组织、策划以及招展活动，具体包括提供会展场地和设施的租赁、会展流程策划等。其中部分企业提供展台和模型的设计制作服务是会展业中的设计活动。因此，通过对会议及展览服务企业的调查可获得设计活动收入。

动漫网游产业内部的设计活动包括影视动画设计、网络游戏设计、漫画设计等。影视动画设计指的是动画创作、制作活动；网络游戏设计指的是网络游戏研发、制作活动；漫画设计指的是漫画创作、制作活动。我们通过调查从事影视动画网络游戏活动企业的“动画业务活动总收入”和“网络游戏业务活动总收入”取得数据。

3. 分类目录使用的有关问题

设计产业分类目录的可操作性是我们进行分类研究必须考虑的问题。目前在目录的使用上存在两个问题。

一是由于设计产业覆盖行业面广，全面调查将耗费大量的人力、物力和财力，对于以设计为主营活动的单位，其营业收入基本为设计活动收入，可以直接使用现有的年、定报统计数据。对行业内部有设计活动的企业，对企业内部有设计活动的情况，我们将通过建立调查单位名录、开展重点调查的方法，提高调查的针对性。将调查取得的设计活动收入占企业全部收入的比重，作为该行业设计活动系数。

二是由于《国民经济行业分类（GB/T4754－2011）》是按业务活动同质进行归类，分类相对较粗。在设计产业与之对应时，产生“一对多”的问题。即一个国民经济行业小类对应了多个设计产业的分类。如《国民经济行业分类》中“工程勘察设计（7482）”行业小类，业务活动涵盖建筑设计、工程设计、景观设计和室内装饰设计，导致建筑与环境设计大类中的四个中类都涉及了“工程勘察设计”行业小类。这类问题也可以通过建立单位名录方法，

用企业名单对应设计行业分类，分离出从事各设计领域的单位和相关数据。

表 8 为设计产业统计分类。

表 8　设计产业统计分类

类别名称	国民经济行业代码（GB/T4754-2011）	国民经济行业小类	注解
一、产品设计	—	—	—
1. 工业设计	7491	专业化设计服务 *	工业设计服务
	7320	工程和技术研究和试验发展 *	汽车设计/铁路机车设计/航空航天飞行器设计/船舶设计
	3922	通信终端设备制造 *	移动通信手持机（手机）设计活动
	3911	计算机整机制造 *	计算机整机设计活动
	3913	计算机外围设备制造 *	计算机外围设备设计活动
	3951	电视机制造 *	电视机设计活动
	3952	音响设备制造 *	音响设备设计活动
	2110	木质家具制造 *	家具设计活动
	2120	竹、藤家具制造 *	家具设计活动
	2130	金属家具制造 *	家具设计活动
	2140	塑料家具制造 *	家具设计活动
	2190	其他家具制造 *	家具设计活动
	2411	文具制造 *	文具设计活动
	2412	笔的制造 *	笔的设计活动
	2441	球类制造 *	球类设计活动
	2442	体育器材及配件制造 *	体育器材及配件设计活动
	2443	训练健身器材制造 *	训练健身器材设计活动
	2444	运动防护用具制造 *	运动防护用具设计活动
	2449	其他体育用品制造 *	其他体育用品设计活动
	2450	玩具制造 *	玩具设计活动
	3581	医疗诊断、监护及治疗设备制造	
	3582	口腔科用设备及器具制造	
	3583	医疗实验室及医用消毒设备和器具制造	
	3584	医疗、外科及兽医用器械制造	

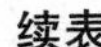
续表

类别名称	国民经济行业代码（GB/T4754－2011）	国民经济行业小类	注解
1. 工业设计	3585	机械治疗及病房护理设备制造	
	3586	假肢、人工器官及植（介）入器械制造	
	3589	其他医疗设备及器械制造	
	3610	汽车整车制造＊	汽车设计活动
	3660	汽车零部件及配件制造＊	汽车设计活动
	3851	家用制冷电器具制造＊	家用电器设计活动
	3852	家用空气调节器制造＊	家用电器设计活动
	3853	家用通风电器具制造＊	家用电器设计活动
	3854	家用厨房电器具制造＊	家用电器设计活动
	3855	家用清洁卫生电器具制造＊	家用电器设计活动
	3856	家用美容、保健电器具制造＊	家用电器设计活动
	3857	家用电力器具专用配件制造＊	家用电器设计活动
	3859	其他家用电力器具制造＊	家用电器设计活动
	3872	照明灯具制造＊	灯具设计活动
	3711	铁路机车车辆及动车组制造＊	铁路机车车辆及动车组设计活动
	3720	城市轨道交通设备制造＊	城市轨道交通设备设计活动
	3741	飞机制造＊	飞机设计活动
	3742	航天器制造＊	航天器设计活动
	3743	航空、航天相关设备制造＊	航空航天相关设备设计活动
	3749	其他航空航天器制造＊	其他航天器设计活动
	3751	摩托车整车制造＊	摩托车设计活动
	3752	摩托车零部件及配件制造＊	摩托车设计活动
	3761	脚踏自行车及残疾人座车制造＊	非机动车设计活动
	3762	助动自行车制造＊	助动自行车设计活动
	3770	非公路休闲车及零配件制造＊	非公路休闲车设计活动

续表

类别名称	国民经济行业代码（GB/T4754－2011）	国民经济行业小类	注解
2. 集成电路设计	3963	集成电路制造＊	制造企业内部的集成电路设计活动
	6550	集成电路设计	
3. 服装设计	7491	专业化设计服务＊	时装设计服务
	1810	纺织服装制造＊	制造企业内部的服装设计活动
	1921	皮革服装制造＊	制造企业内部的皮革服装设计活动
	5232	服装零售＊	服装零售企业的服装设计活动
4. 时尚设计	7491	专业化设计服务＊	饰物装饰设计服务
	7299	其他未列明商务服务业＊	与服装模特或模特公司一体的设计活动/个人形象包装设计
	1830	服饰制造＊	制造企业内部的服饰设计活动
	1922	皮箱、包（袋）制造＊	皮箱、包（袋）设计活动
	1923	皮手套及皮装饰制品制造＊	皮手套及皮装饰制品设计活动
	1951	纺织面料鞋制造＊	鞋的设计活动
	1952	皮鞋制造＊	鞋的设计活动
	1953	塑料鞋制造＊	鞋的设计活动
	1954	橡胶鞋制造＊	鞋的设计活动
	1959	其他制鞋业＊	鞋的设计活动
5. 工艺美术设计	7491	专业化设计服务	
	2431	雕塑工艺品制造	
	2432	金属工艺品制造	
	2433	漆器工艺品制造	
	2434	花画工艺品制造	
	2435	天然植物纤维编织工艺品制造	
	2436	抽纱刺绣工艺品制造	
	2437	地毯、挂毯制造	
	2438	珠宝首饰及有关物品的制造	
	2439	其他工艺美术品制造	

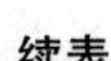
续表

类别名称	国民经济行业代码（GB/T4754－2011）	国民经济行业小类	注解
二、建筑与环境设计	—	—	—
6. 建筑设计	7482	工程勘察设计 *	住宅建筑工程设计服务/商业用房屋建筑工程设计服务/公共事业用房屋建筑工程设计服务/其他房屋建筑工程设计服务
	4700	房屋建筑业 *	建筑业内部的房屋建筑设计活动
	4910	电气安装 *	建筑业内部的电力系统（含电力线路）设计活动
	4920	管道和设备安装 *	建筑业内部的管道、取暖及空调系统设计活动
	4990	其他建筑安装业 *	建筑业内部的其他房屋建筑内设施的设计活动
7. 工程设计	7481	工程管理服务	
	7482	工程勘察设计 *	除建筑设计、景观设计、室内装饰设计外的工程勘察设计
8. 规划设计	7483	规划管理	
9. 景观设计	7482	工程勘察设计 *	风景园林工程专项设计服务
10. 室内装饰设计	7482	工程勘察设计 *	室内装饰设计服务
	5010	建筑装饰业 *	建筑装饰企业设计活动
三、视觉传达设计	—	—	—
11. 平面设计	7240	广告业 *	广告设计制作
	7491	专业化设计服务 *	美术图案设计服务/包装装潢设计/多媒体设计服务
	6420	互联网信息服务 *	网页设计
12. 电脑动漫设计	6591	数字内容服务 *	数字动漫制作/游戏设计制作
	7491	专业化设计服务 *	动漫及衍生产品设计服务
	8620	电视 *	动画电视节目制作服务
	8630	电影和影视节目制作 *	电影动画制作服务
13. 展示设计	7292	会议及展览服务 *	展台设计
	7491	专业化设计服务 *	展台设计服务/模型设计服务
	8710	文艺创作与表演 *	舞台设计
四、其他设计服务	—	—	—
14. 其他设计服务	6520	信息系统集成服务	
	7491	专业化设计服务 *	其他专业化设计服务

表 9 为其他可能存在设计活动的行业分类。

表 9　其他可能存在设计活动的行业分类

类别名称	国民经济行业代码（GB/T4754－2011）	国民经济行业小类	注解
一、产品设计	—	—	—
1. 工业设计	1713	棉印染精加工＊	印花设计活动
	1723	毛染整精加工＊	印花设计活动
	1733	麻染整精加工＊	印花设计活动
	1742	绢纺和丝织加工＊	印花设计活动
	1743	丝印染精加工＊	印花设计活动
	1752	化纤织物染整精加工＊	印花设计活动
	1762	针织或钩针编织物印染精加工＊	印花设计活动
	1763	针织或钩针编织品制造	
	1771	床上用品制造＊	床上用品设计活动
	1772	毛巾类制品制造＊	毛巾类制品设计活动
	1773	窗帘、布艺类产品制造＊	窗帘布艺设计活动
	1779	其他家用纺织制成品制造＊	其他家用纺织制成品设计活动
	2032	木门窗、楼梯制造	
	2033	地板制造	
	2413	教学用模型及教具制造	
	2414	墨水、墨汁制造	
	2419	其他文教办公用品制造	
	2421	中乐器制造	
	2422	西乐器制造	
	2423	电子乐器制造	
	2429	其他乐器及零件制造	
	2461	露天游乐场所游乐设备制造	
	2462	游艺用品及室内游艺器材制造	
	2469	其他娱乐用品制造	
	2681	肥皂及合成洗涤剂制造	
	2682	化妆品制造	
	2683	口腔清洁用品制造	
	2684	香料、香精制造	

续表

类别名称	国民经济行业代码（GB/T4754－2011）	国民经济行业小类	注解
1. 工业设计	2689	其他日用化学产品制造	
	2926	塑料包装箱及容器制造	
	2927	日用塑料制品制造	
	3054	日用玻璃制品制造	
	3071	卫生陶瓷制品制造	
	3072	特种陶瓷制品制造	
	3073	日用陶瓷制品制造	
	3079	园林、陈设艺术及其他陶瓷制品制造	
	3312	金属门窗制造	
	3321	切削工具制造	
	3322	手工具制造	
	3323	农用及园林用金属工具制造	
	3324	刀剪及类似日用金属工具制造	
	3329	其他金属工具制造	
	3351	建筑、家具用金属配件制造	
	3373	搪瓷卫生洁具制造	
	3379	搪瓷日用品及其他搪瓷制品制造	
	3381	金属制厨房用器具制造	
	3382	金属制餐具和器皿制造	
	3383	金属制卫生器具制造	
	3389	其他金属制日用品制造	
	3435	电梯、自动扶梯及升降机制造	
	3472	幻灯及投影设备制造	
	3473	照相机及器材制造	
	3474	复印和胶印设备制造	
	3479	其他文化、办公用机械制造	
	3511	矿山机械制造 *	如:三一重工集团
	3542	印刷专用设备制造 *	如:北人印刷集团

续表

类别名称	国民经济行业代码(GB/T4754 -2011)	国民经济行业小类	注解
1. 工业设计	3861	燃气、太阳能及类似能源家用器具制造	
	3869	其他非电力家用器具制造	
	4012	电工仪器仪表制造	
	4013	绘图、计算及测量仪器制造	
	4042	眼镜制造	
二、建筑与环境设计	—	—	—
7. 工程设计	4811	铁路工程建筑 *	建筑业企业内部的铁路工程建设设计
	4812	公路工程建筑 *	建筑业企业内部的公路工程设计
	4813	市政道路工程建筑 *	建筑业企业内部的市政道路工程设计
	4819	其他道路、隧道和桥梁工程建筑 *	建筑业企业内部的其他道路、隧道和桥梁工程设计
	4821	水源及供水设施工程建筑 *	建筑业企业内部的水利水电工程设计
	4822	河湖治理及防洪设施工程建筑	
	4823	港口及航运设施工程建筑 *	建筑业企业内部的港口工程设计
	4830	海洋工程建筑 *	建筑业企业内部的海洋工程设计
	4840	工矿工程建筑 *	建筑业企业内部的工矿工程设计
	4851	架线及设备工程建筑 *	建筑业企业内部的架线工程设计
	4852	管道工程建筑 *	建筑业企业内部的管道工程设计
	4890	其他土木工程建筑 *	建筑业企业内部的其他土木工程设计

三　北京设计产业统计调查方案研究

设计产业统计分类标准为我们的统计工作提供了依据。我们可以根据该标准设计相应的统计调查方案，进而完成相应的统计工作，得出北京设计产业的相关统计数据。设计产业涉及的行业众多，我们无法用一张统一的报表来完成统计调查工作。实务中，可以充分利用现有的调查报表及数据——第二、三产业财务报表数据（具体内容见北京市统计局、国家统计局北京调查总队统计报表制度，此略），对仍旧不能满足需要的内容再单独设计报表进行统计调查。

（一）调查目的

全面掌握北京设计产业的规模、结构、人才、发展特色等方面情况，为市委、市政府掌握设计产业发展情况、制定相关政策提供参考。

（二）调查内容和方法

为全面反映设计产业的状况，本指标体系按不同类别对设计产业进行统计调查，考虑到工作量和统计调查难度，有些指标只对特定行业进行统计。

1. 财务状况指标

旨在反映设计产业的资产、收入、利润等经营状况。财务状况指标包括两个部分：①执行企业会计制度的法人单位财务状况指标；②执行行政、事业单位会计制度的法人单位财务状况指标。财务状况指标按设计产业企业和行政、事业单位执行的会计制度及其财务状况指标内容设计，以便于采集为出发点。主要包括以下两方面：其一是设计活动收入；其二是设计投入（人员费用、折旧、无形资产摊销及待摊费用、委托外部设计费用、直接投入经费）。

对于以设计为主营活动的单位，其营业收入基本为设计活动收入，可以直接使用现有年、定报统计数据，掌握单位的资产、负债、收入、利润

（结余）等情况。

2. 业务活动指标

旨在反映设计产业主要业务活动的状况和规模。业务活动指标主要包含：

（1）完成设计合同（订单）数量

（2）签订设计合同数量

（3）服务对象

（4）获奖数量

其中：设计师个人获奖数量；

单位获奖数量；

境内奖数量；

境外奖数量；

（5）专利数量

（6）著作权登记数量

3. 从业人员指标

旨在反映设计产业从业人员期末数量、素质和结构情况，包括：从业人员期末人数、性别，设计师人数。

对规模以上设计产业的法人企事业单位以及重点非法人非产业单位采取全面统计调查的方法。调查方式采取电话调查（对会议及展览服务业、动漫业因已有专项统计，电话调查设计活动的比重，据此计算设计收入）和报表调查相结合的方式。

（三）调查范围

制造业、建筑业、服务业中从事设计产业活动的企业、事业单位和机构。

（四）调查表式

统计调查分为两大类：一类是设计单独的报表进行统计调查，另一类为根据现有的报表进行计算生成。

1. 直接利用现有统计数据类

对于专业从事设计活动的单位，可直接使用现有的年、定报统计数据。

2. 生成结果类

对于部分从事设计活动，同时统计部门已有专项统计调查的单位，可利用现有的年、定报统计数据，并根据一定的比例计算设计活动所占份额。

3. 设计活动专项调查类

对于部分从事设计活动，同时无法利用现有统计调查数据进行计算的单位，开展专项调查，调查表式及指标解释如表 10 及表 11 所示。

表 10　建筑业设计活动情况

表　号:表 C102 －9
制定机关:北京市统计局
国家统计局北京调查总队
文　　号:京统发〔2011〕　　号
批准文号:国统制〔2011〕　　号
有效期至:2012 年 6 月底止

组织机构代码:
单位详细名称(签章):　　　　2011 年

指标名称	计量单位	代码	本年	上年同期
甲	乙	丙	1	2
设计活动收入	千元	01		
设计活动从业人员期末人数	人	02		
建筑作品、设计作品版权登记数	件	03		
补充资料:是否具有建筑工程设计、建筑装饰设计及其他工程设计资质(04)□　1 是　0 否				

单位负责人:　　统计负责人:　　填表人:　　联系电话:　　分机号:
报出日期:2012 年　月　　日
注:1. 统计范围:总承包、专业承包建筑业法人单位。
2. 报送时间及方式:2012 年 2 月 29 日前网上填报。

指标解释

《建筑业设计活动情况》（C102 －9 表）

设计活动收入（01）：指报告期内建筑施工企业从事各类工程设计活动

取得的所有收入。设计活动包括各类房屋设计、景观设计、装饰装修设计等。

设计活动从业人员期末人数（02）：指期末从业人员中为本企业建筑施工、装饰装修工程项目进行设计活动的人员数量。设计人员包括固定职工、合同工、聘用人员等，如与个人设计师签订了劳务合同或协议也应包括在内。

建筑作品、设计作品版权登记数（03）：指企业在报告期在中国版权保护中心或其代办处登记的版权项目数量。包括建筑作品、工程设计的图形作品和模型作品的版权登记数量。

是否具有建筑工程设计、建筑装饰设计及其他工程设计资质（04）：指依据中华人民共和国住房和城乡建设部《建筑工程设计资质分级标准》（建设〔1999〕9号）、《建筑装饰设计资质分级标准》（建设〔2001〕9号）、《工程设计资质标准》（建设〔2001〕178号）获得的相应设计资质。

表11　工业及服务业设计活动情况

表　　号：表 FWYDC－1
制定机关：北京市统计局
国家统计局北京调查总队
文　　号：京统发〔2012〕　　号
批准文号：国统制〔2012〕　　号
有效期至：2012年6月底止

组织机构代码：
单位详细名称（签章）：　　　　2011年

指标名称	计量单位	代码	本年	上年同期
甲	乙	丙	1	2
一、人员状况：				
设计活动从业人员期末人数	人	01		
设计师期末人数	人	02		
二、财务状况：				
1. 设计活动收入	千元	03		
2. 设计投入	千元	04		
三、经营状况：				
1. 签订设计合同数量	个	05		

续表

指标名称	计量单位	代码	本年	上年同期
2. 完成设计合同数量	个	06		
3. 获奖数量	个	07		
其中:单位获奖数量	个	08		
设计师个人获奖数量	个	09		
其中:境内奖数量	个	10		
境外奖数量	个	11		
4. 获得授权的专利数量	个	12		
5. 获得著作权登记证书数量	个	13		
四、补充资料:				
服务对象□ 1. 国内京内单位及个人 2. 国内京外单位及个人 3. 境外单位及个人				

单位负责人: 统计负责人: 填表人: 联系电话: 分机号:

报出日期:2012 年 月 日

注:1. 统计范围:具有设计业务活动的工业及服务业法人单位。

2. 报送时间及方式:2012 年 月 日前网上填报。

指标解释

《工业及服务业设计活动情况》(FWYDC－1 表)

组织机构代码:指根据中华人民共和国国家标准《全国组织机构代码编制规则》(GB11714－1997),由组织机构代码登记主管部门给每个企业、事业单位、机关、社会团体和民办非企业等单位颁发的在全国范围内唯一的、始终不变的法定代码。

单位详细名称:指经有关部门批准正式使用的单位全称。企业的详细名称按工商部门登记的名称填写;行政、事业单位的详细名称按编制部门登记、批准的名称填写;社会团体、民办非企业单位、基金会和基层群众自治组织的详细名称按民政部门登记、批准的名称填写。填写时要求使用规范化汉字全称,与单位公章所使用的名称完全一致。凡经登记主管机关核准或批准,具有两个或两个以上名称的单位,要求填写一个法人单位名称,同时用括号注明其余的单位名称。

设计活动从业人员期末人数（01）：指报告期末，在本单位从事设计工作并取得劳动报酬或收入的期末实有人员数，包括专业设计师和企事业单位管理人员。

设计师期末人数（02）：指报告期末，在本单位专业从事设计工作并取得劳动报酬或收入的期末实有人员数，不包括企事业单位管理人员。

设计活动收入（03）：指报告期内，单位设计活动所带来的全部收入。

设计投入（04）：是指报告期内，单位为设计活动所投入的所有直接和间接费用（成本），包括人员费用、折旧、无形资产摊销及待摊费用、委托外部设计费用、直接投入经费等。直接投入经费与人员费用、委托外部设计费用等不应重复，即：若人员等费用由直接投入经费开支，则不应单独填报人员等费用等。

签订设计合同数量（05）：是指报告期内，本单位与其他单位所签订的设计合同的数量。

完成设计合同数量（06）：是指报告期内，本单位完全履行（完成）与其他单位所签订的设计合同数量。

获奖数量（07）：是指报告期内，本单位及单位职工个人所获得的全部奖项数量。

其中：单位获奖数量（08）：是指报告期内，本单位所获得的全部奖项数量（奖项是授予本单位的，而非个人的）。

设计师个人获奖数量（09）：是指报告期内，本单位职工所获得的全部奖项数量（奖项是授予职工个人的，而非单位的）。

其中：境内奖数量（10）：是指报告期内，本单位所获得的境内有关部门（不含中国的港澳台地区）授予的全部奖项数量，包括授予单位的和授予个人的奖项数量。

境外奖数量（11）：是指报告期内，本单位所获得的境外有关部门（含中国的港澳台地区）授予的全部奖项数量（包括国际奖项），包括授予单位的和授予个人的奖项数量。

获得授权的专利数量（12）：是指报告期内，本单位所获得授权批准的全部专利数量，包括中国专利行政部门批准的专利数量，也包括其他国家或地区所批准的专利数量。应填报本报告期获得授权的专利数量，不论提交申请的时间是在本年还是以前年度。

获得著作权登记证书数量（13）：是指报告期内，本单位所获得国家著作权登记管理部门颁发著作权登记证书的著作权数量，包括中国大陆登记的著作权数量，也包括其他国家或地区所登记的著作权数量。应填报本报告期获得证书的著作权数量，不论提交申请的时间是在本年还是以前年度。

服务对象：是指报告期内，本单位设计活动服务的对象类别是属于“国内京内单位及个人”“国内京外单位及个人”还是“境外单位及个人”。

参考文献

广东省深圳市人民政府：《深圳市文化产业发展规划纲要（2007～2020）》，2008。

浙江省宁波市政府：《宁波市工业设计产业发展规划（2010～2012）》，2009。

上海市经济和信息化委员会：《上海工业设计产业发展三年规划（2008～2010年）》，2007。

浙江省杭州市市委市政府：《杭州市文化创意产业发展规划（2009～2015）》，2009。

浙江省杭州市文化创意产业指导委员会：《杭州市文化创意产业八大重点行业统计分类》，2008。

北京市统计局：《北京市文化创意产业分类标准》，2006。

北京市委：《北京市“十一五”时期文化创意产业发展规划》，2007。

北京市科委：《北京市促进设计产业发展的指导意见》，2010。

Design Council of UK，http：//www. designcouncil. org. uk/.

Design Institute of Australia，http：//www. design. org. au.

NAICS，http：//www. naics. com/.

ICSID，http：//www. icsid. org/.

B.6

文化创意众筹金融的兴起与前景

魏鹏举*

摘　要：在互联网日益兴盛繁荣的时代，文化创意产业也迎来了全面大发展的时期，两者的融合是时代的必然。以众筹为代表的互联网金融是一种与文化创意产业气质高度契合的现代金融形态，从国际到国内，文化创意众筹金融迅猛发展，日益显示出对文化创意产业发展的巨大推动作用。

关键词：文化创意产业　互联网金融　众筹

2014年6月13日，中国互联网金融的代表余额宝成为媒体的热点。在周年之际，余额宝用户数量已经超过1亿户。余额宝用一年的时间聚拢的“宝粉”数量已远远超过了A股市场用23年时间发展的股民数量。①

同样是在2014年6月13日，大量的媒体也在讨论着国内大量的网贷平台卷钱跑路的消息。《南方都市报》报道称，2014年以来，已经有45家P2P平台跑路。其中5月份就有8家平台跑路或关闭。就在6月12日，刚成立半年的网贷平台科迅网突然失去了任何联系，投资人纷纷报警举报，初步统计涉及投资金额4000多万元人民币。②

互联网金融是天使还是恶魔？越来越多的中国人史无前例地卷入了这场

* 魏鹏举，中央财经大学文化经济研究院院长，教授。

① 《宝粉超过股民四成　万元本金日均赚1.41元》，《广州日报》2014年6月13日。

② 《网金宝疑似跑路　P2P网贷平台再现倒闭潮》，《南方都市报》2014年6月13日。

突如其来的互联网金融革命中。互联网金融已成为文化创意产业投融资的新生力量，这其中的挑战与机遇还是一个未知数，但毫无疑问的是，互联网金融在创新的气质上与文化创意产业是高度契合的。

一 互联网金融方兴未艾

就如同互联网对社会的深刻影响一样，互联网金融无疑也会是一场意义深远的革命。互联网对于金融的改变，不仅仅在于传统金融业态日益互联网化，也就是所谓金融互联网；互联网改变的还是金融的组织生态，从集权结构向民主结构转变。传统的金融业态与既往人类社会的治理模式同构，以货币为细胞的金融在进入商业文明社会以后，日益成为人类社会能有机运行的血液系统，通过一个强大有力的中央心脏，金融的血脉将通过生产与交换形成的社会价值进行无微不至的有机配置，这是人类社会肌体健康的重要保障体系之一。互联网核心精神是“开放、平等、协作、分享”，进入互联网时代，人类的社会治理模式也在进行着深刻的变革，越来越对等的信息能力潜移默化地改变着由信息不对等造成的社会权力结构。信息不对称是传统社会权力差异的重要原因，掌握更多信息或优先获得信息的人在权力序列上就自然优于获得信息少或滞后的人们。但任何此前的信息进步都不如互联网这么如此具有革命性。从平面媒体到多媒体，从物理媒介到电子媒介，人类创造知识、传播信息、获取信息的能力与渠道日益强大和丰富，但总体上都是单向度的信息生产、传递与接受，由精英组成的权力中心地位在这样的知识信息体系中不断得到巩固和膨胀。人类把神秘时代的权力赶下了神坛，却又以现代化的名义制造了新的权力中心。互联网在改变着知识创造、信息传播和获取的整个体系，去中心化的革命不仅在催生社会组织结构的变化，同样也给金融体系带来了一场去中心、去媒介的深刻革命。

传统金融总体上依赖一个中心控制体系来发行货币并带动整个金融体系的顺利运转，而互联网金融的发展对于这种被认为行之有效而且非常重要的中心化金融模式形成了根本性挑战。比如从2009年开始正式出现的比特币[①]，由网络节点的计算生成，没有一个集中的发行方，可以全世界流通。比特币目前被现行的金融体制所排斥，但无论如何，互联网金融的出现并被越来越多的人认识和接受，这已经足以让我们重新认识金融的本质和所谓规律：金本位的货币媒介真的是必要的吗？政府的货币发行或金融监管体制真的是必需的吗？小微企业为什么在现有金融体系中得不到支持？人的创意真的没有信用价值吗？

不管有多少争议和困惑，互联网金融如火如荼地发展起来了，这是不争的事实。且不说传统金融的互联网化现象，就是新兴的互联网金融业态也呈现迅猛的发展势头。

2013年，金融互联网化、移动支付和第三方支付都取得了爆发式的发展。6月13日，阿里巴巴支付宝联手天弘基金上线"余额宝"，两个月吸纳资金250亿元。截止到12月，余额宝总资金量突破1300亿元，开户用户超过1600万户。7月18日，新浪通过微博平台发布"微银行"；8月7日，微信5.0上线，增加"微信支付"功能；10月28日，"百度金融中心——理财"正式上线，推出首款理财计划"百发"；11月6日，阿里巴巴与平安、腾讯宣布共同打造互联网保险公司，不设分支机构，完全通过互联网进行销售和理赔。

新兴互联网金融业态比较有代表性的主要是三种：网络微贷、P2P网贷和众筹模式。[②]

网络微贷的中国代表就是"阿里小贷"。截至2013年第二季度，"阿里小贷"累计为24万多在其平台上生存发展的小微企业投放贷款超过1000亿元，户均贷款4万元，不良贷款率为0.87%。"阿里小贷"利用大数据技

① 比特币（BitCoin）的概念最初由中本聪在2009年提出，根据中本聪的思路设计发布的开源软件以及建构其上的P2P网络。比特币是一种P2P形式的数字货币。点对点的传输意味着一个去中心化的支付系统。http://baike.baidu.com/subview/5784548/12216829.htm?fr=aladdin。

② 这三种业态也被概括为"非银行互联网融资"。更多内容可参见芮晓武、刘烈宏主编《中国互联网金融发展报告（2013）》，社会科学文献出版社，2014。

术，克服了传统金融的小微企业信贷难题，贷款流程简便而且产品服务多样，小微信贷的能力和吸引力不断提升，在成立后短短的三年时间里用户发展到 24 万多户，增长势头迅猛。

中国 P2P（Peer to Peer，意即“个人对个人”）网贷平台最早于2006 年出现，网络信贷公司提供平台，由借贷双方自由竞价，撮合成交。据《中国 P2P 借贷服务行业白皮书 2013》统计，中国 P2P 网贷平台数量从 2009 年的 9 家增长到 2012 年的 110 家。第一网贷提供的资料显示，纳入中国 P2P 网贷指数统计的 P2P 网贷平台为 356 家，未纳入指数、而作为观察统计的 P2P 网贷平台为 80 家。2014 年 1 月，全国 P2P 网贷平均综合年利率为 21. 98%、平均期限为 5. 73 个月、总成交额 111. 43 亿元。

众筹模式，即大众筹资或群众筹资，这是一种最具互联网精神的互联网金融模式，是一种基于创意和梦想的支持机制，可以有效地解决上述两种互联网金融模式都无法提供的“无形”创意项目融资问题。相对于一般的融资方式，众筹模式更为开放，尤其是实物众筹模式的快速发展，使得小微项目可以在商业模式尚未建立起来的创业初期即可获得一定的启动发展资金，前提是这个项目能唤起网络公众的认可认同。

互联网金融不仅在中国，在全世界都是一个全新的领域，如何看待它的发展、如何进行监管等这些问题现在还没有形成共识，也缺乏有效制度设计。中国政府正在积极研究和制定关于互联网金融的政策与制度，总体态度正如 2014 年 3 月李克强总理在政府工作报告所提到的：促进互联网金融健康发展，完善金融监管协调机制。

给互联网金融一个机会，就是给中国经济一个机会，也是给中国文化创意产业发展的一个最好机会。

二　文化创意产业与互联网金融

以货币为特征的资本具有客观性、标准性和流通性，而人具有典型的主观性、差异性和随意性。如果说，在前现代社会，人甚至可以被作为私人资产的话，到了现代社会，如康德的道德律令所言，人是目的而非工具，现代的人更不具备资产的性质了。所以，在现代的法制和伦理环境中，无论人的肉体还是精神，都无法作为担保或抵押去获得资本，因为，违约的风险绝对无法避免和克服。因为这样的金融难题，资本市场即使对文化创意产业有很大的热情，也很难对极富活力和未来价值的创意产业形成支持。

进入 21 世纪，互联网革命日益深刻地影响着人类社会经济和文化发展。麦克卢汉的著名论断“媒介即讯息”在互联网时代被进一步印证。人类文明的历程很重要的一个表征就是突破时空局限的人际媒介不断丰富并日益发达。在蛮荒时期，人类只能结绳记事口耳相传；进入文明时期，石壁、青铜器、木板、竹简、绢帛、纸张等各类媒介不断丰富，印刷术的发明更是大大促进了人类文明的进程；工业革命后，机械印刷、电报、电话、录音机、照相机、摄像机等多媒体媒介日益发达，人际距离被无限拉近，人的创造力被极大地激发，文化成果可以超时空地传播和共享。现代文化创意产业之所以发生发展蔚为大观，很大程度上可以说是工业化引发的媒介突破带来了文化生产、传播、再生产的商业模式裂变式发酵的成果。在机械印刷时期，文化产品被大规模简单复制和再生产，形成了适应大众文化消费的基本商业模式；进入多媒体时期，广告、电影、电视等将社会带入大众娱乐时代，最大限度汇聚大众消费热情、注意力的经济模式形成，不仅刺激了文化创意产业本身的丰富复制，也极大地助推消费社会的发育；以信息高速公路为引领的知识经济时代很快到来，文化创意形成的知识产权与相关产业融合渗透，形成了不断延展的文化创意产业链经营模式，迪士尼类型的国际性文化传媒集团将文化价值触角尽其所能地延伸到玩具、服装、旅游、地产等各个产业领域。互联网的发展从虚拟到现实，从赛百空间到购物乐园，人类社会的精神世界和物理世界被神奇地融合在了一起，形而上与形而下界限变得越来越模糊，人人创造、人人传播、人人分享的文化创意价值聚变革命到来。

互联网不仅带来文化创意产业和金融业发展的崭新景观，同时也为文化金融合作的双向难题提供了破解的契机与方向。精神世界与现实世界的互联网融合为克服金融的文化创意产业难题提供了很好的基础；创意活动的互联网大数据为解决文化创意产业的金融难题提供了有效的途径。一般情况下，一个人或若干人的创意“点子”基本不可能在陌生人那里得到足够的资金支持去付诸实施，但在互联网语境中完全可以实现。比如2009年在美国创办的Kickstater上，一个试图发挥自己所长做木匠手工制品的人可以在两个月内就获得上万美元的大众资助，并以其逐渐完成的手工制品作为回报。人的才华可以成为融资的标的，这个在一般市场环境中不可能实现的梦想，在互联网条件下就这么轻松地实现了。在互联网中，人人创造，人人分享，以海量的网民为基数，每一个创意都有被认可和分享的价值，人的创意价值可以直接转化为现实需求价值。分散的海量创意和海量的小众需求，在传统产业发展机制下是没有商业价值的，因为传统产业模式是工业化的大规模生产和批量化的大规模销售。在互联网环境中，分散的海量创意与海量的小众需求可以实现低成本的无缝对接，通过大数据的应用，金融信用也随之形成。现在的互联网众筹金融已经成功地发展出实物众筹、荣誉众筹、股权众筹、债权众筹等多种模式，对于小微文化创意项目的金融支持越来越得心应手。就如同现代科技产业与风险投资相伴相生，文化创意产业与互联网众筹必然成为相互促进的一对伴侣。①

从国际上来看，互联网众筹融资已经逐步发展壮大，2013年甚至被称为众筹年。2009年，一个美籍华人创办了一个为创意创业者提供互联网融资平台的Kickstater，标志着互联网众筹融资的正式出现。在不到四年的时间里，kichstater为数万个创意项目成功融资6亿多美金。目前国际上主流的互联网众筹融资是实物众筹或荣誉众筹，即给予互联网出资人以承诺的产品或荣誉回报。由于非法集资的法律风险问题，债权众筹或股权众筹的发展受到了很大的限制。由于互联网众筹模式日益壮大和成熟，它在创新经济发展中的重大价值也越来越被认可，互联网金融的广阔前景促使许多国家开始研究股权众筹的合法性问题。

---

① 这部分的论述可参考魏鹏举《互联网破解文化产业金融难题》，《中国文化报》2014年7月5日。

在中国，互联网众筹融资方兴未艾。和此前的互联网经济一样，中国的互联网众筹也是追随美国样板亦步亦趋发展起来的，不一样的是，在中国，互联网众筹很快遍地开花炙手可热，而且衍生出众多有中国特色的众筹产品。点名时间起步最早，众筹网后来居上，后者与天娱传媒合作发起的快乐男生电影众筹开创“粉丝众筹”的模式。股权众筹在中国也已经有不错的发展和表现，比如天使汇，通过限制单个项目天使投资众筹数目不超过 50 个而小心地规避非法集资的法律红线，其发展前景令人瞩目。互联网金融大鳄阿里巴巴推出娱乐宝的类众筹产品，标的为四部电影和一个游戏，承诺年化收益率 7%，一经推出就大受追捧，当然也饱受争议。阿里巴巴对此早有准备，将这个本质上是债权众筹的产品定义为保险理财，游走与金融法律的缝隙中。

三　非金融类众筹融资的发展及其前景

由于金融类众筹现在的法律地位还不明确，其发展方向与模式还存在很多变数，我们这里主要介绍国际及国内的非金融类众筹融资发展情况。

国际上互联网众筹融资的出现与发展都以 Kickstarter 为标杆。Kickstarter 于 2009 年 4 月在美国纽约成立，致力于支持和激励具有创新性的创意活动或产品。通过网络平台面向公众募集小额资金，让有创造力的人有可能获得他们所需要的资金，以便使他们的梦想实现。最初几年，Kickstarter 的融资能力很有限，在 2008 ~ 2011 年期间累计成功融资 2 亿美元左右。在 2012 年 4 月美国总统奥巴马签署了《促进初创企业融资法案》（JOBS Act）之后，互联网众筹实现了爆炸式增长。JOBS 法案被视为具有致力于改善小企业融资便利的“资本市场监管自由化”导向，其中 Title Ⅱ 条例生效之后更是对股权众筹模式产生了深远的影响。[①] 截至 2014 年 6 月，Kickstarter 官网统计的成功融资总额已经突破 6. 4 亿美元。

① Title Ⅱ 将允许初创企业公开融资需求，但最后的投资人必须是经过认证的，即具有超过 100 万美元的净资产，或者连续三年每年的收入超过 20 万美元。

Kickstarter 在影视众筹方面的成效最显著。自从 2009 年以来，这个平台募集了超过 2 亿美元的资本用来制作影视，多数已经在 iTunes 上发行售卖。Kickstarter 上的众筹电影曾经七次被奥斯卡提名，具有标志性的事件是 2013 年 2 月，*Inocente*（或译为“流浪追梦人”）获得第 85 届奥斯卡最佳纪录短片。2012 年 6 月 21 日 ~7 月 21 日，导演 Sean Fine 夫妇在 Kickstarter 上建立了项目，为 *Inocente* 筹集后期制作资金，在一个月里得到了 294 名用户的支持，筹款 52527 美元。*Inocente* 讲述的是 15 岁加州流浪少女 Inocente 的故事。她出生在墨西哥，生活在加利福尼亚，是无证移民，父亲因家暴被遣送出境，带着四个孩子的母亲酗酒成瘾。流浪无依生活暗淡的 Inocente 用艳丽的画笔创造着自己缤纷绚烂的精神世界。电影放映后，她开了个人的艺术展，体验到了通过创作养活自己的成就感。① 这部纪录片也放在了 iTunes 上售卖，售价为 7.99 美元。

调查公司 Massolution 数据显示，2012 年全球众筹融资交易规模达 168 亿元人民币，同比增长 83%，预计 2013 年全球众筹融资交易规模将同比增长 86.8%，达到 315.7 亿元人民币。该公司通过对超过 350 家活跃的众筹平台的调查，并对市场趋向做了深入分析之后，确定了众筹市场 2013 年以来发展的 5 个主要特点，分别为“平台专业化”“投资本土化”“企业众筹”“众筹经济发展”“现场众筹”。另外，由于众筹的社会知名度，以及其联系小型企业方面的作用，包括世界银行和美洲发展银行在内的许多银行和类似机构，都正在寻求通过支持众筹以推动经济发展。例如美洲发展银行的多边投资基金（MIF）正在开发拉丁美洲众筹的潜在市场，目的在于为较难获得企业融资的小型企业通过众筹获得发展机会。②

众筹融资在中国的发展时间很短，但比起其他金融业态，中国的互联网金融发展基本上与世界同步。从模仿 Kickstarter 起步，2011 年 7 月，几个年轻人在中国创立了最早的众筹网站“点名时间”，同样是以文化创意类的项目为主。③

① 盛佳等编著《互联网金融第三浪：众筹崛起》，中国铁道出版社，2014，第 82 ~ 86 页。

② 《众筹模式方兴未艾》，《中国经营报》2013 年 9 月 29 日。

③ 随着中国众筹细分市场的出现，“点名时间”将业务聚焦到了智能设备范畴，官网的提示语就是“中国最大智能产品首发平台！支持创新的力量”。

至2012年底，点名时间共有6000多个项目提案，600多个项目上线，接近一半项目筹资成功并顺利发放回报，其中单个项目的最高筹资金额为50万元人民币。到2013年，中国众筹实现了突飞猛进，点名时间推出剧场版动画《十万个冷笑话》和动画电影《大鱼·海棠》两个项目，分别成功筹款100万元和150万元，使众筹融资成为社会的热点话题。点名时间成功运作之后，中国众筹平台发展进入爆发期，不仅众筹网站大量出现，而且众筹额度也不断创新高。如2013年2月上线的众筹网，在9月成功为2013快乐男声主题电影众筹资金500万元，[①] 11月推出“爱情保险”[②] 众筹产品，融资额高达627万元。因此，2013年可以说是中国的“众筹年”。

根据新元文智公司对国内比较出名和成功的4个综合类众筹网站（点名时间、追梦网、众筹网和中国梦网）、2个文化创意产业垂直众筹网站（乐童音乐、淘梦网）和2个股权类众筹网站（大家投、天使汇）的综合分析，在两年多的时间里，文化创意项目众筹融资规模就从2011年的6.2万元增长到2013年末的1278.9万元，增长幅度惊人（见图1）。2011年，众筹成功项目最高融资额不过103785元；2012年众筹融资规模有一个大幅度的上扬，但单个项目最高筹集资金规模才33.95万元；到了2013年，大众对众筹接受程度不断提升，规模迅速攀升。[③]

---

① 2013年9月27日，湖南卫视的王牌节目2013快乐男声的总决赛之夜，“众筹网”宣布协助天娱传媒，推出快乐男声主题电影众筹项目。若20天内票房预售款项能达到500万元，该电影就将登陆全国院线，与广大粉丝见面。未达到500万元，电影则宣告流产，票款全额返还。这个众筹项目宣称，“粉丝”每个人在众筹网上投资60元，便可支持偶像，帮助这部电影登上院线，还能获得观影和参加首映式、与偶像亲密接触的机会。项目上线仅一天半，已有1500余人支持，梦想基金累积超过72万元。20天之内即完成预定筹资额。

② 这是长安责任保险公司携手众筹网共同推出的众筹产品。官网说明：每份爱情保险价值520元，取自“我爱你”之意。5年后投保人凭与投保时指定对象的结婚证，可领取每份999元的婚姻津贴。凡18～36周岁的情侣，无论未婚或已婚均可购买爱情保险，每人限购5份（情侣和夫妻之间不可重复购买）。爱情保险作为一份承诺的礼物，不仅浪漫，还随着日渐深厚的情感一起增值。该产品在中国网民创造的“光棍节”2013年11月11日至11月19日期间上线，成功得到5392人支持，卖出1万多份“爱情保险”，众筹资金定格在6270680元人民币。

③ 新元文智：《2013年文化产业的众筹模式发展研究报告》，2014年3月。

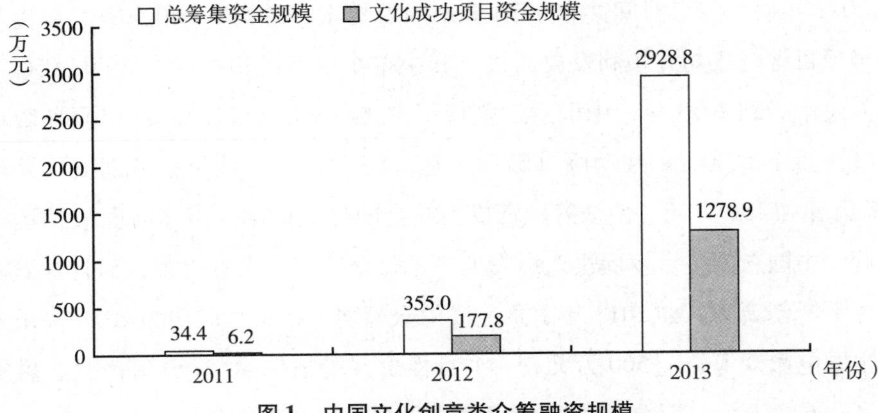

图1 中国文化创意类众筹融资规模

数据来源：新元文智，《2013 年文化创意产业的众筹模式发展研究报告》。

相比美国，中国的非金融众筹融资的规模还比较小，上线筹资的项目类型还不够丰富。中国目前最大、最活跃的两家众筹平台点名时间和众筹网，截至2014 年6 月，两个平台加起来所推出的众筹项目还不足2000 个（见表 1 和表 2），只是 Kickstarter 总发起项目 152803 的一个零头（见表 3）。Kickstarter 上的项目类型有 15 种，点名时间和众筹网分别为 10 种和 11 种，而且后来者都有一个万能的“其他”种类。

表1 点名时间网站 2013 年 9 月 20 日的筹资项目统计

单位：件，%

项目类型	合计	成功项目数	未成功项目数	成功率
设计	208	81	127	38.94
科技	81	30	51	37.04
音乐	40	23	17	57.50
影视	75	28	47	37.33
漫画	13	6	7	46.15
出版	49	20	29	40.82
游戏	15	3	12	20.00
食品	14	6	8	42.86
摄影	36	20	16	55.56
其他	186	88	98	47.31
总计	717	305	412	42.54

资料来源：点名时间网站数据整理，《中国互联网金融发展报告（2013）》。

表2　众筹网网站2014年6月20日的筹资项目统计

单位：件，%

项目类型	项目总数	成功项目数	在筹项目数	成功率
科技	73	32	37	43.84
艺术	55	23	32	41.82
设计	93	50	27	53.76
音乐	230	162	66	70.43
影视	48	33	12	68.75
出版	65	36	29	55.38
动漫	21	13	7	61.90
公益	77	29	47	37.66
公开课	51	23	25	45.10
游戏	6	2	4	33.33
其他	58	52	4	89.66
总计	777	455	290	58.56

资料来源：根据众筹网官方网站的相关数据整理。

表3　Kichstarter网站2014年6月21日上午10:30实时筹资项目统计

单位：件，%

项目类型	发起总数	成功项目总数	未成功项目数	在筹项目数	成功率
影视	26652	14426	21367	859	40.30
音乐	30273	16273	13260	740	55.10
出版	17308	5420	11347	541	32.33
绘画	12257	5735	6141	381	48.29
游戏	10490	3567	6458	465	35.58
设计	8310	3021	4866	423	38.30
食品	6511	2450	3724	337	39.68
时尚	6478	1800	4342	336	29.31
戏剧	6336	3928	2202	206	64.08
技术	5043	1559	3040	444	33.90
摄影	4635	1619	2876	140	36.02
动漫	4172	2018	2018	136	50.00
舞蹈	1982	1344	565	73	70.40
手艺	1312	498	754	60	39.78
新闻	1044	360	649	35	35.68
总计	152803	64018	83609	5176	43.36

资料来源：根据Kichstarter官方网站的相关数据整理。

非金融类众筹融资模式在中国发展迅猛，法律问题相对而言比较简单明确，基本没有非法集资之虞，社会的认知度迅速提升。中国的互联网金融可以实现“弯道超车”。从目前统计到的项目筹资成功率来看，中国的非金融类众筹融资成功率并不低于甚至超过美国。《中国互联网金融发展报告(2013)》统计的点名时间的项目筹资（2013 年9 月20 日）的总体成功率为42.54%[①]，与 Kickstarter 官网的实时（2014 年 6 月 21）数据所显示的43.36%相差无几；而对众筹网官网的数据进行的统计显示，截至2014 年6 月20 日，众筹网的项目筹资成功率高达58.56%。但愿这是一个好的预兆，希望中国的众筹融资能够像电子商务一样得到国人的广泛支持和信任，真正实现跨越式发展，助推中国文化创意产业的升级。

① 本文在撰稿的过程中试图通过点名时间官网获取最新数据，可惜无果。

地 区 篇

Regional Chapter

B.7

北京设计产业发展形势与创新战略

梁昊光 曹岗 兰晓*

摘 要： 由北京首推的“科技+设计”为核心特征的发展模式，集成科学技术、文化艺术与社会经济要素，基于智力和创意，利用现代科技手段，提升生产、生活价值和品质的创新活动，推动首都经济向“高精尖”发展。设计产业已成为促进北京科技与文化紧密融合，提升产业核心竞争力和城市品质，服务全国科技创新中心建设的重要途径。

关键词： 北京 文化科技 设计产业

---

* 梁昊光，博士，研究员，北京市首都发展研究院院长；曹岗，博士，研究员，北京市科学技术委员会文化科技处处长；兰晓，北京市首都发展研究院责任副研究员，北京师范大学资源学院博士。本报告为北京市委、市政府重点工作及区县政府应急项目：北京规划设计地理信息公共数据开放服务平台建设（项目编号：2141100006014006）阶段研究成果。

一　北京设计成为全球设计网络的亚太中心

北京全市设计产业约有2万多家各类所有制类型的企业机构，从业人数近20万人，设计专业技术人员12万人，产业资产总数超过1万亿元；各类设计专业院校119所，在校学生3万余人，其中本科院校98所，位居全国第一，超出排名第二的湖北省约72%。

北京设计产业集群发展，目前形成西城区核心设计示范区、海淀国际集成电路设计和电子产品设计基地、东城工艺美术设计产业集群、朝阳区艺术时尚与展示设计产业园区、顺义和大兴工业设计企业组团、石景山动漫游戏设计基地等各具特色的发展集群，培育了DRC工业设计创意产业基地、中国（大兴）工业设计产业基地、751时尚设计广场等30余个设计创意园区。中国设计交易市场成为中国第一个设计成果展示、交易、服务集散中心。大力推进实施了设计创新提升计划，并提出了打造全球设计产业贸易中心和世界一流设计之都的奋斗目标。

根据北京市社会科学院课题组使用主要发达国家设计产业发展的数据作为样本数据，使用神经网络模型，对我国设计产业的发展规模进行预测，研究结果显示，北京市设计产业在产业规模、专业技术人员、产业的区域辐射和外溢水平，已成为全球设计产业网络的亚太中心，预计随着国家工业化、城市化、信息化的加深，结合北京产业结构转型，创新经济的政策推进，北京设计产业在全球设计产业的竞争力会得到较大程度的提升。

二　北京市设计产业规模处于一个高位增长态势

（一）规模现状

2011年北京市规模以上设计企业的收入已突破千亿元，2013年超过1500亿元。在北京市宏观经济增速放缓的背景下，2011～2013年设计产业不仅保持两位数的高速增长率，而且呈加速增长趋势（见图1）。由此可见，北京设计产业发展潜力巨大。

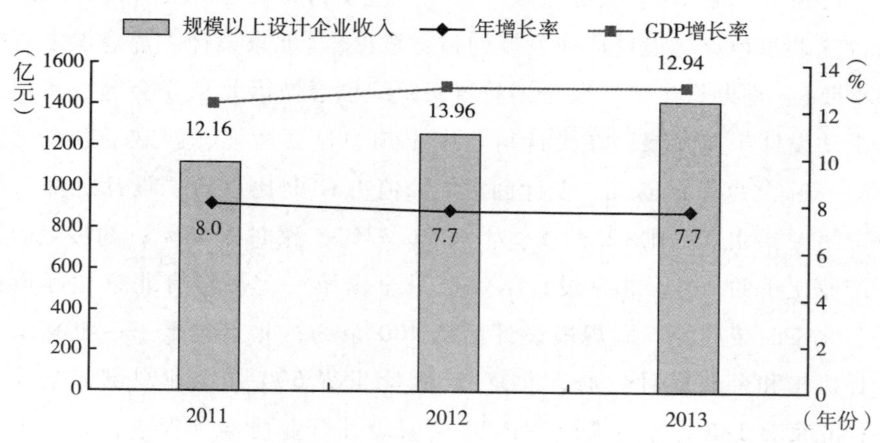

图1 2011～2013年规模以上设计单位收入状况

（二）利润现状

2011～2013年，行业利润增长较快，2013年超过150亿元，但增速波动较大，仍保持在高位平台运行。2011～2013年行业利润率较为平稳，在11.5%左右，属于效益较好的行业（见图2）。

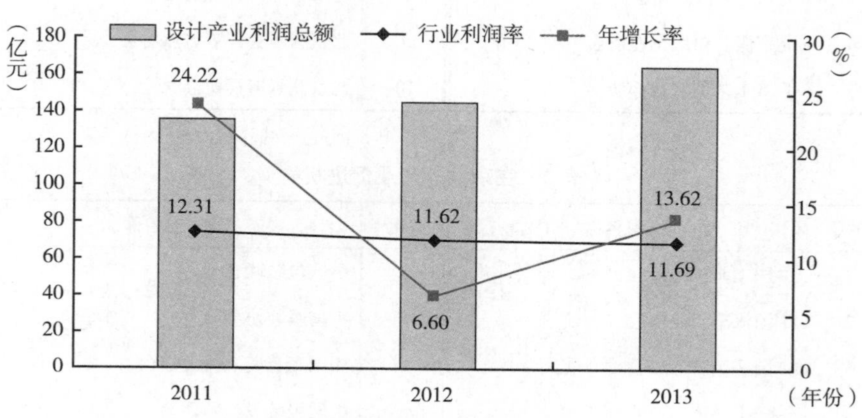

图2 2011～2013年规模以上设计单位利润状况

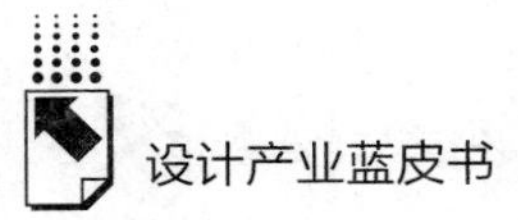

（三）产业地位

近五年，北京市科委通过设立专项资金支持、成功申报“设计之都”、出台《北京市促进设计产业发展的指导意见》《北京设计之都建设发展规划纲要》、举办红星奖、联合国教科文组织创意城市北京峰会等一系列措施推动设计产业发展，在设计行业中影响力显著增强，创造了数个国内“第一”：北京文化创意、设计创意增加值占 GDP 比重为“设计之都”城市中第一，北京占比 12. 34%，上海 11. 57%，深圳 9. 48%；约占全国设计产业比重的 1/4；北京设计活动数量全国第一，每年有北京国际设计周、北京时装周等不同规模设计活动 400 余场；北京集聚了一批高水平设计机构和企业设计中心，北京有 48 家世界 500 强企业总部，全球第一；北京有 180 余家社会组织，20 余家设计行业协会和促进机构，全国最多。

表 1　北京市设计产业协会

序号	机构名称	序号	机构名称
1	北京工业设计促进会	6	北京市建筑装饰协会
2	北京汽车行业协会	7	北京工程勘察设计行业协会
3	北京包装技术协会	8	北京半导体行业协会
4	北京服装纺织行业协会	9	北京国际会议展览业协会
5	北京工艺美术行业协会	10	北京动画影视协会

表 2　在京设计产业促进机构

序号	机构名称	序号	机构名称
1	中国工业设计协会	5	中国包装联合会
2	中国汽车工业协会	6	中国服装协会
3	中国建筑装饰协会设计委员会	7	中国工艺美术行业协会
4	中国半导体行业协会	8	中国服装设计师协会

表3　部分在京设计活动

序号	名称	序号	名称
1	北京国际设计周	4	中国国际时装周
2	中国北京国际文化创意产业博览会	5	中国国际服装服饰博览会
3	中国（北京）国际服务贸易交易会	6	北京建筑装饰设计双年展

三　北京市设计产业结构特征

（一）产业门类构成

2012年，北京市科学技术委员会与北京市统计局启动设计产业统计研究工作，建立了北京市设计产业统计标准体系，将北京的设计产业分为产品设计、建筑与环境设计、视觉传达设计与其他设计4个大类和服装设计、平面设计等12个中类，首次单独列示工业设计、展示设计、电脑动漫设计等领域，并补充集成电路设计、工艺美术设计等北京特色领域（见图3）。这是国内首次从政府层面和统计的角度对设计产业进行顶层设计，通过明确的分类，政策导向将更加合理，产业发展方向也将更加明确，从而为推动北京市甚至全中国设计产业发展提供理论依据及实践经验。

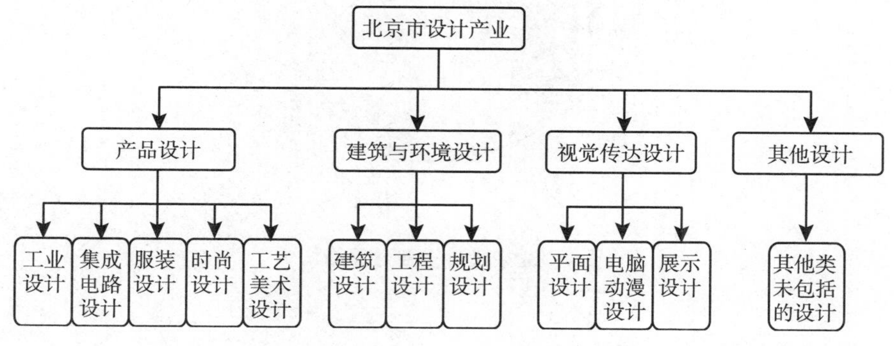

图3　北京设计产业分类

（二）企业数量结构

纳入统计的规模以上设计企业遍布了12个统计门类。2001～2008年，每年新成立规模以上专业设计单位都在50家以上，因此可见专业设计单位多为新兴企业。

根据北京市社会科学院和北京工业设计促进中心的调研数据，规模以下企业中产品设计企业增速最快，约为18%。目前已经涌现出一批知名设计企业，如工业设计领域的阿尔特（中国）汽车技术有限公司和北京洛可可科技有限公司，集成电路设计领域的北京同方微电子有限公司，服装设计的玫瑰坊高级时装定制，动漫设计的完美时空、畅游等公司。

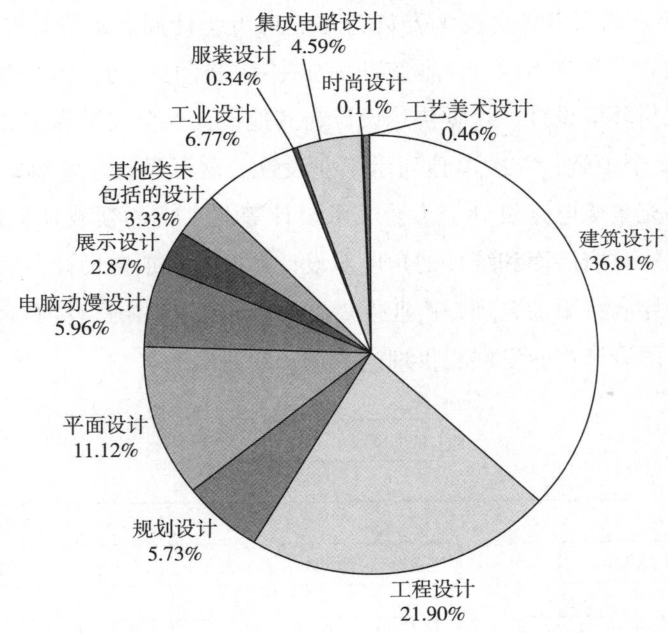

图4　北京设计企业数量结构

（三）企业收入结构

从企业收入来看，2011～2013年各领域所占比重变化不大（见图5），建筑与环境设计占比重最大，约为73%。和其他省市相比，北京建筑与环境设计占比偏大。一方面，大型的建筑与环境设计院总部都在北京；另一方面，北京近年来城市化进程加快，各项工程对于建筑与环境设计需求较大。

由于统计范围为500万规模以上企业，大量产品设计和视觉传达设计企业没有纳入统计，该比例仅供参考。考虑到规模以下企业的收入，建筑与环境设计在全行业收入占比为50%左右，产品设计占比约为30%。由于近年来产品设计、视觉传达设计领域新创企业较多，其占比将不断增加。

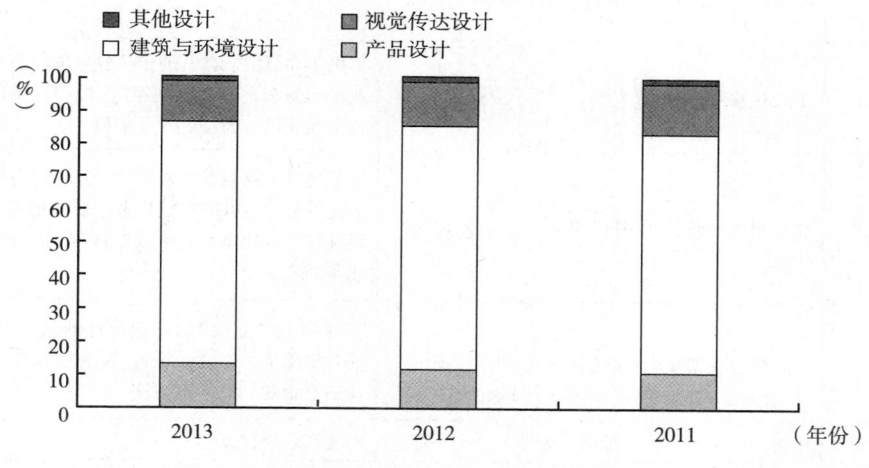

图5　北京设计产业规模以上企业四大领域占比

四　北京市设计产业“全链条、全要素”发展的布局

（一）整体情况

自2006年起，北京市共认定了30个市级文化创意产业集聚区，涵盖了全市16个区县及文化创意产业九大领域（见表4）。截至2013年底，30家市级集聚区内的742家规模以上文化创意产业法人单位，共实现收入

1407.8 亿元，占全市规模以上文化创意产业总收入的 14%；从业人员达到 14.8 万人，此项数据占全市比重 14.1%。其中，CBD 国际传媒产业集聚区、北京 DRC 工业设计创意产业基地等集聚效应凸显。通过集聚区建设，北京市文化创意产业已经初步形成了分行业的空间集聚。另外，北京市现有非市级集聚区约 90 个，其中设计创意类园区约有 20 家。

表 4　北京设计园区情况

序号	园区名称	区县	园区特色
1	中关村创意产业先导基地（市级）	海淀区	互联网、软件、游戏、创意设计、动漫画、数字内容、出版传媒等产业集群
2	中关村软件园（市级）	海淀区	集聚了在能源、交通、通信、金融、国防等行业应用领军企业，形成服务外包、云计算、移动互联网方面特色产业集群
3	北京集成电路设计园（区级）	海淀	国家集成电路设计北京产业化基地，为全国规模最大、功能齐全、服务配套的集成电路设计产业化基地和集成电路设计企业孵化基地之一
4	中关村 768 创意产业区（区级）	海淀	“768 创意产业园”以工业设计创意为主，同时聚集了一批建筑设计、园林景观等设计创意企业
5	中海动漫游戏孵化基地（区级）	海淀	动漫产业孵化器
6	亮点设计中心	东城	以设计产业为主题的创意园区
7	北京市 DRC 工业设计创意产业基地（市级）	西城区	设计企业集聚区
8	中国 3D 影视产业基地	西城区	广播电视电影服务
9	中国设计交易市场	西城区	国内外知名设计企业总部集聚区
10	北京时尚设计广场（市级）	朝阳	设计创意类企业
11	北京三间房国际动漫产业园	朝阳	动漫产业园
12	北京尚巴创意产业园	朝阳	设计创意园区
13	竞园（北京）图片产业基地	朝阳	图片产业基地
14	北京工美聚艺文化创意产业园（朝阳）	朝阳	工艺美术设计

续表

序号	园区名称	区县	园区特色
15	北京市数字娱乐产业示范基地（市级）	石景山	网络游戏、影视动漫、数字媒体园区
16	中国动漫游戏城（市级）	石景山	国家级的动漫游戏产业基地和示范园区
17	北京大红门服装服饰创意产业集聚区（市级）	丰台区	服装设计
18	北京大兴国家新媒体产业基地（市级）	大兴区	新媒体产业为主的专业集聚区
19	中国设计瑰谷	大兴区	产品设计、环境设计、传播设计、建筑工程咨询设计以及设计服务
20	顺义汽车生产基地	顺义	汽车设计及生产制造企业
21	中国（怀柔）影视基地（市级）	怀柔	中影集团电影数字生产基地为核心的专业技术服务中心
22	亮点设计中心	东城	以设计产业为主题的创意园区，“吾本设计”设计师商品店将展示最优秀的国内外原创设计产品，为设计师提供从创意到生产、展示、销售的完整产业链
23	西海 48 文化创意设计产业园	西城区	文化创意和设计服务，包括环境景观设计、广告设计、影视等。目前已有北京金一文化发展股份有限公司等十余家文化创意企业入驻园区
24	北京市 798 艺术区	朝阳区	集画廊、艺术工作室、文化公司、时尚店铺于一体的多元文化空间
25	北京后街美术与设计创意产业园（市级）	东城	园区规划包括设计创意区、印刷生产区、功能服务区

（二）布局特点

1. 工业遗产成为集聚区的主要空间依托

从集聚区的建设方式看，目前，城市废旧工厂等工业遗址的利用受到各地普遍重视，特别是老工业区遗留的建筑群，具有综合性的历史底蕴和文化价值，由政府或企业将其改建成现代设计企业的承载地。如“北京 DRC 创意设计产业基地”的前身是原北京邮电电话设备厂（508 厂）旧厂房；

“751时尚设计广场”的前身是我国“一五”期间重点建设的157个大型骨干企业之一——北京正东电子动力集团有限公司（原751厂），由原民主德国援建；“中国动漫游戏城”的前身是首钢二通厂；“768创意产业园”的前身是我国“一五”期间156项重点项目之一——原国营第768厂；“惠通时代广场”及其连锁物业的前身分别为北京北方工业锅炉厂、北京豆制品工业公司及北京食品开发公司的旧工业厂库房。重视对旧工业厂库房的利用与革命性改造，通过设计文化的不同表现手法，改变原有老旧建筑的基本空间结构，创新形象，并进行相应功能的调整，既保留了老工业区的历史记忆，又构造了独特的公共文化服务长廊。将“工业遗产”建设设计产业集聚区，是北京设计产业集聚发展过程中的一个重要特点，也是今后北京设计产业发展的一个重要趋势。

2. 大部分集聚区产业链条已具雏形

北京以设计产业为主体的集聚区集聚了丰富的产业要素，体现了文化创意产业价值链创意人才和复合型人才，汇集设计产业龙头企业、领军人物，成为区县设计政策的实现载体，形成了自己的特色与品牌价值，已成为引领带动全市设计产业发展的核心承载地。例如北京集成电路设计园，汇聚60%以上的行业资源，入园企业达到80余家，包括创业板上市企业2家，通过各种形式为企业的研发实施财政支持，累计节约研发经费5000余万元。中国动漫游戏城、北京数字娱乐产业示范基地、星光国家电视节目制作基地等均呈现出主业突出、与相关产业及区域联动发展的态势。

3. 公共服务对于集聚区形成至关重要

不少集聚区的公共基础设施不断完善，公共服务设施布局进一步优化，公共服务平台相继建立，应用新理念、新技术，引进社会资本，营造并优化企业发展的软环境，促进了设计产业链的形成。正是由于公共服务的完善，吸引了设计企业在园区集聚。

（三）产业资源与产业集群

全市16个区县根据本区域的文化资源优势和经济发展背景有重点有针

对性地发展设计产业，总体上形成了传统优势行业与新兴行业协调发展、城区与郊区比肩推进的产业布局。例如，石景山区启动的中国动漫城项目，正吸引不同类别的优秀企业入驻，既有国内外知名的动漫设计及发行公司，也包括了各大游戏厂商，另外，以动漫及游戏衍生产品为设计内容的优秀企业也纷纷加入。以"基地 + 企业集群"的模式，建成集创意、研发、生产、展览、交易于一体的国家级文化产业园区①；大兴区建设中国（大兴）工业设计产业基地园区，并启动北京 CDD 创意港项目；海淀区的集成电路设计园已成为全国规模最大、功能齐全、服务配套的集成电路设计产业化基地和集成电路设计企业孵化基地之一②；2012 年朝阳区已成为全国最大的服装产业出口贸易交易市场，并与法国女装成衣协会、意大利时尚协会签订合作协议，5 年内将打造国际服饰贸易中心，吸引国际时尚品牌企业总部及投资管理机构聚集，并吸引国内自主品牌服装企业总部汇聚，培育本土旗舰服装企业发展③。

五　设计红星指数测度和评价全球设计产业发展

（一）大型制造企业对设计的认知和运用显著提升

从中国设计红星奖报名参评情况分析，大型制造公司对设计的重视和应用程度明显提升。如：三一重工近几年注重工业设计的导入，在关注技术研发的同时，加大设计研发的力度，以设计升形象，以设计导生产，通过技术与设计双向驱动，改进产品部件以及采购标准，全面提升企业产品的品质，巩固行业龙头的位置。2010 年，企业在工业设计上每年投入近 4000 万元，

---

① 《中国动漫游戏城》，中国经济网，http：//www. ce. cn/culture/zt/bjcycyjjq/jjq/201102/15/t20110215_ 22216495. shtml。

② 丁文武：《十年风雨十年路，我国集成电路产业发展回顾与展望》，《中国集成电路》2013 年第 1 期。

③ 《朝阳打造国际服饰贸易中心》，《北京晚报》2012 年 4 月 1 日。

2011 年获得红星奖金奖和最佳新人奖，2013 年其产品市场占有率达到 13.7%，居行业首位。同行业的另一龙头企业徐工集团也在今年成立了工业设计中心，北京江河创建（原江河幕墙）收购了香港梁智天 300 人的设计团队。

（二）北京企业更加注重高技术含量和设计服务拉动

通过对全国各地红星奖报名的数据进行统计，发现北京企业愈加重视技术水平和设计服务的拉动作用。以广东和北京为例，广东地区报名企业数量最多，为 239 家，占据所有报名企业数量的 15.3%，报名企业以制造业龙头为主，产品多集中于电子电器设备和日常用品；北京地区报名企业数量紧随其后，达到 176 家，占总报名数的 11.2%，报名的多为第三产业企业，主要以设计机构、IT 信息等现代服务业、科技服务业和具有自主知识产权的高新技术企业为主。报名产品既关注技术热点，又有一定的技术前瞻性，范围既涵盖大数据、可穿戴设备、虚拟现实、云计算等产品，也包括了北汽集团绅宝 D50、D70 新款车、新能源电动车。两个地区参加报名的数据能够清晰地看出区域设计产业的差异性，特别是行业的发展特征，广东地区的设计产业与地区经济特征相似，重视设计效率，产业链较为完整，并呈现出突出的规模优势；而北京地区的设计产业更加注重产业分工的高端业务，重技术、重品质、重能耗、重内涵。

（三）企业将红星奖作为设计创新人才的培养激励平台

企业不仅将红星奖作为创新设计宣传推广途径，也使其成为历练培养团队、发现人才的契机。获得红星奖的北京设计机构东城新维，2008 年转型介入设计研究与产品咨询，先后与宝洁公司、苹果公司等国际企业开展合作。经过几年的积淀，2014 年初，东城新维的核心团队在美国硅谷创立了新公司，专门研发基于数据分享的实时天气监测产品，并开始为国外客户提供服务。实现了设计机构向科技服务型企业的华丽转身。联想集团副总裁姚映佳、东道设计创始人解建军、小米科技设计总监刘德从设计师转型为企业管理者，分别入选 2011、2012、2013 年“科技北京”百名领军人才培养工程。2013 年红星原创奖银奖获得者范石钟荣获“第九届中国大学生年度人物”。廖翀、张青等80后“最佳新人”获奖者，获奖后从设计机构进入企业，专业特长得以发挥。

2014 年，红星奖与北京国际设计周联合举办中国设计挑战赛，支持中国青年创业就业基金会与现代汽车举办的“现代汽车设计大赛”、美国 Art Center 学院与北京工业大学举办的 2014E 级方程式国际设计锦标赛等赛事，积极培养青年设计师创新思维。

红星奖也成为创新人才评价标准和聚集抓手。北京西城区、广东佛山市顺德区、浙江宁波市等地政府，对获奖的企业和设计人才给予 3 万 ~5 万元奖励；广东、重庆、浙江、大连等地将获奖作为职称评定和衡量当地工业设计发展水平的依据；大连民族学院作为学分奖励手段，对获德国红点、IF 奖，奖励 3 个学分，获红星奖，奖励 6 个学分，以此鼓励学生更具中国特色的设计创新。某些高校甚至将红星原创奖作为评选奖学金和获得保研资格的一个重要指标。

（四）中国设计红星奖加快产品落地转化

随着国务院 2014 年 10 号文的发布，“研发设计”“工业设计”成为“加快生产性服务业的重点工作”。在北京市科委的领导下，2014 年，红星奖相继开展了多项社会化的服务。2014 年 3 月红星奖首次亮相 UNESCO 巴黎总部；4 月红星奖与联想和红星美凯龙集团分别在意大利、西班牙设立红星海外研发中心，收集海外资讯，对接研究成果；5 月红星奖与北京国际设计周、北京国际版权交易中心、天猫、众筹网合作，围绕设计交易、融资和知识产权保护等相继推出“设计猫”“设计宝”“设计盾”等项目。

红星奖还将围绕科技与文化融合、服务企业、做大产业，对评审标准全面修订，开展设计数研究，发布中国设计发展报告蓝皮书，并通过红星微信、微纪录、微电影、公开课、巡展等传播手段，为调结构、保增长、促改革、惠民生贡献力量。

六　“北京市设计创新中心”影响力逐渐增强

（一）知识产权

根据北京市社会科学院和北京工业设计促进中心调研统计，截至2013年北京设计企业发明专利申请约为0.73万件，授权量为0.45万件。

（二）成果转化

设计产业科技成果转化效果明显，尤其在产业聚集区。如北京DRC工业设计创意产业基地形成4万平方米产业集聚区，在孵企业超过200家，年产值超过20亿元，设计引领带动周边产业发展，推动德胜园成为千亿产业园。培育了洛可可、东道设计、正邦设计等一批服务世界500强企业的设计服务供应商。中国首家设计交易市场2013年实现设计合同登记额8.18亿元，2014年一季度同比增长90%。

（三）科技设计融合发展

从不同产业领域和产业链不同环节来看，北京市设计产业融合呈现不同的表现形式，并不断推动产业结构优化升级，形成融合型产业新体系。

（四）技术突破型融合

技术突破型融合是指某些产业领域取得的核心关键性技术创新，不仅对原来产业、技术产生深刻影响甚至是带来行业变革，而且成功地向其他产业渗透。

典型案例是北京奔驰汽车，通过广泛应用信息化技术加速产业融合，一方面极大提高了各种设计制造工艺的精度和效率，大幅度提升制造工艺水平，另一方面推动生产系统向智能化发展，新的生产系统具备更高的感知、决策和执行能力。北京奔驰生产线是国内汽车厂商装焊车间中装备机器人种类最多的一条，这种柔性制造在汽车行业中的应用，就是设计和先进制造深度融合的体现。

（五）产业链延伸型融合

产业链延伸型融合是指在技术创新或管理创新的推动下，设计产业（或设计服务）企业在传统价值链的基础上，通过战略节点的纵向延伸，或价值链相关环节的横断面拓展，将原本属于设计产业（或设计产业）的环节全部或部分融入自身价值链中，促进原本属于两大产业的价值链核心环节或产业活动相互交融，使得融合后的产业具有更强的产业增值能力和竞争力。

比如天地科技，通过产业链拓展实现由制造企业向增值延伸。天地科技公司是国内唯一集产品设计、研究开发、生产制造为一体的煤机制造企业。2009 年公司拓展业务范围，通过开展矿井生产技术服务、地下特殊工程施工等毛利率较高的设计业务，创新公司发展战略。2011 年公司实现主营业务收入 117.5 亿元，其中设计业务收入占比 28.4%，高出 2009 年 14.8 个百分点。

再比如德信无线，通过并购制造企业实现由设计公司向品牌厂商拓展。泰克飞石（原名德信无线）是中国最大的手机软件和整机方案设计供应商之一。德信无线通过收购智能手机制造商琦基博迪科技（北京）有限公司，将公司业务范围扩至品牌手机领域，通过与国外品牌的合作，推出多款品牌授权手机。

（六）产业渗透型融合

产业渗透型融合是指设计产业和其他相关产业之间的横向业务互补和拓展，通过满足客户对实物产品和生产性服务的完整需求来实现价值创造。只有通过工业和设计产业在产业链上的相互配合，才能提供完整的解决方案。

比如北京东成新维设计咨询有限公司经过了十多年的发展，已经发展成为一家以创新设计开发为主导的综合设计咨询公司。2008 年设计了全球第一款可以兼容 iPhone 和 iPad 的蓝牙智能血压计，并在第二年成功登陆美国苹果专卖店，同年 iHealth 品牌正式在硅谷注册成立。在以后的 3 年时间内陆续的开发设计血压、血糖、心电和健康称在内的 20 款产品，一举占据了智能健康领域的制高点。同时获得国内外产品设计大奖 15 个。

比如北京市形成的北斗导航产业链，合众思壮、四维图新等设备制造企业和运行服务企业成立北京市空间信息产业联盟，成员之间通过双边和多边的合作创新，实现了产业链的集成与整合，提升了产业整体竞争力，推动了北斗导航产业整体快速发展。

（七）产业整合型融合

产业整合型融合是指第二产业和第三产业分解各自的价值链，将在技术上和经济效果上可分离的价值活动逐一分解，并进行价值链重组，形成新的价值链通道，生产新的融合型产品。融合后的价值链由原来各自分散为顾客提供服务转变为新的高效服务系统。主要是电脑、电视、手机等硬件载体与复杂的软件、应用及内容等相互融合，从而形成新的融合型产品。在这一模式下，消费者购买硬件产品的同时，可以获得相关的软服务，从而提升产品使用价值。

比如方正科技，早期主要进行“方正”系列品牌 PC 的研发、生产、销售、售后服务，目前步入了战略转型的新阶段，将硬件销售与数字内容进行捆绑，在整合中实现面向服务的转型。

七　北京市设计产业人力资源集聚

（一）人员就业

设计行业在吸纳人员就业能力方面不断提升，2013 年专业技术人员达 13.62 万（见图 6）。而且，近年从业人员数保持高速增长态势，尤其是吸纳高端就业人员方面作用更为突出。

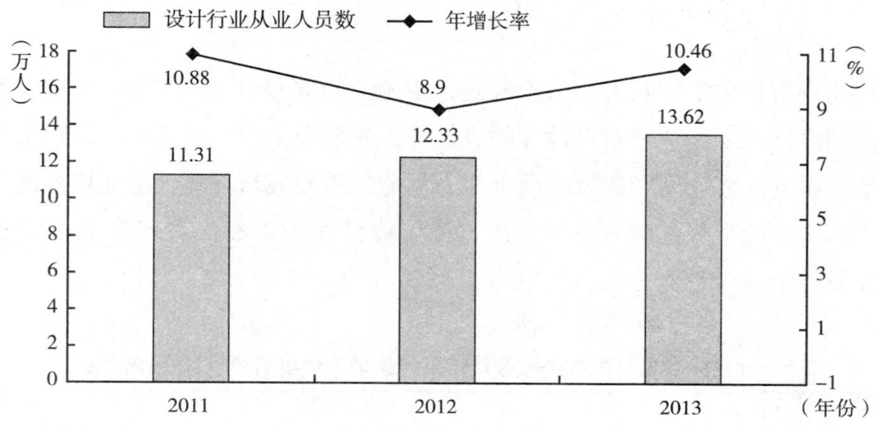

图 6　北京设计行业从业人员状况

（二）人才结构

从 2011～2013 年的数据来看，建筑与环境设计吸纳了 70% 的从业人员，视觉传达设计吸纳了 17% 的从业人员（见图 7）。相对于 13% 的行业收入占比，视觉设计在吸纳就业方面能力更强，带动就业效果明显。

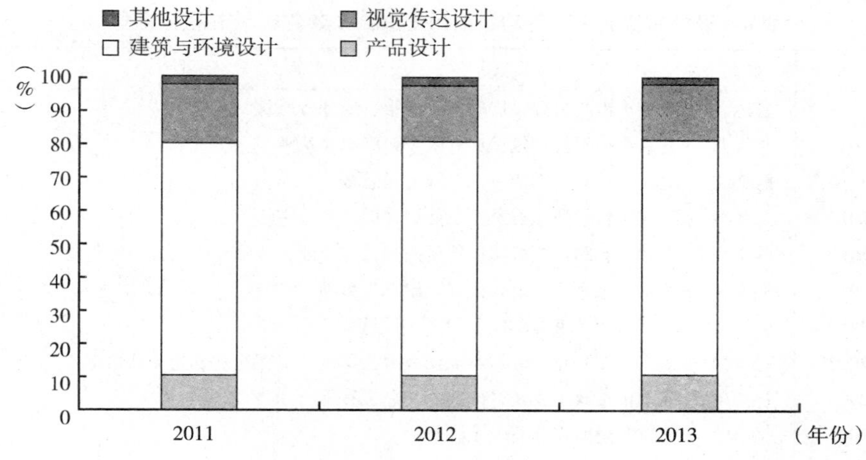

图 7　设计产业各领域从业人员结构

（三）优秀人才

北京市提出了创新人才培养模式，实施“百名设计大师计划”，积极引进高端设计人才，扶持自由设计师成长等人才建设工程。近几年，北京市实施了一系列人才计划和政策手段，努力创造优秀的成长环境、搭建广阔的学习平台、塑造良好的就业条件。在“中国设计业十大杰出青年”和“中国工业设计十佳”评选方面，北京占了40%（见表5～13）。

表5　北京地区设计领域全国劳动模范和先进工作者名单（国务院颁发）

年份	姓名	单位/职务
2010	陈冬亮	北京工业设计促进中心主任
2010	钟连盛	北京珐琅厂有限责任公司总工艺师
2010	高黎明	北京红都集团公司服装设计首席技师
2010	李晓江	住房和城乡建设部中国城市规划设计研究院院长
2010	张柏楠	中国航天科技集团公司第五研究院载人航天总体部总设计师
2010	张奕群	中国航天科工集团公司第二研究院二部副总设计师
2005	包琦玮	北京市市政工程设计研究总院总工程师
2005	刘九江	北京北重汽轮电机有限责任公司设计员
2005	朱小地	北京市建筑设计研究院院长

表6　设计领域北京市劳动模范和先进工作者名单（市政府颁发）

年份	姓名	单位/职务
2010	曹志农	北京市市政工程设计研究总院第三设计所所长
2010	常海龙	北京维拓时代建筑设计有限公司副总建筑师
2010	陈德文	北京畅游天下网络技术有限公司总裁
2010	陈冬亮	北京市科学技术委员会工业设计促进中心主任
2010	陈文元	北京市政路桥控股路桥集团四分公司鑫旺路桥建设有限公司经理
2010	邓卓智	北京市水利规划设计研究院副总工程师
2010	傅　辉	北京市曲美家具集团有限公司设计师
2005	孙洪鹏	北京巴布科克·威尔科克斯有限公司设计工程经理兼党支部书记
2005	包琦玮	北京市市政工程设计研究总院总工程师
2005	朱小地	北京市建筑设计研究院院长
2005	张志林	北京市地质工程勘察院副总工程师

表 7　设计领域入选北京科技领军人才名单

年份	姓名	所属企业
2014	吴　晨	北京市建筑设计研究院
2014	贾　伟	北京洛可可科技有限公司
2013	刘　德	北京小米科技有限责任公司
2012	张福明	北京首钢国际工程技术公司
2012	谢建军	北京东道设计公司
2011	姚映佳	联想集团

表 8　光华龙腾奖“中国设计业十大杰出青年”全国获奖名单

年份	姓名	单位名称
2014	崔继先	中国电子科学研究院
2014	龚航宇	北京香黛宫品牌文化有限公司
2014	海　军	中央美术学院
2014	李耀华	杭州凸凹工业设计有限公司
2014	刘兰玉	北京兰玉服饰有限公司
2014	覃京燕	北京科技大学
2014	王国彬	北京工业大学
2014	张俊富	中国室内装饰协会
2014	周志鹏	洛可可创新设计集团
2013	洪　华	盛景网联企业管理顾问股份有限公司
2013	黎万强	北京小米科技有限责任公司
2013	武　巍	北京素元设计咨询有限公司
2013	徐　江	中国机械工程学会工业设计分会
2013	彦　风	中央美术学院国家数字媒体创新设计研究中心
2013	赵文斌	中国建筑设计研究院环境艺术研究院
2012	王玉涛	贝迪百瑞商贸(北京)有限责任公司
2012	杨力治	北京水晶石数字科技股份有限公司
2012	楚　艳	北京服装学院
2012	赵　超	清华大学
2011	周立钢	中国机械工程学会工业设计分会
2011	王玉涛	贝迪百瑞商贸(北京)有限责任公司
2011	杨力治	北京水晶石数字科技股份有限公司
2011	冯志锋	朗图广告有限公司
2011	楚　艳	北京服装学院
2011	赵　超	清华大学美术学院

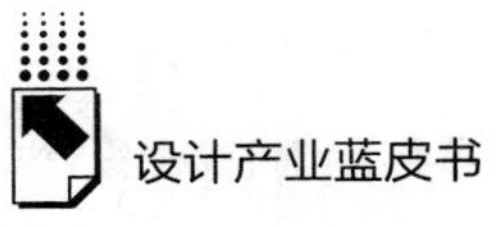

续表

年份	姓名	单位名称
2010	赖亚楠	北京联合大学师范学院
2010	乌琳高娃	北京汽车研究总院
2009	李凤朗	联想集团
2009	赵宝东	北京嘉兰图产品设计有限公司
2009	马松岩	北京宝颜先锋造型技术培训机构
2009	郑见伟	北京市建筑设计研究院灯光工作室

表 9　光华龙腾奖“中国设计贡献奖”全国获奖名单

年份	姓名	单位名称	所获奖项
2014	陈冬亮	北京工业设计促进中心主任	金质奖章
2014	陈锴竑	扬州市广陵区区委书记	金质奖章
2014	何人可	湖南大学设计艺术学院院长	金质奖章
2014	靳国卫	大连市经济和信息化委员会党委书记兼主任	金质奖章
2014	李亚军	南京理工大学设计艺术与传媒学院院长	金质奖章
2014	任克雷	华侨城集团公司首席顾问	金质奖章
2014	税　立	新华社广告中心《中国名牌》杂志社常务副社长	金质奖章
2014	王　敏	中央美术学院设计学院院长	金质奖章
2014	王受之	汕头大学长江艺术与设计学院院长	金质奖章
2014	吴志强	同济大学副校长	金质奖章
2014	杨海成	中国航天科技集团公司总工程师	金质奖章
2014	张传喜	全国工商联家具装饰业商会执行会长兼秘书长	金质奖章
2014	张世礼	中国建筑学会室内设计分会名誉理事长	金质奖章
2014	张彦敏	中国机械工程学会副理事长兼秘书长	金质奖章
2013	李秉仁	中国建筑装饰协会会长	金质奖章
2013	冯益佰	中国兵器第一机械制造(集团)有限责任公司董事	金质奖章
2013	朱小地	北京市建筑设计研究院有限公司(集团)董事长、总设计师	金质奖章
2013	赵卫国	中国工业设计协会副会长	银质奖章
2013	枣　林	中国工艺美术学会展示艺术委员会秘书长	银质奖章
2012	胡志勇	中国机械工程学会工业设计分会常务副主任委员	金质奖章
2012	张　丽	中国工程院院士徐志磊、中国室内装饰协会副会长兼秘书长	金质奖章
2012	郑曙旸	国务院学位委员会设计学评议组组长、清华大学美术学院常务副院长	金质奖章
2012	蒋红斌	清华大学美术学院工业设计系副教授	银质奖章
2012	孟建国	中国建筑装饰协会设计委员会常务副主任	银质奖章

续表

年份	姓名	单位名称	所获奖项
2012	王华明	北京航空航天大学激光直接制造教育部工程研究中心主任、长江学者	银质奖章
2012	张传喜	全国工商联家具装饰业商会执行会长兼秘书长	银质奖章
2012	周一夫	中国流行色协会副秘书长	银质奖章
2011	周干峙	两院院士、建设部原副部长	金质奖章

表10 “中国工业设计十佳”大奖北京地区获奖名单

年份	姓名	单位名称	所获奖项
2014	杜晓丹	灏域联华科技(北京)有限公司	中国工业设计十佳杰出设计师
2014	肖军涛	北京东成新维产品设计咨询有限公司	中国工业设计十佳杰出设计师
2014	李福岐	国家知识产权创意产业试点园区管理委员会	中国工业设计十佳推广杰出人物
2014	蒋红斌	清华大学美术学院	中国工业设计十佳教育工作者
2014	邱　松	清华大学美术学院	中国工业设计十佳教育工作者
2014	宗明明	北京理工大学设计与艺术学院	中国工业设计十佳教育工作者
2013	贾　伟	北京洛可可科技有限公司	中国工业设计十佳杰出设计师
2013	雷海波	视觉中国网站	中国工业设计十佳推广杰出人物
2013	刘　德	北京小米科技有限责任公司	中国工业设计十佳推广杰出人物
2013	蒋红斌	清华大学美术学院	中国工业设计十佳推广杰出人物
2013	蔡　军	清华大学美术学院	中国工业设计十佳教育工作者
2012	石振宇	北京艾万创新设计学研中心	中国工业设计十佳杰出设计师
2012	柳冠中	清华大学美术学院	中国工业设计十佳推广杰出人物
2012	林笑跃	国家知识产权局	中国工业设计十佳推广杰出人物
2012	严　扬	清华大学美术学院	中国工业设计十佳教育工作者
2011	陈冬亮	北京工业设计促进中心	中国工业设计十佳推广杰出人物
2011	宋慰祖	北京工业设计促进中心	中国工业设计十佳推广杰出人物
2011	王晓红	国家发改委宏观经济研究院	中国工业设计十佳推广杰出人物
2011	许　平	中央美术学院	中国工业设计十佳教育工作者
2011	柳冠中	清华大学美术学院	中国工业设计十佳教育工作者
2011	鲁晓波	清华大学美术学院	中国工业设计十佳教育工作者

表11 汉帛奖近两年北京地区获奖名单

年份	姓名	奖项	作品主题
2013	王智娴	金奖	《无界》
2013	汪丽群	铜奖网络人气奖	《玄风》
2013	乔善功	企业认定奖	《花园的声音》
2013	解　冰	国家奖	《螿》

续表

年份	姓名	奖项	作品主题
2013	陈泅霖	优秀奖	《水下迷宫》
2013	刘俊冶	优秀奖	《新鲜》
2012	周讵燕	金奖	《逆向》
2012	胡文邦	银奖	《凝聚》
2012	徐　隆	优秀奖	《现代风格复活优雅》
2012	刘海涛	优秀奖	《叱水》

表 12　中国设计红星奖北京地区获奖团队及设计师名单

年份	姓名	所在单位及职务	所获奖项
2014	博锐尚格用户体验设计团队	—	最佳团队奖
2014	李　铎	北京东成新维产品设计咨询有限公司产品设计师	最佳新人奖
2014	张印帅	北京航空航天大学	未来之星奖
2013	黄思宇	北京工商大学学生	未来之星奖
2012	张　青	智加问道	最佳新人奖
2012	李　菁	北京林业大学	未来之星奖

表 13　北京国际设计周设计大奖北京地区获奖名单

年份	奖项名称	获奖单位及人员
2013	设计促进奖	北京保利秋拍设计专场
2012	设计教育奖	清华大学美术学院
2012	设计传播奖	新浪网
2012	设计促进奖	北京工业设计促进中心
2011	设计教育奖	吴良镛
2011	设计教育奖	潘公凯
2011	设计教育奖	俞孔坚
2011	设计传播奖	视觉中国
2011	设计促进奖	柳冠中
2011	设计促进奖	中国设计红星奖
2011	设计促进奖	中国国际时装周

八　设计机构发展“北京模式”的突出特点

（一）设计机构类型

经调研分析，设计机构按其类型大致可分为以下三类：驻厂设计机构、半独立设计机构、独立设计机构。驻厂设计机构主要指企业里的设计部门，主要为本公司服务。如联想集团、三一重工、方正集团等；半独立设计机构目前有企业和高校两大类，企业半独立设计机构指企业出资成立的设计公司，除为本企业提供服务外，还对外接单，如海尔的海高工业设计公司，华硕的和硕设计，高校指的是设计工作室或实验室，除为本校提供服务外，还对外提供服务；独立的设计机构，主要指以设计服务为主营业务的设计公司。如洛可可设计、东道设计等。

（二）设计公司发展模式

设计公司发展模式呈现多样化，按照不同标准，分类有所不同。按设计运营发展模式，主要可分为四大类，委托式模式，参与式设计模式，经营自我品牌（产品）模式，平台运营型模式。

1. 委托式发展模式

委托式公司的特点是设计公司接受委托对某种产品进行设计，设计公司根据企业要求进行设计并提交最终设计成果，知识产权归委托方所有。

委托式公司是目前国内设计公司最为常见的一种。特别是中小型设计企业，大多属于这种类型。例如智加设计、品物产品设计有限公司、亦有道产品设计有限公司等。

以智加设计为例，属于典型的委托式公司，目前业务主要分为两类，一类是年签型，具有稳定性和连续性，这类合同需要前期和制造企业有较好的合作基础，产品设计需求量大、特别是需要系列设计的，一般采用年签形式。另一种是单签，一单一签，根据客户要求完成产品设计。

2. 参与式设计模式

这类公司的发展特点是充分参与到客户的产品设计开发过程中，提供产品设计开发全过程服务，整个业务范围涵盖咨询服务、调查研究、项目管理、设计制造等，对产品研发项目提供全过程一站式服务的整个业务链，为客户提供产品整体策略设计。以设计为中心，向两头延伸的产品设计策略服务与产品开发项目管理将成为工业设计公司的核心竞争力之一。在这类公司中，有的更注重前期策略研究，如：东成新维设计咨询有限公司，优势在于前期的市场调研和用户研究。有的更注重后期的设计制造，市场营销。如：宇朔工业设计公司建有自己的生产基地。

在国外，“全过程”一站式发展模式公司，有美国的青蛙设计公司、IDEO公司，法国的VIA协会等。

以北京东成新维设计咨询有限公司为例，在项目执行过程中，组建团队参与整个开发过程，帮助客户明确从品牌到产品层面的创新思路方向，帮助客户实现市场定位，制定产品功能定义，从而确定设计风格方向，为产品设计提供重要线索及支持。

3. 经营自我品牌发展模式

这类企业的发展特点是公司经营自己的产品，创立自己的品牌，经营自我品牌的这种发展模式首先需要设计公司进行很多前期的积累，以支撑公司进行这样的尝试。

国外著名的阿莱西设计公司就是靠签约知名设计师、生产和经营知名设计师的设计作品来打造自己的品牌。在国内，经营自我品牌的发展模式较少。国内的北京洛可可、异开设计等公司除了产品设计开发以外，同时也经营自己的产品，创立自己的品牌，有自己的销售渠道，进行品牌的宣传和营销。

4. 平台运营发展模式

平台运营类公司主要特点是做渠道，整合相关资源，提供平台服务。如视觉中国、设计宝等。

视觉中国是一家视觉图片分享网站，同时也是网站业务及创意设计产业提供商以及创意人群交流社区，拥有遍及世界各地的8000名摄影师、设计师、艺术家等人才资源，有上亿张设计和创意图片和产品设计、用户达350万。视觉中国为原创者和消费者提供一个互动沟通平台，同时也是创意设计资源的孵化器和整合代理平台，目前主要盈利方式为销售图片、广告、活动收入。设计宝是设计与金融相结合的众筹平台。通过“设计宝”这个平台，可以为设计行业提供金融服务，为年轻设计师和他们的创意提供募资、投资、孵化、运营综合众筹服务。对于大多数设计企业来说，并不只有一种业务发展模式，往往一家企业中并存两种或多种模式。公司的发展模式随着市场和公司自身的成长也会有所改变。在当前形势下，设计服务和相关产业融合渐成趋势，服务内容从单一模式逐步向高端综合设计服务转变，设计公司应加强服务领域延伸和服务模式升级。

如国内知名设计公司嘉兰图的服务大致为三个“S”，即Strategy（策略咨询）、Solution（设计解决）、Support（供应链支持）。随着设计行业新需求的不断涌现，嘉兰图公司也在不断地调整自身商业模式。由被动变为积极主动，将零散化为整体解决方案，主动地去研究市场和客户需求，主动地整合产业资源，主动地去探索新的盈利模式，而不是被动地等待业务委托，被动地参与市场竞争。

九　北京市设计产业发展经验总结和建议

在积极探索建立“以科技创新促进设计产业发展，以设计促进首都经济发展”的“科技+设计”为核心特征的发展模式下，已取得的主要成果和经验如下。

（一）产业规模增势迅猛

近年来，工业设计、建筑设计、集成电路设计、服装设计、视觉设计等各类设计企业产业规模、利润增长均呈12%以上的高位增长态势。成为首都经济稳定增长和结构转型的一支重要力量，已成为全球设计产业网络的亚太中心。

（二）政策环境顶层设计拓展新的空间

国家和北京市相继推出各类促进产业发展的政策举措，从国家层面、战略层面引导产业良性发展。政策保障为产业发展打下坚实基础，为未来发展环境拓展提供新的空间。

（三）产业集群发展优势显著

产业集群的特征明显，产业链培育已显现巨大正能量，集群内规模企业 2014 年一季度同比增长 90%。培育了洛可可、华新创意等一批国内一流的工业设计企业，形成了联想集团、小米科技等设计引领发展的龙头企业，获得国内外知名奖超过 500 项。

（四）产业融合呈现产业新体系

北京市越来越多的制造企业和服务企业突破自身的产业边界，向设计产业延伸和拓展。主要表现为高端装备与设计产业融合程度较高、有研发活动的产业与设计产业融合度高、小型制造企业与设计产业融合度相对较高和外向型设计产业企业服务化水平略高于产业总体的特征。

（五）人才资源集聚

设计行业在吸纳人员就业能力不断提升，2013 年专业技术人员达 13. 62 万，在吸纳高端就业人员方面作用更为突出。占全国的比重约为 25% 以上。

（六）国际美誉度逐渐提升

北京市策动关于教育、科技、文化三项重要内容作为共同主题的国际活动，在联合国教科文组织总部举办“感知中国”设计北京展等国际性活动，实现了历史性突破，进一步提升了北京设计的国际影响力。

（七）设计红星指数评价全球的设计产业发展

近年来，“红星奖”对大型制造企业的设计认知和运用显著提升，北京企业更加注重高技术含量和设计服务拉动，国内更多企业将红星奖作为设计创新人才的培养激励平台，在多方努力下中国设计红星奖也将加快产品落地转化，北京市开展红星设计数研究，测度和评价全球的设计产业发展。

B.8

上海设计产业重点领域发展展望

邹其昌　周 琦*

摘　要： 本报告阐述了上海设计产业的发展历程，剖析了其发展现状，分析了其前沿动态，并展望了其未来的发展方向和前景。文章力求学科性、产业性、研究性、政策性和服务性等互动整合，从而来探讨上海设计产业发展现状与未来。

关键词： 上海设计　设计产业　设计学

一　前言

作为国际化都市，上海吸引了大量的外来设计企业和设计作品，与国际前沿交流与学习频繁。上海设计通过开拓创新，涌现出新的教育模式和教学成果，公共艺术设计、数字内容设计等综合性设计门类受到重视。而全球化的背景也给上海的设计产业带来机遇与挑战。随着产业结构调整和升级，发展设计产业是衡量一个国家或地区产业结构、经济发展水平和城市消费水平的重要指标之一，是现代化的城市经济竞争力的重要体现之一。而上海的设计产业新业态发展迅速，提供了大量的内容服务，提升了上海的软实力。上海设计具有渗透性、带动性和辐射性，有益于提高全社会的创新意识，激发

* 邹其昌，美学博士，设计学博士后，上海大学设计学博导、艺术学教授、博士后合作导师，上海大学中国设计理论与创意文化研究中心主任，主编《设计学研究》（大型设计理论研究丛刊）、《上海设计文化发展报告》（年度系列）；周琦，博士，上海大学博士后（设计学方向）。

群众的聪明才智和创新精神。随着上海设计产业基础发展的大力推进，集聚设计创新要素，建设创新型城市，转变经济增长方式，引领城市产业向第二和第三产业转型，实现产业结构升级等，都有力地推动上海乃至全国的经济、社会和文化的高速且可持续发展。

通过建立高度集约化的新型设计产业体系与创新体系，建设适合各类设计人才居住工作的设计之城，传承和弘扬上海的城市文化精神，突出“设计之都”的城市特色，不断提升上海设计原创力和影响力，都使得上海的国际设计大都市之路充满魅力。

二　上海设计相关行业的发展现状

随着经济和社会的发展，近些年来上海设计行业的发展也加快了速度。通过对建立在各重点细分类别上的上海产业链结构分析，形象地展现了上海设计行业发展的蓝图。上海设计行业相关领域具体如下。

（一）上海手工艺设计行业

上海手工艺设计的范围非常广泛，涵盖了生产工具、生活用品、餐饮、服装、首饰、民俗、休闲娱乐、出版印刷、艺术品等领域。这是上海人民在长期的生产和生活实践中、在与其他地域文化的合作和交流过程中长期发展和创造出来的、具有鲜明地方特色和深厚人文底蕴的民族民间传统手工技艺。同时，其有着一种兼容并蓄的包容气度与自觉的世界眼光。随着近年来上海市政府和各级管理部门投入和管理力度的不断加大，上海的手工艺设计初步形成了一个从小学、中学到大学的活态教育研习和传承网络。另外，在上海市政府和旅游城市规划目标的推动之下，上海手工艺设计还形成了从民间的节庆、民俗活动到各种主题博物馆的保护、传承、表现和展示系统。

考察列入国家和上海市非物质文化遗产保护名录的众多手工艺生存的文化语境、民俗礼仪和节庆文化信息以及传承人和从业人员的活动、生存状况，上海挖掘出了蕴藏丰富的设计文化资源，实现手工艺设计的当代转型，实现手工艺设计在当代的承继和发展，从而服务上海的经济转型和社会发展。

（二）上海视觉传达设计行业

上海作为设计产业的先行之都，视觉传达设计取得了较大的成就。2012年，上海广告和会展业实现了较快的增长。视觉传达设计在上海经济发展与品质提升方面更具基础性的价值与意义。2013年，上海作为世界性大都市，无论从设计展、设计大赛、设计教育上都呈现出百花齐放的态势，进一步拉近了我国与世界设计的距离，不仅如此，上海各种设计展还吸引了来自世界各国的著名设计师，也促进了公众参与艺术设计的热情。从2013年开始，上海设计接受着外来设计文化的影响，显示出现代设计的张力，逐渐成为我国设计的中心。上海多样化和物质化的设计产业环境，使其在国内外都有了非常重要的影响。

（三）上海工业设计行业

工业设计行业是文化创意产业和制造业的交叉领域，是增强企业竞争力的有效途径之一。近年来上海着力加强工业设计相关材料、技术等研究和应用，提高工业设计水平，提升行业企业设计创新意识和能力。为促进专业设计企业发展壮大，打造一批竞争优势强劲的工业设计龙头企业，上海积极开展设计创新示范企业认定，不断推进工业企业和设计企业合作对接，建立了服务平台和基地载体。2013年上海工业设计产业面临很多新机遇，中国工业设计研究院落户上海，上海的工业设计师和相关企业有更多机会与外界进行学习和交流。上海市政府对于设计产业发展给予更多投入和关注，也为更多工业和产品设计的企业提供发展平台。高新技术的发展使设计转化为产品的速度更快，呈现方式更加独特，也对工业设计的创新提出挑战。在上海市政府和上海工业协会及各个设计公司的相互配合下，组织了多次大规模的国内外设计比赛和设计展览以及设计论坛。

（四）上海环境艺术设计行业

上海环境艺术设计的发展也体现着上海的经济发展状况、地区特色以及社会审美取向等。其向着“人－环境”交互系统的和谐发展，即立足于本土文化，坚持地区特色，借鉴国外优秀范例，以低碳、环保为主线，以城市可持续发展为归宿，走出了一条属于上海区域文化特色的环境艺术设计文化发展之路。无论是上海的建筑，还是室内设计、景观设计、公共艺术，都继承了之前的低碳环保之路，同时走上了一条科技智能之路，并且更加注重“为人的设计”，关注大众的参与性和互动性。

2013 年以来，上海环境艺术设计的发展紧随国家政策、行业大背景，制定推动城市发展、进步的环境设计计划，通过各种渠道，如展览、设计论坛、会议等广泛汇聚行业内资源，邀请业内领导、专家、同行、合作伙伴等进行互动和交流，为环境艺术设计的可持续发展与创新提供视点，加强技术交流和经验分享；提高设计师专业技术能力；展现优秀设计人员风采；对外致力于打造新技术与前沿科技成果应用的平台，共创上海环境艺术设计的新风貌。上海环境艺术设计也注重国外先进理念、先进技术的引进，上海的环境艺术设计师、设计作品也大批走向国际，而国外的优秀作品也大量被引进，中西结合，吸取所长。上海环境艺术设计继续坚持绿色、环保，智能、科技，人性化、体验式的发展理念，为市民打造了一个宜居的都市环境。在环境艺术设计教育、实践等各方面都在探索更合适的道路。

（五）上海家居设计行业

上海的家居文化消费理念进一步更新。与家居相关的各个功能房间的设计对家居设计提出了更高的要求。上海家居设计也取得了重大成就，具体表现在家居设计专家论坛、家居设计展览、与家居设计有关的各类活动、著名家居企业以及许多富有特色的家居设计案例等。例如，2011 年和 2012 年的上海国际时尚家居用品展、2011 年上海国际奢华家居饰品展的举办和设计风尚大讲坛的召开、“2012 中国家居潮流风尚标”全国巡展上海站的开幕、英国奢华家居品牌进驻上海以及具有上海本土特色的家居企业艺尊轩、红星美凯龙的设计案例等。上海在家居设计方面举办的展览众多，而且类型多样。如上海时尚家居展、上海家具博览会、上海厨卫展、上海国际奢华家居饰品展、上海“100%设计展”等都是上海家居行业重要的展览。上海举办了多场与家居设计有关的论坛活动，对家居行业的发展作了深入的探讨，如2011中国（上海）家居绿色环保高峰论坛、2011中国品牌家居高峰论坛、2011中国舒适家居（上海）高峰论坛等。同时，上海在2012年中国家具设计大赛中获得了很多奖项。作为国际化大都市的上海，与国外的交流更是频繁，许多国外的家居产业进驻上海，上海的家居设计走向国际。许多国际知名家居品牌在近几年纷纷进驻上海市场。智能环保性的家居设计已成为上海未来家居业的发展趋势，而且一体化服务的设计越来越受到消费者的喜爱。家居风格的多样性促成了消费的多元化。2013年的上海家居业在国际化的大背景下，借鉴国外先进的设计理念与技术，并把这种借鉴与上海人民的生活方式结合起来，中西融合，使上海家居设计呈现出繁荣发展的新面貌。并且“绿色、环保、智能、定制、整体、电商”成为2013上海家居设计的关键词。

（六）上海创意设计产业

上海创意设计产业的发展在以市场为导向，顺应发展规律，突出以创意设计和衍生品为核心的产业内涵，并在推进创意产业园区建设的同时，注重质量的提升，加快培育各类市场中介机构和服务体系，吸引国内外更多企业和人员参与创意设计产业的发展。目前，上海的经济社会发展正处在投资驱动向创新驱动过度的历程中，上海市制定的“科技兴市”将有利于上海市的产业转型，推动上海的经济、社会、文化的可持续发展。

上海在建设“四个中心”和现代化国际大都市的过程中，成为国内建设国际时尚之都的核心地区。为借鉴国际大都市商街的经验，为国内创意产业发展树立参照物，上海的创意设计产业与关联产业横向延伸，强强整合，以创新为依托，将观念价值融入产品和服务，使许多关联产业增值，从而促进上海的产业结构优化升级。

2013 年以来，上海正在确立高端品牌的研发设计、展示发布中心的地位，这既有利于提升区域产业的高附加值，带来高利润回报，也有利于这些品牌在本土扎根。为此，上海规划打造一条以创意设计及高端品牌销售为中心、各环节相互促进相互拉动的产业链条，以此推进上海整体产业能级的提升，逐步形成时尚总部研发中心、时尚设计发布中心、时尚贸易流通中心和时尚娱乐活动中心。“十二五”期间，上海将在科技创新发展资金中设立创意产业发展专项资金，其将重点扶持时尚设计、广告传媒和现代戏剧三大文化创意产业，并以项目为单位，针对文化创意的硬件建设、招商引资、人才引进、知识产权保护等内容。

（七）上海数字媒体设计行业

上海的国家数字媒体技术产业化基地已建成数字媒体的技术创新中心、创业孵化中心、人才培训中心和国际合作中心，成为国内规模最大的数字媒体产业基地之一，对数字媒体产业的发展具有一定的影响力。上海作为国际化大都市，在数字媒体设计产业的发展上优势显著，如媒体运营和数字展览等实力明显高于国内其他城市。上海数字媒体技术产业化基地经过大力建设，在媒体管理平台等公共服务设施方面发展迅速。

上海数字媒体聚集区进一步发展壮大，进一步深化拓展了家庭数字电视改造，并率先将数字媒体设计引入公共表演领域，同时通过举办展会和论坛，为数字媒体设计营造发展环境。另外，上海进一步发展数字媒体人才的培训计划，在上海成为“国家数字媒体技术产业化基地”后，政府通过招标的方式，组织社会机构进行上海数字媒体人才的培训项目。上海数字媒体人才培训联盟经过近几年的发展，目前其组成的会员已经有 160 余家企业，其辐射范围已达长三角地区。联盟下辖四个人才培养平台：数字贸易人才、数字服装人才、IT 研发人才以及创意人才培养创新平台。面对数字媒体突飞猛进的发展，上海各级政府部门积极推进数字媒体惠民工程。近年来在交互媒体体验领域异军突起，成为上海公共艺术领域重要实现平台。上海市新闻出版局发布的《上海市民阅读状况调查分析报告（2013）》显示，手机阅读已经超越网络在线阅读成为市民数字媒体阅读的第一选择。数字课本也进入上海职业教育课堂，实现了资源的共享。上海通过举办展会和各大赛事为数字媒体设计行业营造良好的发展环境。

（八）上海动漫游戏设计行业

上海作为中国早期动漫设计和制作的发源地之一，在动漫设计领域占据重要的地位。近年来上海也成为游戏产业的聚集区、中国游戏设计人才的高地以及亚洲乃至全市游戏展品发布和展示的重要平台。在动漫游戏设计行业，上海成为国内外动漫游戏企业重要的展示和宣传的平台。近年来有多个高级别的动漫游戏展览在上海举行，比如第十、十一届中国国际数码互动娱乐展览会，第九、十届中国国际动漫游戏博览会等。这些大型的展示和发布会，为普通用户提供了一次近距离面对动漫游戏的机会，同时也拉近了全国各地以及海内外动漫游戏设计者的距离，无论是初创的动漫游戏工作室，还是业界的巨擘都可以在同一平台中相互学习和借鉴。通过每年的发布和展示，动漫游戏设计师也可以从中了解设计思想、设计特点以及在相关领域最新技术的运用，因此这些发布和展览对于上海乃至全国的动漫游戏发展起到了重要的推动作用。随着上海动漫游戏产业的迅速发展，对于动漫游戏设计人才的需求也不断增加。而其主要是通过学校、企业和培训机构等三种方式来解决人才需求问题。

上海动漫游戏产业的快速发展，推动了上海经济的发展，创造了很多的就业机会，同时成为上海产业转型中的重要一环。因此上海动漫游戏行业受到了来自各方面的关注和支持，这些关注和支持对于上海动漫游戏设计的发展具有积极的意义，激发了动漫游戏企业的创造热情，也使得上海越来越成为动漫游戏设计人才的集聚地和创新高地。

2013 年是上海动漫游戏设计不断回归理性的一年，随着动漫游戏产业在中国的进一步发展，越来越多的动漫游戏设计者理性地认识到只有理性而深入地把握动漫游戏设计的基本规律才可能在激烈的市场竞争中占有一席之地。很多动漫设计公司或创作团队开始不断了解和分析用户体验方式和审美需求，并基于这些分析为用户带来更加丰富的动漫游戏作品。2013 年的上海动漫游戏设计越发多样化，具体体现在作品类型的多样化，用户人群的多样化以及作品载体的多样化。动漫游戏设计师已不再将用户定格为少年儿童，而是吸取国外动漫游戏设计的成功经验，将成年人也作为设计的目标人群。在游戏设计领域，面向女性用户的作品备受青睐，这也为上海游戏设计的发展开辟了新的发展空间。随着动漫游戏作品传播和销售的日渐普及，社会对于青少年沉迷于动漫游戏中的担忧和反思从未减少。动漫游戏的业界人士不断认识到动漫游戏设计对于青少年成长以及社会发展的影响，并已开始通过较为务实的方式规范动漫游戏的设计和发展，这将为上海动漫游戏产业创造更好的设计环境。

动漫游戏载体的不断丰富需要上海的动漫游戏设计师以更加敏锐的洞察力去思考和判断用户、载体以及产品这三者之间的关系。规范化和标准化思考可以为上海动漫游戏设计的发展创造更好的条件。通过各方努力，上海动漫游戏产业有可能获得更大的发展契机。

（九）上海设计教育

随着全球化趋势的增强，上海作为一个国际化都市不断地迎来外来的设计文化和设计作品，这对于上海的设计教育是一个契机，在上海求学的设计学生可以较为便利地了解国际设计的思想和发展，有机会与国际设计大师进行交流和学习。每年在上海有很多设计相关的院校与国外设计公司或设计院校进行合作交流，同时还有很多中国学生参与该类国际设计大赛。通过这些合作与交流，很多年轻的设计师在学生时代就有机会登上国际舞台，并且学习国外先进的设计经验。科学技术与设计教育的结合以及产业发展与设计教育的结合，使得上海设计教育为社会发展服务的特征更加明显。上海的产业发展走在全国的前列，因此对于上海设计人才的培养就提出了更高的要求。近年来上海设计教育通过开拓创新，涌现出了新的模式和成果，值得研究和推广。而上海原本的设计教育的设计门类的划分不断被调整、重组和改变，适应上海以及当下社会发展和需求的设计教育门类和教育模式正在不断地形

成，公共艺术设计、数字内容设计等综合性设计门类正在不断地被人们所重视，其中一些已经进入了上海的设计教育领域。更重要的是，2011 年上海大学首次设立了设计学一级学科博士点，为上海培养高端设计人才构建了重要基地，并于 2012 年招收了首批设计学博士研究生。

上海通过举办面向在校学生的各类设计比赛，培养学生的创造力，激发学生的设计热情和实践精神。有很多设计比赛供上海的在校学生参与竞争，其类型也非常丰富，包含工业设计、建筑设计、家居设计等领域。而面向学生的设计活动包括了以在校学生作品为主的设计展览以及设计论坛。以一些设计类院校为中心已经初步形成了一些设计类产业的集群，并积极地推动着周边相关产业的发展。上海设计教育越来越贴近当代的日常生活，将科研、设计实践以及社会生活紧密地联系在一起，成为其发展的新趋势。上海设计教育不仅在关注和思考本地人的生活，还将视线投向全国，通过设计教育的力量去帮助中西部地区进行建设和发展。上海设计教育在注重理论研究的同时，着力培养学生的创新能力，其中所运用的方法是多样化的，通常结合市场需求和社会关注的热点进行设计的命题和设计教育模式的构建。

2013 年，上海设计教育工作者们正不断创新和摸索新的教育模式。产业的发展和升级需要设计教育提供更多的复合型、国际化设计人才，这也是上海设计教育面临的重要课题。上海设计教育也迎来了发展机遇，很多国际知名设计院校落户上海，为设计学子带来了更加丰富和多元的学习机遇。开放的城市给了上海设计领域的师生更加开阔的视野，更加展现了当代上海设计教育海纳百川的胸怀，同时追求上海设计教育的更大突破。

三　上海设计发展方向的展望

近年来，上海设计产业充分利用举办 2010 年上海世博会、上海“四个中心”建设、浦东综合配套改革试点、继续深化文化体制改革等战略契机和重大举措，积极探索设计产业发展模式的改革，形成文化与科技创意、金融以及贸易深度融合的发展局面，在文化设施建设与发展上逐步接近于国际文化大都市的发展要求。

2011 年，上海市发布《上海市设计产业发展“十二五”规划》，“十二五”期间，设计产业在大力推动传统产业转型升级和积极培育新兴设计文化业态健康发展的前提下，重点发展媒体艺术业、工业设计业、时尚产业、建筑设计业、网络信息业、软件咨询服务业、广告会展业、休闲娱乐业等几大产业领域，形成一轴、两河和多圈的设计产业空间布局，力争到 2015 年，设计产业增加值占全市生产总值的比重要达到 12%。

设计产业是新兴产业，也是朝阳产业，是提高城市核心竞争力、形成新的经济增长点的重要支柱产业。近年来，上海设计产业完善“四个中心”建设、国家自由贸易区改革试点、继续深化文化体制改革等战略契机和重大举措，打造了“设计之都”的文化特色。上海积极推进生态合作，积极发展绿色建筑，推行低碳和零碳的产业发展目标，同时重视非物质文化遗产的保存与发展。

“设计之都”建设作为上海设计产业发展工作中的一项中心任务而获得全面、持续和深入的推进。而设计企业整体的设计创新水平提高，拓展了对内对外的开放合作，构筑了良好的生态和社会环境。2013 年，上海进一步提高设计产业的核心竞争力，为“创新驱动、转型发展”以及早日建设成设计之都和国际文化大都市而奋勇前进。

上海将继续发挥设计文化产业对于提升城市软实力方面的基础性作用。促使上海设计成为传承上海城市文化精神与文化魅力的力量之源，整体上进一步提升上海设计的影响力和带动力，加强上海设计的氛围营造和运作保障。上海将在发展理念、产业管理与融合上坚持“创新”的发展思路。上海也将继续坚持“开放”和“多元”的发展思路，进一步丰富多元化市场主体，加大设计产业服务向外辐射力度，加快设计文化走出去的步伐。上海通过进一步加强全方位、多层次的合作，同心协力促进设计产业的快速发展，充分发挥财政扶持和政策引导作用，加快发展新兴设计文化产业，加快设计产业重大项目的建设步伐。展望未来，上海——“设计之都”的创新创意进程必定会更加美好。

B.9

深圳设计产业发展现状及前景

罗冰 景俊美*

摘 要： 近年来深圳在面临“四个难以为继”的背景下，提出了培植六大战略性新兴产业、推动产业转型升级的战略部署，其中文化产业已经成为深圳市四大支柱产业之一，文化产业中更是将发展创意设计产业作为重点，深圳被授予“设计之都”的称号更是城市发展转型的标志。今天，深圳设计产业要思考的是：如何推动产业文明，加快设计业与制造业、服务业的融合创新，在政策和金融方面加大对中小微设计企业的扶持力度，立足珠三角，共建深港“设计双城”，让设计强企，让设计惠民，实现从“深圳速度”到“深圳质量”的跨越。

关键词： 深圳 设计产业 产业融合

在全球化、信息化的背景下，资源配置也面临着全球化。设计创新已经被业界认可为促进产业结构调整、转型升级的重要手段，是“中国创造”推动经济和社会可持续发展的关键所在。如何激发设计的潜在经济价值和社会影响力，加强其对提升质量保护环境的推动作用，成为当代设计肩负的责任。深圳的设计产业发展同样离不开这一大背景，让设计为制造业助力升级，让设计为服务业创新升级，是下一步亟待思考和前行的方向，也应成为政府、行业和企业的规划重心。

---

* 罗冰，广东文艺职业学院学报编辑部常务副主任，研究方向为艺术学理论及实际应用；景俊美，北京市社会科学院经济所助理研究员，中国人民大学在站博士后，研究方向为文化产业研究。

一 前言①

（一）深圳设计产业的发展现状

2008年11月，联合国教科文组织授予深圳“设计之都”的称号。自此，深圳正式加入“全球创意城市网络”，成为全世界第六个“设计之都”。深圳在实现这一目标的过程中，将其路径明确为“以设计推动制造型经济向创意服务型经济转变”，提出了“设计是产业核心竞争力”的口号，相继出台了一系列文件、制定了扶持措施，并安排了专项资金对设计产业和创意产业园进行补贴。如果从深圳有意识地开始“文化立市”的战略思路算起，深圳对设计产业的扶持打造已有11年了。如果从获得“设计之都”的称号算起，深圳的设计产业经过了6年多的全新发展。今天，深圳的设计之都发展如何，我们可以通过一些数据从侧面观察这一问题。首先要说明的是，根据《深圳市文化产业发展规划纲要（2007～2020）》，深圳文化产业主要以创意设计、文化软件、动漫游戏、新媒体及文化信息服务、数字出版等为发展方向，其中深圳作为“设计之都”，为了推进文化与科技的融合，创意设计被当作深圳文化创意产业发展领域中的重点。但是，“创意设计产业”尚未作为一个独立的产业进行规划，创意设计产业的统计分类也未明确，其量化统计体系也未建立。因此，作为深圳市文化产业的重要组成部分的创意设计产业的发展状况，我们也只好通过深圳市文化产业近两年的统计数据来从侧面把握深圳市设计产业的发展情况。

根据深圳市统计局2014年4月发布的统计公报，2010年深圳市文化产业增加值为637.23亿元，同比增长22.9%，2011年文化产业增加值771.00

① 根据《深圳市文化产业发展规划纲要（2007～2020）》，深圳对创意设计业的定位包括广告设计、建筑设计、工业设计、时装设计、IC设计和软件设计等行业。这其实与本文论述的设计产业的内涵是一致的。本文为了配合全书的规划需要，特用“设计产业”一词。但文中涉及数据引用等地方，则仍采用“创意设计产业”一词。

亿元，同比增长21.0%，2012年，文化创意产业增加值为1150亿元，同比增长25%，占全市GDP的9%；至2013年，文化产业占全市GDP的比重为9.4%，在四大支柱产业中，文化产业增加值1085.94亿元，比上年增长了14.5%；在六大战略性新兴产业中，文化创意产业增加值1357.00亿元，比上年增长了18.0%。随着文化产业增加值的不断增长，深圳设计产业也呈现逐年增长的态势。

（二）深圳市文化创意产业园的发展概况

腾讯、华强文化科技集团、A8音乐集团、雅昌印刷等文化产业领军企业是带动深圳设计产业发展的主力军，除此之外，深圳设计产业的主要载体是深圳市文化创意产业园。截至2012年底，深圳拥有48家文化产业园区基地，包括华侨城集团、大芬油画村、雅昌企业集团、腾讯、深圳古玩城等8个国家级文化产业示范基地，华侨城集团更被列为国家级文化产业示范园区，年产值超过500亿元。以中国（深圳）设计之都创意产业园、OCT-LOFT华侨城创意文化园、南海意库、F518创意前岸为代表的创意产业园，已经成为深圳文化产业的信息、展览、教育与交流的重要平台，聚集了大批专业设计师，吸引了大批创意设计企业的进驻，呈现集群效应。

例如，中国（深圳）设计之都创意产业园被业界誉为“中国工业设计第一园”，2010年，被科技部认定为我国唯一一个国家级工业设计高新产业基地，成为国内工业设计企业规模最大、龙头企业总部数量最多的创意产业园区。目前，设计之都创意产业园共进驻以工业设计为主的创意设计企业170多家，其中，国外相关企业20余家，港资企业20余家。入驻的企业中，全国性的龙头企业占80%，包括嘉兰图、心雷、洛可可等中国工业设计领军企业以及靳与刘设计、叶智荣设计等30多家香港及欧美龙头设计企业中国总部和机构代表处。OCT-LOFT华侨城创意文化园融合“创意、设计、艺术”为一体，进驻的顶尖创意机构有30多家，如世纪凤凰传媒、鸿波信息、高文安设计、贝森豪斯园境装饰设计中心等知名品牌。

综合以上各个有代表性的园区，深圳文化创意产业园主要有以下特点：

一是改造“三旧”（旧工业区、旧厂房、旧村），加快城市更新；二是创建综合型产业园，采取多元化发展模式；三是注重低耗能、高产出。这些创意园将不同的设计类别汇聚在一起，形成产业集群，增加了不同设计公司之间交流学习的机会，同时以集群效应形成辐射，不仅有利于媒体宣传和品牌塑造，同时引来了大批潜在客户和新客户，这种渠道优势是以前设计公司散落在不同的写字楼间所体会不到的。

（三）文博会的推动

2014 年 5 月 19 日，第十届中国（深圳）国际文化产业博览交易会成功举办。经过 10 年耕耘，深圳文博会确立了其“中国文化第一展”的地位，成为中国唯一一个获得国际展览联盟认证的综合性文化产业博览交易会。十年发展也让文博会成为中国文化产业的晴雨表，助推深圳发展成为充满活力的“创意之都”。

第十届文博会实现了文化项目和产品总成交额 2324. 99 亿元，比上一届增长 39. 64%。其中超亿元项目 190 个，比上届增加 28 个，共有来自 95 个国家和地区的 17000 多名海外采购商参会，创历届新高。文化产品出口交易额为 161. 38 亿元，占总成交额的 6. 94%，同比增长 30. 33%。中国人民大学文化创意产业研究所所长金元浦在第十届文博会期间举办的《中国国际文化贸易交流大会》上表示，以游戏、广播、动漫、设计为代表的新业态，已经替代电影等传统业态，成为中国对外文化贸易的第一军团。

除了文博会，深圳市还继续发扬打造各类专业设计博览会、活动和设计展的传统，助推本土设计扬帆出海，取得了很好的实践效果。如深圳市举办的“深圳创意设计新锐奖”“创意影响力评选”“中国（深圳）国际工业设计节”“深圳设计论坛暨设计邀请展”“深港设计双年展”“中国设计大展”等，已在业界形成了巨大的号召力与影响力。

近年来，在政府、行业、企业三体联动作用下，深圳设计获得了国际设计界的认可和重视。深圳市工业设计斩获国际 iF 大奖 57 项，其中 2012 年获奖 14 项，2013 年获奖 25 项；获得红点奖 44 项，其中 2012 年获 15 项，

2013 年获 18 项，两年来获奖产品数持续增长。嘉兰图设计公司接连拿到跨国公司的设计订单。目前深圳各类工业机构近 6000 家，从业人员超过 10 万人，已创造超过千亿元产值①。

（四）深圳市现有优势产业发展现状

目前，深圳已形成了以工业设计、家具、服装、钟表、黄金珠宝首饰、皮革、内衣、会展为核心的八大传统行业。其中，钟表产业方面，目前深圳是全球最主要的钟表生产与配套基地，其产量占全球钟表产量的 41%。深圳现有钟表企业 1100 多家，大、中型企业就有近 100 家，其产业产值、出口值、出口量也均占全国的 50% 以上。此外，广东家具占据全国重要市场，其中深圳的品牌和设计能力最突出，红苹果、兴利等均为全国一线品牌。自 1996 年始，已成功举办了 29 届展会的深圳国际家具展，这是国内首个以设计为导向的、高端的、家具专业贸易平台，引领着国内家具流行趋势风向和生活方式，以其专业性和广泛性，成为国内家具设计世界的风向标。2013 年，深圳设计组成舰队参加具有“设计奥斯卡”称号的“% 设计展”，带来了 100 多件具有中国特色的原创作品，涵盖了工业设计、家具设计、装饰设计、生产制造等多个领域，获得了国际市场的认可。

（五）政策的扶持

深圳市政府大力支持创意设计产业，所辖各区也纷纷出台相关规划，制定了许多鼓励创新和发展创意设计产业的政策措施。深圳市出台了《深圳市文化发展规划纲要（2005～2010）》《深圳市文化产业发展“十一五”规划（2006～2010）》《深圳文化创意产业振兴发展政策解读》《中共深圳市委深圳市人民政府关于大力促进文化产业发展的决定》《深圳市文化产业发展规划纲要（2007～2020）》等一系列文件，并切实在政策、资金、土地等方面加大扶持力度。为做好相关协调工作，成立了市文化产业发展办公室，设

① 《深圳设计产业创造千亿产值》，http：//tradow. com/jmdt/2013 -12 -24/24081. html。

立了深圳市文化产业发展专项资金等，由市财政从市产业发展资金中安排专项资金，纳入每年的市财政预算，作为文化产业资金咨询。同时采用银行贷款贴息、配套资助、奖励、项目补贴等资助方式对各文化创意产业公司和项目进行扶持。如前述提到的 2013 年深圳展团参加英国“百分百设计展”时，参展的企业获得了市政府的全额展位费补贴和人员补贴的鼎力支持。2009 年深圳市政府把每年的 12 月 7 日设立为“深圳创意设计日”。这些都为深圳的创意设计产业发展提供了独一无二的政策支持。

由于深圳拥有经济特区立法权，与国内其他城市相比，深圳较早地建立了相对完整、成熟的市场经济法制体系，形成了比较发达的生产要素市场，这些构成了深圳设计产业发展的政策与市场环境，成为深圳设计产业发展的重要优势。

二　深圳设计产业发展存在的主要问题

（一）核心竞争力依然缺乏，原创能力仍需提升

原创设计是目前中国设计面临的瓶颈，也同样是困扰深圳设计的主要问题。正如柳冠中先生指出的，原创设计的知识不仅仅是制造知识，它要研究人、研究社会，涉及制造、流通、使用和服务方式的转变。创意既要解决问题，更要推进产品化，产品化的生产模式同样需要设计。

当前，深圳设计企业存在着研发投入不足、专利意识薄弱、缺乏设计管理和品牌意识等诸多问题。虽然经过媒体的宣传和行业的引导，大部分企业已经开始意识到原创设计的附加值和打造品牌的重要性，但在实际的操作过程中，一是囿于中高端设计人才的缺乏，二是资本的逐利天性，三是对品牌认识的误区，以及操作上缺乏长期规划能力和有效执行力，导致企业理念天天变，以营销手段来弥补创新能力的不足，因此大部分企业甚至不少设计公司仍陷在“模仿”与“仿造”的泥淖。

现在全球一体化，要赢得对手的尊重和消费者的认可，创出品牌影响

力，尊重原创和保护原创是必由之路。应该说，加入 WTO 以后，国外公司在技术发明专利、外观与实用新型专利等方面都对中国企业的“抄袭”行为做出了制约。加大对设计研发的投入，已经成为有着前瞻眼光企业的共识。“创意设计”的价值开始为中国制造业和生产性服务业所重视，出现了一批专业设计机构，职业设计师规模也不断得以壮大，但是，未来能够设计出具有独创性的创意作品，仍有待企业创新能力的进一步增强。

（二）转型升级中的设计生态系统仍需完善

设计生态系统借用了生态系统的概念，同样是在一定的空间内，设计与时代思潮环境、产业链环境、市场消费环境等构成了一个统一整体，在这个统一整体中，设计与以上环境之间相互影响、相互制约，并在一定时期内处于相对稳定的动态平衡状态。主要包括：①产业链的完善与整合（其中还包含产业协调机制、产业融资平台、技术融合平台、综合交易平台等）；②可持续设计的理念；③注重本土引导，为本土设计培植消费土壤和水分。当前，设计生态系统的完善，其核心是“产业融合”和“设计服务”。

1. 产业链的完善与整合

产业链包括价值链、企业链、供需链和空间链四个维度，其本质是体现“1 +1 >2”的价值增值效应，即通过产业链的协同与整合优化配置，实现产业利润最大化。产业链整合对于降低企业成本、产生新企业、形成企业创新氛围、打造“区位品牌”与推进区域经济发展具有重要的促进作用。深圳设计产业链整合，应聚焦于完善设计成果的转化机制和资源整合，并提供相关的服务平台。

2. 可持续设计的理念

“可持续设计”（Design for Sustainability）源于可持续发展的理念，是基于设计界对人类发展与环境问题之间关系的思考而产生的，是一个不断寻求变革的实践历程。国家现在提出的生态文明建设中，要求产业升级，提倡产业文明也是对可持续发展这一问题的进一步思考与回应。可持续设计一般包括绿色设计、生态设计、产品服务系统设计、为社会公平和谐的设计四个阶段。其中，第一阶段强调使用低环境影响的材料和能源，其在产业链中的本质是过程后的干预；第二阶段强调产品生命周期的设计，其本质是过程中的干预；第三阶段强调系统设计，是对产品及服务层面的干预；第四阶段强调本土文化的可持续发展、对文化及物种多样性的尊重，对弱势群体的关注以及倡导可持续发展的消费等内容。

3. 注重本土引导，为本土设计培植消费土壤和水分

我国要提高设计业的影响力，最重要的一点是进一步提升国民对设计的认识，特别是要延伸进中小学生的教育中，既让设计惠民，也让设计惠于民。深圳市在这方面既可以依托现有的美术馆、博物馆、展馆等会展资源，又可以结合群艺馆、文化馆、文化广场等活动机构和场所，通过多种形式和活动展开，如读书会、文化歌舞、展览、展会等。还可以结合中小学生的课程建设开展，举办丰富多彩的与设计有关的课外活动等。“育人”是一项需要长期规划和付出时间的工作，但设计土壤的建设对于深圳这座“设计之都”而言是必须要持之以恒的根本，是设计之都的根基。

设计生态系统的打造要把知识结构和产业链构建起来，为原创的完善和成长提供土壤和水分，从而服务于产业升级，也更符合社会可持续发展的需要。尤其在产业链整合方面，应发挥行业间协同创新的模式。比如，深圳的动漫产业在全国已经处于领先水平，动漫产业具有消费群体广、市场需求大、产品生命周期长等特点。其中动漫形象所衍生的产品市场，如服装、玩具、儿童用品等；动漫消费，如观看影视动漫，购买动漫衍生品，主题公园旅游等：都是动漫产业的有机链条。服装、钟表、家具等行业也完全可以与动漫产业相结合，既有利于形象展示，又有利于市场拓展。还应建设好设计中介队伍，要加强行业管理与自律，避免恶性竞争与侵权，重视为中小微企业提供服务，做好信息资源数据库的建设，建立设计服务体系等，充分发挥各创意园区的功能，尤其是服务平台的建设上，应根据不同的设计行业，建构符合行业需求的特点，从而实现区域经济整体推动。

（三）人才培育面临短板，从业人员的素质参差不齐

深圳设计产业的发展与设计教育紧密相连。深圳设计与美术教育发展得比较晚，目前只有深圳大学、深圳职业技术学院主要承担着设计专业人才的培养工作，专业发展时间较短，师资力量相对薄弱，本土设计人才供应不足。随着深圳综合性生活成本、营商成本的不断攀升，深圳优秀的设计人才也纷纷外流。再加上设计产业内部人才流动性大，招聘方式主要依赖业内熟人推荐等特点，也影响了行业发展的稳定性。

尽管我国已拥有庞大的设计教育体系，但设计教育的水平和设计师的素质离国家经济发展和设计师职业发展的需求仍有很长一段距离。广大设计从业者的学科知识单一化、技能的单一化也导致了设计产业的从业人员素质参差不齐。制造业和服务业的可持续设计需要跨学科联合，更强调设计与各领域专业人才的合作。这些问题对高校的师资力量和人才培养方面的整合提出了更高的需求。

（四）中小微企业困境

据工信部联企业〔2011〕300 号文件，以及国家统计局制定的《统计上大中小微型企业划分办法》，国家对文化产业（含设计产业在内）的中小微企业的界定是从业人员在 300 人以下。其中，从业人员 100 人及以上的为中型企业；从业人员 10 人及以上的为小型企业；从业人员 10 人以下的为微型企业。

相对于其他产业，设计产业的主体企业大多为中小微企业有其客观上和主观上的原因。客观上，国内市场开发较晚，而且企业大部分以民营为主，普遍规模较小，实力不强。主观上，设计人才是以自主知识产权为核心，以“头脑”服务为特征的专业技能型人才。这类人想象力和创新力强，追逐创意，不愿受束缚，倾向于宽松自在和公平竞争的工作环境，具有较大的工作流动性。而设计专业所具有的个体性、相对独立性和高利润、高附加值的特点，也容易吸引毕业生或原来服务于某些大型企业设计部门的人，重新创业。因此，设计产业的主体企业多为中小微企业。由于固定资产较少，规模较小，资信度有限，导致企业融资渠道少，能力弱，大部分依靠短期结算经

营周转，或用项目向政府拿钱。但政府项目僧多粥少，公司如遇拖账、欠账也会陷入被动，因此经营状况稳定性不够，继而影响到企业的研发能力、扩大规模的能力，最终影响竞争力的提升，使企业面临微利时代、发展空间有限、难以保证设计质量等诸多挑战。

三　深圳设计产业发展的条件分析

（一）利好因素

经过30多年的发展，深圳形成了“开拓创新、诚信守法、务实高效、团结奉献”的“深圳精神”。作为中国改革开放的前沿先锋和试验田，深圳的市场化程度高，营商环境较好，国际化程度高，加上其开放包容的城市文化，形成了良好的创业氛围，也聚集了大批具有创新意识的优秀人才，这些都是深圳设计产业发展的基础，具体来说，对于深圳而言，发展设计产业的利好因素，主要包括观念共识、行业托举、城市居民消费力强、高新技术产业发展具有领先优势及深圳作为特区，拥有双重立法权，有利于积极开展政策扶持等。

1. 观念共识

相较于北京、上海、广州等旧都古城，深圳是一座年轻有活力的移民城市，正如《深圳市文化产业发展规划纲要（2007～2020）》中指出的，深圳鼓励创新、宽容失败、脚踏实地、追求卓越的城市精神，以及深圳人的市场观念、开放观念、创新观念和竞争观念，都已经成为新深圳人的共识，这些都为设计产业发展提供强大的思想源泉和精神动力。

2. 行业托举

根据深圳市民间组织管理局提供的数据显示：截至2014年9月，经重新梳理核定的行业协会、商会共有499家，成为深圳市社会组织中力量最强、最具活力和创造力的部分。深圳的行业协会为企业提供了全面快捷的市场信息，也为企业进入国际市场提供了技术支持和法律帮助。行业协会已经从单一的管理发展到为行业提供全方位的服务，并逐渐形成完善行业服务、行业交流、行业自律、行业维权四大功能。

比如由深圳市工业设计行业协会联合香港设计中心、香港设计总会共同主办的深港文化创意论坛，始终坚持以创新设计来撬动两地创意产业经济的发展，促成了深港交互设计实验室、深港设计汇线上平台、深港设计双年展等多个深港设计合作项目成果。

深圳市服装行业协会参与主办中国（深圳）国际品牌服装服饰交易会，有效地促进了时尚创意产业联盟跨界设计与品牌传播的发展。2014 年第十四届服交会以“自主创新、展会转型和跨界合作”为三大主题，有力地支持了深圳时尚创意产业的跨界融合、转型提升，“以跨界、共享与多元的全新姿态，实现由传统专业交易平台向创意设计型展会的华丽转身”。

3. 城市居民消费力强

2013 年，深圳市经济总量位居全国大中城市第四，经济效益较高。据《2014 年中国城市竞争力蓝皮书》显示，2013 年，深圳完成地方公共财政收入 1731 亿元，同比增长 16.8%；全年社会消费品零售总额突破 4433.59 亿元，增长 10.6%。据深圳市统计局的数据显示，2013 年，深圳市居民人均可支配收入 44653 元，比上年增长 9.6%（见图 1），居民人均消费性支出 28812 元，增长 7.8%。

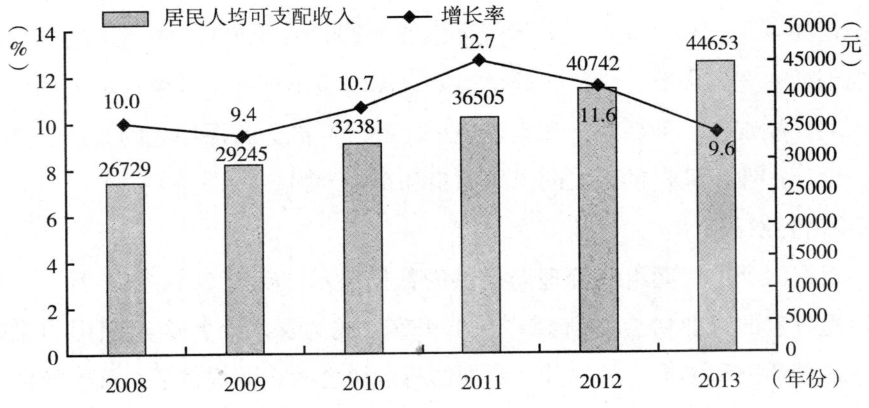

图 1　2008 ~ 2013 年深圳市居民人均可支配收入及增长率

4. 其他优势

深圳以信息技术为代表的高新技术产业位居全国领先地位，为深圳设计产业发展提供了强有力的基础设施支持。深圳的区位优势明显，毗邻港澳，有多年的合作基础，同时具有海陆空铁四大口岸优势，珠三角目前已经是中国最大的生产基地，有超过1500万人参与其中。因此，深圳有潜力发展成为全国全亚洲最重要的工业设计基地。随着与香港合作的深入，更有利于深圳相关设计产业链的完善。

（二）不利因素

首先，设计产业人才相对缺乏。深圳高校与科研机构稀少的缺陷，严重制约了设计产业人才的培养和集聚。与北京、上海、广州等地相比，深圳具有人才总量不足、人才结构失衡、高层次人才短缺、人才外流等人力资源劣势。随着本地营商成本的不断增加，也影响了产业的成本优势。

其次，来自国内城市和国际城市的挑战。深圳除了要迎接国内老对手——北京、上海和广州——的挑战（尤其是上海、北京相继成为创意之都，在城市功能定位，设计产业结构、布局等方面与深圳存在着同构竞争），近年来，南京、杭州等国内城市在创意设计领域锋芒毕露。港台两地的创意设计产业不仅领跑于深圳，整体实力也强于深圳。尤其香港，对于深圳而言，既是一个合作者，也是一个强大的对手。随着我国改革开放的深入，除了亚洲的日韩新三国，还将有来自美国、英国、北欧等设计强国（地区）的挑战，因此深圳设计产业的发展道路上竞争异常激烈。

再次，本地设计产业布局仍需优化。福田区、罗湖区、南山区、宝安区在规划中都以设计业为发展重点，这虽有利于形成集群优势，但也应进一步细化各自的优势产业，这样才能有效避免区域性规划重叠，有效整合资源，高效利用资源，避免区域内竞争加剧。

最后，深圳市的设计产业市场还未能形成一个良好的生态环境，恶性竞争不断，压价现象严重，复制能力强，而原创能力弱。有些设计产业太过强调创意和设计，对生产和市场重视不够，对市场需求的研究分析和开展必要的市场推广还不够，这都不利于设计产业的健康发展。再加上全球经济回暖缓慢，中国面临着结构调整的阵痛，这些宏观因素也对深圳设计产业发展形成压力。

四　深圳设计产业的未来发展方向

（一）加强知识产权的保护，提升版权交易等服务能力

作为设计之都，深圳设计产业的发展离不开政府的扶持和帮助，但作为一个产业，还是应该坚持以市场为主导、政府为引导、行业为指导的发展原则，构建一个健康良好的产业生态圈。目前，困扰中国设计类产业最大的问题就是知识产权的保护问题，深圳也不能幸免。虽然我国现有的专利法、商标法、合同法等法规在知识产权保护中起着重要作用，但对于那些未能获得相关专利权，没有进行商标注册或者合同中没有明确规定的由创意设计所带来的知识产权，仅仅依靠现有法规尚不足以得到有效保护，包括有些成果要申请专利时，由于在专利的申请过程中，有挂网公示等流程，有些对手企业就会趁机复制相关资料，采用换名等方式去竞争专利申请，达到干扰对手，使产品推迟上市等目的，而“原版”公司往往因为申诉或诉讼过程中的时间、人力、财力等成本过高，而没有有效办法加以阻止。

这些都是深圳市政府在开展保护原创，保护知识产权立法时所应重点考虑的问题。这方面可参照成熟设计国家的做法，如日本政府出台的反不正当竞争法中的“经营秘密”条款等，从而结合国情、地情，尽快出台相关政策。十八届四中全会通过了《关于全面推进依法治国若干重大问题的决定》，政府应以立法促进知识产权的保护，同时联合行业协会，有效搭建版权交易平台，提供版权交易服务，对于深圳设计产业今后开展国际交流，产品出口，提升自主创新能力，保护自主创新激情，不仅是必要前提，更是有力保障。

（二）提升设计话语权，推动原创性设计产品的开发和生产

提升设计话语权，关键是依靠原创的力量，但是原创不代表着天马行空，作为一个产业，设计同样要面临企业、品牌、市场的考验，同时也要避免停留在“外观促销”的狭隘认识上，让设计沦为“产品形式的供应商”。

做中国的设计当然脱离不了对国外先进设计理念的学习，但同时也脱离不了对本土文化内涵的深入了解。深圳要创造一种新的物质文化形态，这样才能打造不雷同于北京、上海的设计之都。笔者认为，实现这一路径还是要依赖原创。而这一原创的精神内核是深圳的城市文化精神定位。与同为“设计之都”的上海、北京相比，深圳的城市文化底蕴确实不深厚，但也正因其年轻，从而形成了一种朝气、时尚的文化魅力。同时深圳也受到岭南文化的辐射与影响，还有与香港多年合作所形成的国际化气质，完全可以通过提炼厚重的岭南文化，融合国际视野，做出自己的原创作品。

深圳设计要做好原创工作，需要“设计思维 + 设计方法 + 设计管理”的融合。设计要围绕着产品的目的展开，必须考虑到用户体验、环保、品牌发展战略等因素。①设计方法上要进行跨学科、跨主题的融合与合作。另外要加强设计管理，让设计流程更规范化、标准化，适应产业化的需要。②大力推进设计产业与制造业、服务业的融合。不仅帮助深圳市实现制造业产业升级的目标，同时扩展设计产业的发展空间，实现资源的优化配置，从而产生新产品，满足新需求。这样也有利于与新技术、新材料、新工艺的融合。③推进设计产业与丰富文化资源的融合。深圳的设计产业，还可以立足于岭南文化、中华文化，弥补自身不足，丰富创意和设计的内涵，实现非物质文化遗产的传承和可持续发展，实现文化价值与实用价值的有机统一。同时要积极探索无国界设计语言，从而推动深圳设计向国际舞台迈进，打造“深圳名片”，推动深圳品牌的传播。

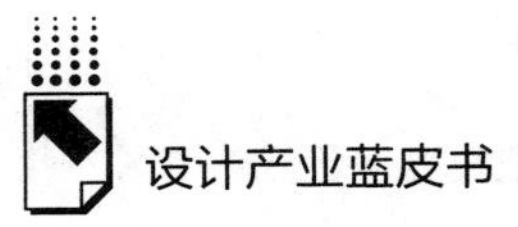

（三）继续培育设计团体，完善设计市场布局

1. 培育设计团体

人才是一个行业得以可持续健康发展的核心。在产业化的今天，设计不管是与制造业相融合，还是与服务业相融合，关键都在于它处在产业链之中，不管设计在产业里是以一个企业的设计部门存在，还是以工作室或公司的形式存在，它强调的都是一个团队的作用。设计业不完全是一个人的单打独斗，更多的是设计团队的合作结晶。因此我们要注重培育设计团体，从团队的构成特点去完善人才培养方案和引进人才方案的制定。

设计学已经成为国家一级学科，专业开设已经涵盖了大学、学院、高等职业技术学校、独立学院等办学类型，以及从研究生到高职高专的学历层次。但从企业需求和市场需要来看，不管从培养方式、师资力量还是课程设置，都不能满足市场需要的创意性强的人才。许多设计专业的学生毕业后，面临着还要接受来自企业、行业的再培训才能上岗的尴尬境地。一方面，创意设计企业也很难找到合适的人才，特别是具备创意管理和创意经营能力的复合型人才。另一方面，企业在激励机制、系统培训及成长机制方面相对缺乏，导致人才的主动性和积极性不高，面临知识老化等问题。

设计团队中，最缺乏中高级人才，尤其是作为企业总设计师或设计管理的高层人员。这些人能统筹与协调整个企业的设计资源、设计研发、品牌推广，能使企业及时将创新设计有效地转化为商品，转化为资本。因此，设计团队的培养应该是“学校 + 企业 + 行业”的跨学科培养及再培训的过程。此外，还要利用“大数据时代”的便捷，用协同创新的理念引导设计团队的发展。

2. 完善市场布局

要进一步完善设计市场布局。这一市场布局一方面要针对中国产品（含深圳）的共性：产品的同质化问题，另一方面则要针对深圳市下辖的 6 个行政区和 4 个新区的设计产业布局规划。从全国范围看，文化产业创意设计（如城市形象设计、公共服务设计、文化创意衍生品的开发等）的发展滞后于工业设计、平面设计、广告设计、环境设计、动漫设计等领域。目前，对设计产业尚缺少统一的组织和管理，也没有该产业统计调查方法和指标体系，而提高设计产业统计数据的科学性和准确性，将有利于政府制定政策，也为行业发展提供依据。但就当前来说，深圳的设计产业要重点解决的是产品的同质化问题。

产品的同质化主要是指产品的层级几乎相似或一样，识别度不高，公司间的差异化也不大。解决这一问题的关键是开启产品差异化的竞争力，让目标市场差异化。需求的多元，不仅需要产品具备一个可识别的身份，也要求设计公司的品牌运营具有不同的定位，从而为客户提供不同的层次产品，并丰富品牌体验，建立良好的顾客关系。

2009 年国务院批准的《深圳市综合配套改革总体方案》中明确提出了“深圳要联合香港打造全球性的国际文化创意中心”。深圳的设计产业要通过打造深港国际文化创意中心，奠定国际高端化的基础，为“设计之都”增添文化氛围，增强深圳的城市定位特色，落实“深圳质量”和“深圳标准”。基于此，深圳市下辖各区的设计产业布局，应采取合纵联合之计，抱团出击，尽量避免内部摩擦。这方面，2014 年 3 月，深圳八大优势传统行业协会迈出了很好的一步——成立深圳时尚创意产业联盟，旨在引导深圳优势产业走向产业链的高端，并带动传统产业的转型。

（四）加强对中小微设计企业的政策扶持和金融扶持

根据深圳市市场监督管理局提供的数据，截至 2012 年，深圳市历年涉及创意设计领域的新增企业数量及所占比例，总数达 61489 户（见图 2），新增企业注册资金总数达 18358091.64 万元（见图 3）。

针对中小微企业的困难，深圳除了鼓励它们与大企业、大学等开展合作，互惠共赢，也可借鉴当年在发展高新技术产业时，所开创的一套科技投融资体系，开发适合设计产业的投融资方式，扶持产业发展。另外，通过创新担保模式解决“担保难”的问题，以弥补现行信用担保体制在支持设计产业融资方面的不足。

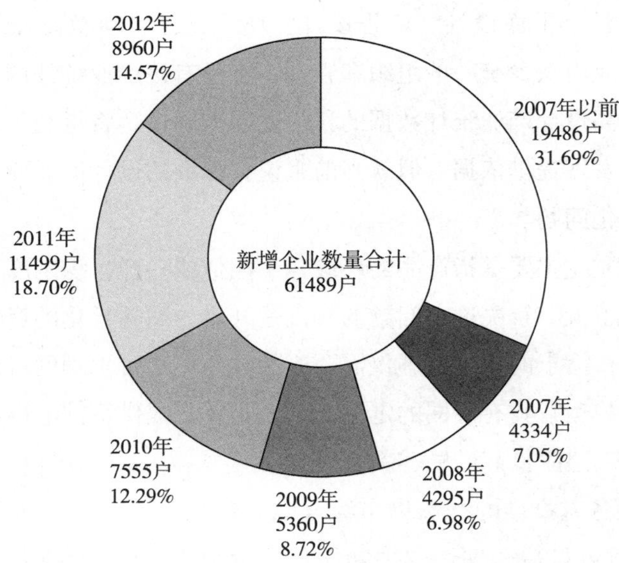

图2　深圳市历年涉及创意设计领域的新增企业数量及所占比例

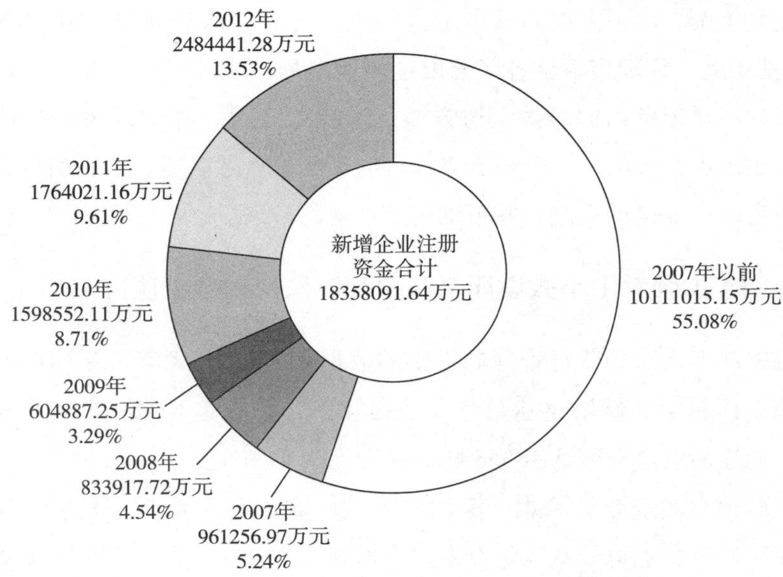

图3　深圳市历年涉及创意设计领域的新增企业注册资金数量及所占比例

资料来源：图2、3引自陈寅《创意影响力：2013中国深圳设计之都报告》，深圳报业集团出版社，2013，第142、143页。

五 结语

统筹国际和国内两个市场，发掘国际和国内两种资源，是深圳做好设计产业的必然选择。深圳毗邻港澳，面向东南亚，有高交会、文博会两大平台，在利用好两个市场、两种资源上拥有独特优势。

2014 年 2 月，国务院颁布的《国务院关于推进文化创意和设计服务与相关产业融合发展的若干意见》（简标《意见》）中指出，“推进文化创意和设计服务等新型、高端服务业发展，促进与实体经济深度融合，是培育国民经济新的增长点、提升国家文化软实力和产业竞争力的重大举措，是发展创新型经济、促进经济结构调整和发展方式转变、加快实现由‘中国制造’向‘中国创造’转变的内在要求，是促进产品和服务创新、催生新兴业态、带动就业、满足多样化消费需求、提高人民生活质量的重要途径”。从《意见》中可见，“融合”将成为未来设计产业发展的关键词。这一融合，是要求与“实体经济”的深度融合，与其他相关产业链的衔接。这不仅推动经济结构调整，更可以拓展设计产业的外延和内涵，使中国企业从价值链的低端向高端移动。可喜的是，深圳在这方面已经开始了全新的探索。

在今天，设计的内涵和外延也不再仅作为产业升级的核心助推器，还同时承担着让“设计优化生活”“让设计美化环境”的责任。设计之都的规划和发展也要有利于开展城市营销，树立城市品牌，从而吸引更多的人才与资金资源，增进市民的幸福感和自豪感，用设计提升市民的生活质量，以“设计优化生活”。当前，深圳正处于经济发展方式转变与实现市场化、法治化、国际化的重要机遇期，建设国家创新型城市、民生幸福城市，构建资源节约型和环境友好型社会，设计产业更应发挥其重要的带动作用，助推经济提质、增效、升级，实现从“深圳速度”到“深圳质量”的跨越。

B.10

广州设计产业发展形势分析和新举措

陈 静 肖怀宇*

摘 要： 本文全面分析、考察广州设计产业整体发展状况，为辅助政府决策和推动设计产业发展提供参考。报告简要回顾了广州设计产业的发展历程，剖析了广州设计产业的发展现状、特征、优势和问题，并对广州设计产业的未来发展趋势做了科学预测。报告基于广州设计产业的政策支持、发展模式和热点事件等大量研究成果，力求体现科学性、行业性、实用性和前瞻性。

关键词： 广州 设计产业 现状趋式

一 前言

现代设计业是经济社会发展和文明进步的产物，广州设计产业的兴起也不例外。作为曾经的海上丝绸之路发祥地和商贸重地，以及新中国改革开放的前沿、珠三角经济圈的中心城市，广州从古至今都是中国经济最发达和思想最活跃的地区之一。特别是改革开放头 30 年，广州经济依托“广州制造”迅猛发展，经济总量大幅增长，创造了世界经济发展史上的奇迹。广州设计产业的兴起正是得益于广州经济的蓬勃发展和广州对设计风尚的先觉先行。从最初服务于市场竞争需要的平面设计、广告设计的诞生，到金融危

* 陈静，北京市首都发展研究院助理研究员；肖怀宇，中国传媒大学助理研究员。

机后应对产业转型升级的工业设计引进，以及当下满足人民群众物质文明和精神文明需求的各种设计崛起，广州设计产业发展的每一时期无不与经济社会发展密切相关，既契合了经济社会发展的需要，又为其发展提供了内生动力和支撑。

相较于国内其他城市，广州设计产业不仅起步早、基础好、发展快，而且设计专业人才济济、教育资源丰富，并拥有很好的区位优势、产业环境和配套生产能力。在政策支持、集群效应和规模经济方面，广州设计产业也呈现较为明显的优势和特点。作为中国现代设计业的发源地和摇篮，广州的设计产业可谓一直走在全国前列，也曾独领风骚数十年。

随着广州步入后工业社会，设计作为创新的载体被再次关注，设计产业也被提升为战略性新兴产业。加快推进设计产业的发展，加快工业设计发展，对广州建设现代产业体系，实现“广州制造”向“广州创造”跃升，提升国家中心城市的辐射带动作用具有重大意义①。由此，广州明确了今后以推动设计产业快速发展作为改造提升传统制造业、建设现代服务业的发展方向，确立了“产业设计化”与“设计产业化”相结合的发展思路，找到了一条现代设计产业与传统制造业“融合发展、双轮驱动”的特色发展之路。传统制造业依托设计产业转型升级，设计产业在服务传统制造业转型升级中获得发展机遇，二者融合发展，相辅相成，从而实现了广州经济发展的“双轮驱动”，增强了广州的城市创新能力和竞争力。广州设计产业也迎来快速发展的机遇期。

相信再过数年，随着设计理念不断普及、自主设计创新能力持续加强、设计产业与传统优势产业进一步融合，广州完全有条件、有可能成为珠三角区域设计产业的中心，成为广东设计产业新高地，引领中国设计产业新发展，并建成具有区域辐射力和全球影响力的设计示范区。届时，“广州设计”“广州创造”将取代“广州制造”成为广州的新名片，广州设计产业也必将在广州建设国际商贸中心、国家中心城市和国家创新型城

① 《关于促进广州工业设计发展的实施意见》（穗经贸〔2011〕10号），第1页。

市的道路上发挥重要的支撑作用，为建设 21 世纪新海上丝绸之路做出重要贡献。

二　广州设计行业发展的主要历程及现状

广州设计产业兴起于20 世纪 80 年代，大致经历了起步、迅速发展、困惑和再起航等几个阶段。从最初引领中国设计产业的发展到现在重新探索和规划设计产业的未来，广州设计产业已然取得了一定成绩，形成了自己的发展特点和优势，但问题也无法回避。与发达国家相比，广州设计产业仍然处在发展的初级阶段。加快推进设计产业发展，建设创新型城市，广州任重道远。

（一）广州设计产业的发展历程

20 世纪 80 年代，广州的企业为了适应市场竞争的需要，纷纷使用商业广告。而当时的商业广告多需要以平面设计为基础，因此，平面设计开始在广州引进、萌芽、兴起，就此拉开了中国现代设计产业的发展序幕。

日渐扩大的市场需求不断助推广州设计产业的发展；而地处改革前沿也让广州能较早接触到国外先进的设计理念；蓬勃发展的广州经济更是为设计业发展奠定了雄厚的物质基础。有了这些得天独厚的优势，广州设计产业得以迅速发展，成为中国设计产业的领头羊。

20 世纪 90 年代，随着设计风尚和理念在广州进一步普及，广州设计开始广泛尝试和应用于各种需求。这一阶段，平面设计、广告设计、工业设计、装潢设计、景观设计、艺术设计等各种类型设计业态雨后春笋般涌现；设计专业人员、设计工作室、设计部门和设计企业等不同规模的从业者适应了不同的设计需求而存在；来自高校、职业院校和各类社会培训机构的设计教育也相继展开。90 年代的广州设计产业在全国独领风骚。

进入 21 世纪后，广州设计产业依然维持着较快的发展速度，但行业优势不再明显，且暴露出一些问题。例如，市场需求与人才的供不应求，人才主要集中在广告设计；设计和实际需求严重脱节，绝大多数设计专业人才缺乏对产品生产环节的了解和经验；设计模仿多，创新少，缺乏文化内涵和民族特性；缺乏行业规范管理机制，引发设计领域的不良竞争等。特别在经历2008年全球金融危机后，这些问题和矛盾进一步凸显，广州设计产业需要调整和规范。探索和思考广州设计产业的未来发展方向成了这一阶段的主题。

近年来，随着“设计创造价值”“设计创新生活”等理念深入人心，传统制造业急需转型升级，加之创建创新型城市发展和发展现代服务业的需要，广州设计产业被提升为战略性产业，再次迎来了全面发展的良机。围绕工业设计、平面设计、时尚设计、动漫设计、文化创意设计、网络文化设计、新媒体设计、工艺美术设计、建筑与环境设计、商业模式及服务设计等诸多设计领域的产业聚集区初具规模，经济效益日渐凸显。广州正依托设计业的加速发展，努力打造“广州设计”和“广州创造”新名片。

（二）广州设计产业的发展现状

目前，广州设计产业的从业人员和专业机构众多，整体发展态势良好。无论在设计产业的数量、规模、效益，还是在设计专业人才支撑、交易服务平台建设和行业可持续发展方面，广州均处在全国前列。

广州拥有良好的设计产业发展服务平台，有效推动了设计的产业化发展，规范了设计市场的竞争秩序。2011年，广州市设计产业协会成立，是国内第一个设计行业服务组织，为推动广州设计产业的整体发展和成果转化等提供了服务平台。2012年，广州市工业设计行业协会成立，在服务企业、对接政府、集聚资源、汇聚人才和构筑平台等方面发挥了积极作用，为提升广州工业设计产业的综合竞争力，促进广州工业设计产业快速、健康发展做出了积极贡献。

广州的设计产业园区已形成规模和效益，产生了聚集发展效应。以广州科学城为例，不仅培育了毅昌科技、广电运通等国内知名设计企业，还孵化了无线电计量所、威凯检测技术研究院、医药工业研究所等一批工业设计服务平台和珠江钢琴、欧派家居等众多工业设计企业。而这些设计企业和服务平台研发的一大批“广州设计”产品，为海尔、康佳等国内外多家知名企业提供了良好的工业设计创新服务，正创造着惊人的利润和价值。此外，广州还崛起了一批具有影响力的工业设计产业聚集区，如荔湾区光电科技产业基地、广州设计港、信义会馆、越秀区创意产业园、海珠区“文化星城”、番禺区巨大创意产业园等。

广州的各类设计专业活动频繁，辐射面广，影响力大。广州国际设计周从2006年开始，每年举办一届，现已吸引了越来越多的世界顶级设计师和知名设计企业参加，成为中国设计行业最具影响力的国际化品牌活动，国内外设计产业相关群体期盼的盛典和国内最大规模的“设计+选材”博览会。2011年，广州设计又依托广州交易会平台，首次设立了设计展示专区，助力广州设计业的外贸竞争。2014年，世界室内设计大会首次移师中国就选择了广州，也充分表明了广州设计产业发展的成效和影响力。此外，规模和影响力比较大的活动还有广州国际家具博览会暨设计大赛、“省长杯”工业设计大赛（广州赛区）等。

广州的设计教育起步早，发展快，为广州设计产业发展提供了很好的人才支撑。广州美术学院早在1981年就率先设置了工业设计专业。华南理工大学、华南师范大学、广州大学、广东工业大学、广东轻工业职业技术学院等各类高等院校和科研机构也相继开设了设计院系和专业，为广州设计业的发展输送了大量专业人才。部分大中型企业还紧跟市场需求，成立了专门的设计部门或培训机构，不断引进先进设计理念，培养自己的产品设计专业人才。除了培养人才，广州设计教育界还积极参与科研和社会服务。例如，2013年广州美术学院携手广州国际设计周推出了广州城市品牌提升计划——“设计广州”项目。

（三）广州设计产业的发展特征

1. 设计产业对经济支撑作用大

经济发展助推设计产业发展，设计产业的发展也反过来支撑了经济总量的持续增长。据调查，截至2012年底，广州有各类专业设计企业2100多家，设计产业直接创造产值约165亿元，拉动工业总产值超过1300亿元①。

2. 多类型设计业态共同发展

广州设计产业涵盖了工业设计、平面设计、建筑设计、室内设计、景观设计、多媒体设计等诸多领域，涉及人民的日常生活、企业的生产营销和城市的建筑景观等诸多方面，内容丰富。从企业的存在形式来看，既有面向全社会提供设计服务的专业设计企业，也有主要为本企业服务的内部的设计部门，还有从事设计研究和服务的科研院所；从企业规模来看，既有小企业，也有大型专业设计企业；从所有制类型来看，民营设计企业、公有制设计企业和外商投资企业共同发展。

3. 设计竞争力国内领先

相较于其他城市，广州设计产业理念先进、规模可观，竞争力强。在工业设计领域，拥有中国最具规模工业设计公司——广州大业工业设计公司——及其他名牌产品众多的企业；拥有众多“中国十佳服装设计师”及多个知名时装设计生产企业。在视觉传达设计领域，拥有一批国内顶尖级的从业人员，设计的作品也屡获国内外大奖。在多媒体开发领域，广州是国家动漫网游产业基地之一，动漫产业在广州的交易额占了全国40%，涌现了广州漫友文化发展有限公司等知名企业。在建筑、室内和景观设计领域，广州市城市规划勘测设计研究院、广州园林建筑规划设计院已成为国内的行业龙头。广州于2012年3月编制发布的《广州市绿色建筑设计指南》更是填补了我国绿色建筑业在设计过程中内容缺失的空白，达到国内领先水平。

4. 产业集聚性良好，服务范围不断扩大

从集聚发展来看，广州的设计产业集聚性好，各区特别是老城区已形成了多个主要的设计产业集聚区。目前，荔湾区广州设计港、信义会馆、广州工业设计科技园、越秀区创意大道、天河区广州北岸文化码头、白云区创意创业集聚区、开发区科学城、中新广州知识城、增城经济技术开发区和

① 《将广州国际设计周发展成全球设计产业风向标》，广州市政府网，2012-12-8。

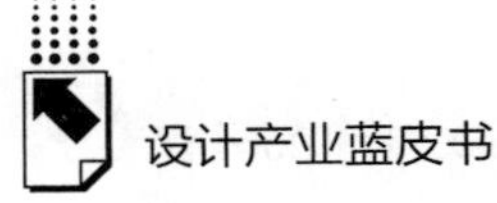

（石滩）创意研发产业园等一批设计产业聚集区已初具规模。从服务范围看，广州设计产业主要依托本地客户，但也不局限于广州。广州众多设计企业都有跨地域服务的业务。

5. 设计服务外包形式多样

企业因需求和规模不同而采取不同的设计服务外包形式。广州市大型工业企业一般都设立了内部设计部门或类似机构，服务外包较少。中小型工业企业因规模所限、设计人员匮乏或能力有限，一般把设计服务外包给专业设计公司。另外，大企业的服务外包不限于本地和国内，而倾向于聘请国内外知名的设计公司和设计师，中小企业则更倾向于聘请本市的专业设计企业。

（四）广州设计产业的发展优势

1. 中心优势

由于设计产业固有的特性，中心城市发展设计产业具有明显的区位优势。广州地处我国东南沿海，是广东省政治、经济、科教、金融、文化中心，是珠三角、广东省和华南地区中心城市，也是在全国具有较强活力的特大城市之一，具有强大的产业规模和人口规模，其产业的集聚和辐射效应也领先于珠三角的其他城市。截至 2012 年底，投资落户广州的外商投资企业达 1 万多家，吸纳就业人员达 135 万人；在穗世界 500 强企业达到 232 家，投资项目 626 个[①]。这充分表明广州对包括设计资源在内的各种资源具有强大的集聚吸引力。

2. 经济支撑

广州是我国实行改革开放最早的城市之一，30 多年来，经济持续快速增长，使广州经济规模迅速扩大。2013 年，广州市 GDP 达 15420.14 亿元，人均 GDP 为 120515.98 元，早已达到中等发达国家水平。经济的高度发达既对设计产业发展提出了新需求，又为设计产业加快发展奠定了良好基础。

---

① 《广州市召开 2013 年全市外经贸工作会议》，《广州日报》2013 年 2 月 21 日。

3. 设施完善

广州成功创建了“国家环保模范城市”，能够很好满足对环境设施要求较高的创新智力和资本资源的集聚需求。同时，广州作为珠三角地区最大的中心城市，海陆空交通运输体系发达，信息基础设施比较完善，“数字广州”发展迅速。广州完善的交通设施和信息基础设施为设计产业发展提供了强大支撑。

4. 文化先进

广州文化融合了历史各个时期的移民文化和海外文化，具有高度的包容性，有利于吸收国内外一切先进的、现代的思想、观念、知识和技术，从而促进创新。

同时，广州早在2000多年前就成为沟通东西方文明的古代“海上丝绸之路”的东方起点，近30多年来也一直位于改革开放的前沿阵地，市场化观念较强，也更注重与国际先进经营理念对接，对产品的创新需求更旺盛、创新竞争更激烈。因此，不少企业都成立了自己的设计部门或研发中心，有自己的产品设计师，以适应不断变化的市场需求。

5. 教育发达

广州是华南地区的教育中心，目前已经形成了结构合理的基础教育、职业教育、成人教育和高等教育体系，这为设计人才的培养提供了保障。而且，相对全国而言，广州的设计教育起步较早，设计机构较多，设计资源丰富，且重视产学研的合作培养。设计教育开展较早的广州美术学院、华南理工大学、广东轻工业职业技术学院等众多高校、职业院校均位于广州，让“近水楼台”的广州坐拥人才资源的天然优势。

（五）广州设计产业发展中存在的问题

1. 产业扶持政策有待完善

2011年，广州市颁布了《关于促进广州工业设计发展的实施意见》（穗经贸〔2011〕10号）。2012年，广东省出台了《关于促进我省设计产业发展的若干意见》（粤府办〔2012〕89号），但未见广州市有专门针对设计产业的政策指导文件和行业管理办法。广州现有的设计产业扶持政策也不够具体，更没有针对具体设计行业的培育实施意见，没有设计产业的知识产权保护法规，也缺乏有效的税收优惠、贷款融资和人才引进等激励机制。总之是没有对设计企业落户广州形成足够的吸引力。因此，整个行业还处在自发发展的状态，没有形成产业发展的整体合力，产业政策有待完善。

2. 产业发展环境亟待优化

一方面，广州设计产业高端人才匮乏。因为扶持政策不到位，缺乏有效的激励机制，广州本地培养的专业人才正不断流失到北京、深圳、上海等设计产业发展环境较好的中心城市。而且，原有的设计人才大多从事平面设计、广告设计，转行投入工业设计还缺乏相关经验。另一方面，广州设计产业市场不够规范。虽然成立了设计产业协会和工业设计行业协会等行业性服务组织，也做了大量工作，但这些组织还无力统一协调和指引整个行业发展，在规范行业有序发展和引导行业自律方面作用有限。此外，经历过金融危机冲击后的广州，虽然对设计创新有所觉醒，但还远没有形成持续设计创新的氛围。部分企业主对“设计承载创新、设计创造价值”等理念认知不够，或者虽有创新意识，但实际行动却不够，创新投入有限，没有真正尊重设计人才的劳动成果，不够重视企业的产品设计和品牌建设。金融危机的冲击过后，很多企业又回归了原有经营模式。

3. 自主设计创新能力不够

目前，广州中小型企业更注重短期效益，其产品设计大多停留在抄袭、模仿欧美和日韩的产品设计，或者购买国外核心设计后加以简单改造的阶段，缺乏深度的自主设计创新能力。即使有一些原创设计，也因为企业不重视知识产权保护或保护不够，而难以获得可持续的设计收益。模仿获益，原创无果，设计创新价值得不到应有体现，这些因素都严重阻碍了企业自主设计创新能力的培养，挫伤了本土设计产业创新发展的原动力和积极性。另外，设计是科技与文化的完美融合，需要跨学科的知识积累和再创造。而目前广州的设计教育在复合型设计人才培养方面还有欠缺，不能完全满足设计产业创新发展的需求。

三　广州设计产业的前景与展望

设计是现代产业发展的内生动力，是创新的载体，是衡量一个国家和地区竞争力的重要标志之一[①]。因此，设计产业的发展程度多少代表了城市的创新水平和竞争力。然而，从联合国教科文组织推出的项目——“全球创意城市”和“设计之都”名单上，我们却只找到了深圳、上海和北京，并没有中国设计的发源地——广州。可见，如今广州设计产业发展的传统优势已逐渐减弱，其未来发展充满了变数。此刻，广州唯有抓住机遇，保持优势，找准方向，应对挑战，才有可能建成广东省乃至全国、全世界的设计产业高地。

（一）广州设计产业面临的机遇与挑战

广州设计产业正面临发展机遇期。当前国家正在着力推行“自主创新”战略，设计作为创新的载体，受到了前所未有的重视。广东省正面临经济结构调整期，设计产业为“广东制造”向“广东创造”的进程搭建了桥梁，提供了一条实现制造业转型升级、服务业飞速发展的特色发展路径。从大环境的需求和国家政策导向而言，广州设计产业将迎来飞速发展的机遇期，受到政府和社会的高度关注，得到更多政策和资金支持。从目前的市场来看，随着广州人民生活品质的逐步提升，消费者对审美的要求也越来越高，由此带动了各类设计需求量的上升，从而彰显了设计产业的价值，推动了设计产业的快速发展。此外，从泛珠三角区域看，各个区域之间的合作与发展已历经十余年，早就形成了区域发展共同体，相互间有着千丝万缕的联系。泛珠三角合作框架的建立更加深了广州与周边省市地区的合作，拓宽了广州的发展腹地。合作不仅为投资和贸易、基础设施建设、产业发展带来巨大的空

① 广东省人民政府办公厅《关于促进我省设计产业发展的若干意见》（粤府办〔2012〕89号），第1页。

间，也为广州设计产业向周边拓展提供了难得的机遇。另外，国内外优秀设计机构纷纷进驻、广交会搭建设计专区、广州国际设计周的举办、世界室内设计大会移师广州等大型国际化活动不仅给广州设计业提供了重要的服务交易平台，也带来了更深层次的交流和学习机会，对提升广州设计产业的理念和国际化水平起到了重要作用。

除了发展机遇，当下广州设计产业也面临着来自国内外的双重挑战。近年来，国内各大城市如北京、上海、深圳等高举创新大旗，已逐步开始重视并加速发展其设计产业，并凭借给力的政策支持和优越的产业环境，吸引了大批设计专业高端人才。广州不再“一枝独秀”，传统优势所剩无几。而且，随着城市国际化程度扩大，国外设计力量也不断涌入，虽然有利于我们学习和引进其先进的设计理念和技术，但无形中也加剧了国内市场的竞争。广州本土的设计企业要想生存下来并做大做强将越来越难。因此，广州设计产业应牢牢抓住发展机遇和现有优势，勇于挑战和克服发展难题，坚持培育自主设计创新能力，扶持富含民族传统与本土特色的设计企业。只有这样，广州设计产业才能与时俱进，实现可持续发展。

（二）广州设计产业未来发展的方向

时代在变，广州设计处境和思维也在变。综观当前广州设计产业的发展历程和现状，结合其发展特点和优势，我们认为：广州设计的未来发展，应积极争取政府、社会和人民群众的更多支持，坚持可持续设计发展，关注现代设计与传统优势产业、传统文化的结合，关注人性化设计，关注设计教育；加强设计业知识产权保护和行业引导，鼓励企业重点开展品牌建设、投资金融、产业链整合、城际交流，以及设计师培训等。

具体而言，未来的广州设计产业有以下几个发展方向。

1. 加强与制造业等传统优势产业融合发展

设计虽然创造价值，但设计价值特别是商业价值的体现必须附加在某个行业的产品上面。经过多年来的积累，广州在文化创意设计方面已拥有许多优势资源。而且，文化创意设计业和制造业、服务业密切相关。因此，推动二者融合发展现实可行，不失为互利共生的“双赢”举措。

2. 坚持可持续设计发展

多年以前，可持续设计的话题就已经成为设计界人士关注的焦点之一。现今，随着社会发展过程中资源的不断消耗以及环境日益恶化，可持续设计将再度成为焦点。因为未来的设计将更多地进入人们生活并改变生活方式，我们相信在可持续设计的实践与探索中，巧妙的设计往往胜过高新技术的叠加应用。未来的广州设计产业应该坚持把设计创新与科技创新相结合，探究设计产业如何可持续发展，如何通过设计去实现产业的可持续发展，进而改善社会生活的环境。

3. 注重传统与现代的结合，体现民族特色

没有传承就没有创新；缺乏差异也难言特色。只有融入文化内涵的特色设计才能形成自己的品牌，赢得市场的青睐，最终实现可持续发展。因此，未来的广州设计应该更加重视结合国家、城市独特的传统文化，将现代设计与传统文化相融合，把握创新与守成之间的平衡，创造性地将中国本民族的设计审美风格注入现代生活当中，实现设计创新的民族化、人文化。

4. 坚持以用户为中心的设计

设计的价值某种程度上表现为用户的使用价值。真正好的设计需要能服务于社会大众，服务于生活，让社会生活更舒适和谐。也就是说，好的设计应该是人性化的、为生活服务的设计。好的设计既要关注表层的形式构成对人的心理产生的浅层次影响，也要关注对人的心理上的更深层次需求的满足。但目前设计产业的现状是，大多数设计欠缺对用户需求的用心关爱，很少以用户为中心进行设计。未来的广州设计产业应该把握住这个设计原则。

5. 着力培养复合型、专业化设计人才

人才是推动设计产业快速发展的关键。这些年广州设计产业的兴起和蓬勃发展正得益于广州设计教育提供的人才支撑。但时代在变，未来的广州设计产业需要既懂产业又懂设计还要懂科技、心理和美学等知识的复合型、专业化人才，因此教育也该与时俱进。加大公共教育投入，革新传统的教育教学思想、内容、方式，培养适应未来市场需求的高端人才应是广州设计教育

的发展方向。当前的广州设计教育仍旧以就业和经济价值为导向显然是不合时宜的，这在无形中将学生往实用主义的方向推得更远，与设计的精神背道而驰。

总之，如能着力培育企业的自主设计创新能力，不断培养和引进复合型、专业化的高端设计人才，坚持可持续的、以人为本的设计方向，实现现代与传统的融合，重视知识产权保护和国际化合作，广州设计产业的前景将一片光明。

B.11

杭州设计产业面临挑战及发展战略

瞿孝志*

摘　要：杭州市政府深入实施“工业兴市”战略，坚持“三转一争”和“确保继续走在全国城市前列”目标，大力发展设计产业。本文阐述了杭州设计产业的发展历程，剖析了其发展现状，分析了其前沿动态，并展望了其未来的发展方向和前景。本报告力求学科性、产业性、研究性、政策性和服务性等互动整合，从而探讨以杭州为代表的中国设计产业发展问题。

关键词：杭州　设计产业　现状　趋势

一　前言

党的十八大做出了实施创新驱动发展战略的重大部署，发展设计产业是贯彻落实这一国家战略的重要举措。中共中央政治局常委、国务院总理李克强同志指出：“鼓励设立工业设计企业和服务中心，发展研发设计交易市场。”新世纪以来，杭州一直将设计产业作为文化创意产业的重要部分，先后制定了三年行动计划，取得了较大的成绩。

设计产业是基于人类的创意及创造性活动，通过向设计对象提供概念创新、专业设计和设计管理等服务，从而在提升用户对产品使用价值、美学价

* 瞿孝志，浙江省城市治理研究中心副研究员。

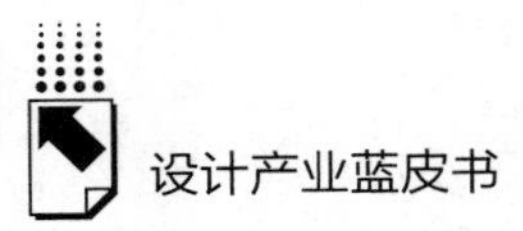

值和文化价值的满意度和认同度，改善人们的生产生活条件，提高公共活动组织水平的同时，创造财富和就业的新型产业。

目前，先进工业化国家的发展表现为现代生产性服务部门的增长，这一增长为提高国民生产总值和就业率都做出了巨大的贡献。有两个指标最值得关注：①GDP中服务业的增加值占到70%左右；②在服务业增加值中，生产性服务业占到70%左右。现代生产性服务业的发展，本质上源于社会进步、经济发展以及社会分工的专业化等需求，是人类更高层次生活需求的重要体现，是科学技术特别是信息技术对现代服务业发挥重要推动和保障作用的体现。现代生产性服务业必须依靠科学技术特别是信息技术的支撑才能得到长足的发展，信息化的设计研发方式又直接推动现代生产性服务业经营模式和管理模式的变化，从而间接推动和影响市场机制与政府管理方式的完善。同时，设计产业也是创意经济或创意产业的核心组成部分。创意产业在国际上逐渐兴起，已经并将继续成为现代产业发展中的一个亮点。它的发展有如万马奔腾，它创造的财富大大超过制造业，成为世界经济增长的主要动力。在全面建设小康社会的大环境下，在国际竞争日趋激烈的趋势影响下，发展设计产业将成为国内外众多中心城市继续抢夺经济制高点的撒手锏之一。

二　杭州设计产业发展现状

近几年，杭州市工业企业的数量持续增加且规模不断扩大，其中中小工业企业的研发设计中心数量不断增多，已逐渐成为杭州市推进科技创新及设计创新的主力军，为促进经济发展做出了很大贡献。

杭州设计产业发展起步于20世纪80年代，经过30余年的发展，目前杭州市的设计产业已经具有相当的规模。

1. 历经三个发展阶段，目前呈现边扩张边调整的发展态势

20世纪80年代：起步发展阶段。杭州是长三角重要的历史文化名城，是浙江省的政治、经济和文化中心，有国内外驰名的中国美术学院，是全国

重要的高新技术产业基地，相对其他城市而言，具有市场开放、区位优良、信息充分和基础设施完善、政策支持和产业支撑有力等综合优势，同时拥有对国内强大的吸引力和对周边较强的辐射力。凭借这些优势，杭州已成为国内最早引入现代设计理念、发展设计产业的地区之一。

20 世纪 90 年代：加速发展阶段。20 世纪 90 年代以后，为适应杭州制造业优化升级调整的需要，设计产业作为一种新生的产业力量迅速崛起，不同所有制类型、不同服务领域、不同规模的设计企业蓬勃发展，专业设计师队伍迅速壮大，并涌现了一批在国内具有较高知名度的设计企业。至 20 世纪末，初步形成了行业门类齐全、服务业态多样、具有相当规模的设计产业体系。

2000 年以来：调整提升阶段。2000 年以后，随着改革开放的深化发展，文化创意产业进一步兴起，杭州迅速缩小与国内其他中心城市的发展差距，设计产业呈现井喷式发展态势。杭州一跃成为全国文化创意中心，成为中国著名的设计之都。

2. 产业初具规模，发展潜力巨大

据调查，截止到 2013 年，杭州共有各类专业设计企业 2000 多家，从业人数约 50000 人，其中设计师约 3000 人。据测算，2013 年杭州设计产业创造的产值约 200 亿元，约占杭州地区生产总值的 3.5%。2013 年工业设计拉动工业总产值的增加额约为 1500 亿元，创造工业增加值约 800 亿元。随着杭州市三二一产业结构的形成，经济社会发展变得越来越得益于设计，设计产业在杭州经济社会中的地位越来越突出。

3. 行业门类齐全，不同类型的设计业态共同发展

目前杭州市已经初步形成了行业门类比较齐全的设计产业体系。不同类型的设计业态共同发展。从企业的存在形式来看，既有面向全社会提供设计服务的专业设计企业，也有主要为本企业服务的工业企业内部的设计部门，还有从事设计研究和服务的科研院所；从企业规模来看，既有小企业，也有大型专业设计企业；从所有制类型来看，民营设计企业、公有制设计企业和外商投资企业共同发展。

4. 竞争力国内领先，知名设计企业接连涌现

杭州的设计竞争力在国内处于比较领先的地位，不仅设计产业的规模较大，而且企业设计理念相对比较先进。在建筑设计领域，中国美术学院王澍教授曾获普利兹克建筑奖，是中国建筑设计师中第一人。在服装设计方面，杭州在全国率先制定了“中国女装设计师发现计划”，目前已经培养了50多名知名女装设计师，杭州的女装成为国内著名品牌。在动漫和视角传达设计方面，杭州的中南卡通公司在全国获奖无数。在园林设计方面，杭州城乡规划设计院等不断壮大。在广告方面，杭州拥有全国广告产业园。这些企业拥有规模较大的设计师队伍，较为先进的设计理念以及丰富的设计管理经验，设计能力和设计水平相对较高，成为推动杭州设计产业发展的中坚和主导力量。

三 杭州设计产业发展面临的主要问题

杭州设计产业取得了很大的成绩，但是也存在着不少问题。第一，行业处于自发发展状态。如社会对设计和设计产业的认识还没有清楚的定位，政府对产业发展也没有整体的规划和产业培育政策。第二，企业发展环境需求得不到有效满足。一方面，目前杭州市缺乏完善的人才激励机制、本地培养的高水平人才流失到其他大城市；另一方面，中介服务不足、缺乏行业自律以及知识产权观念较为淡薄，这使得整个价格体系比较混乱，进而使得创新价值没有得到合理的体现，设计质量不高。第三，缺乏原创设计动力，中小企业发展后劲有待加强。一方面，部分大企业缺乏设计专项投资，没有形成自主品牌设计战略；另一方面，很多中小工业企业仍停留在代工制造（OEM）类型等产业链的较低端，未能与设计产业充分融合，阻碍了杭州设计产业和自主品牌的先进制造业的相互提升。

四 杭州设计产业的发展展望

目前，杭州市委、市政府深入实施“工业兴市”战略，坚持“三转一

争”和“确保继续走在全国城市前列”目标。杭州设计产业仍然处于重要发展战略期，仍然大有作为。

（一）发展战略

1. 两轮驱动

积极把握设计的供应和需求关系，实行“两轮驱动”战略。一方面政府引导推广设计企业，另一方面培育和扶持设计企业。鼓励企业进一步重视设计，增加设计需求总量；同时扶持设计企业，提升设计企业的设计水平和综合竞争力。扩大微笑曲线的两端，两轮驱动是杭州设计产业健康发展的重要途径。

2. 空间集聚

在杭州全市范围内，规划建设若干个设计产业园区，通过集聚设计产业，为全市设计产业发展提供“新天地”和“新平台”。以市文创办和市经信委、市发改委牵头编制设计产业园区发展规划，加强园区服务设施建设，推动设计产业特色园区发展步伐，加快形成重点设计产业区域，进一步抓住杭州市大力发展文创产业园区的历史机遇。

3. 双向联动

倡导大型企业的设计部门，利用中小型企业的设计特色和设计人才，并联合科研院所和高校进行构建设计联盟或者专业设计研发机构，走一条“高、精、尖、专”路子。鼓励设计行业协会发挥作用，将大中小设计企业联合起来，共同开发设计新成果，加速设计成果的转化，实现资源共享、合作双赢的良好局面。

（二）发展举措

1. 奠定“四级品牌”战略的基石，确立“设计天堂”在长三角的核心地位

四级是指知名设计师/设计园区/设计企业/“设计天堂”企业品牌，设计专业化园区品牌，企业集聚化品牌，区域化区域品牌，个人品牌。

2. 明确三个重点，着重发展与二三产业结合度高的设计行业：工业设计业、建筑景观设计业及广告业等

根据杭州市“工业兴市”的战略目标和内容，结合杭州产业发展导向，确定杭州设计发展重点内容如下。

（1）工业设计业

工业设计行业主要依靠杭州蓬勃发展的工业产业，主要包括以下几个方面：一是机械及装备设计，依靠杭州正在推动的汽车工业和其他装备重点企业，积极发展汽车整车和零部件设计，机床设计、船舶设计、电梯设计等。二是电子通信产业设计，依托杭州特别是杭州高新区（滨江区）的龙头企业，发展手机等数码产品设计、安防设备设计、网络设备设计、电器设计等。三是以丝绸为代表的服装设计，依托杭派女装等产业特色，发展丝绸设计、服装特别是女装设计、床上用品设计、皮毛制品设计等。四是轻工业产品设计，主要包括食品、药品、饮料产品外包装设计、婴幼产品设计、旅游产品设计等。

（2）建筑景观设计业

杭州具有全国知名的大学和知名的房地产企业，要鼓励扶持浙江大学、浙江工业大学、浙江理工大学、中国美术学院、杭州电子科技大学等院校的学科优势，同时要借助绿城地产、滨江地产、广厦地产等杭州知名的房地产企业，推动建筑景观设计产业综合发展实力位居全国前列。

（3）广告业

依托省市传媒集团、华数集团和阿里巴巴等互联网巨鳄，借助先进的数字化技术，打造一批在全国具有更大影响力的广告业巨头，全面提升杭州广告业的形象。

3. 按照“1 +X”布局推动产业集聚区发展

“1”即重点发展一个核心设计产业园区，“X”即鼓励发展多个相关设计园区。核心产业园区以工业设计业为重点，集聚设计企业、提升设计环境，把杭州打造成为长三角乃至全国文创产业示范基地。

4. 组织大型活动

一是在杭州工业设计大奖赛的基础上，组织策划工业设计双年展，邀请发达国家企业参展，吸引北京、上海、广州和深圳等国内工业设计发达城市参展，吸引国内优秀企业参展。二是广告和建筑景观设计产业博览会。利用中国（杭州）文化创意产业博览会平台，推动杭州的广告企业、广告作品、广告设计明星和建筑景观设计企业、建筑景观设计作品、建筑景观设计师参展，将杭州的广告和建筑景观设计推向全国和全世界。

5. 参考北京、上海、广州、深圳等地的先进做法，搭建七大公共服务平台

在技术平台、人才平台、融资平台、信息平台、交流平台、商务平台和研究平台七个平台中，尤为重要的是信息平台和研究平台。

信息平台。依托杭州市文创办，建设一个杭州设计网站，办好一本杭州设计刊物、创建一个杭州设计微博，打造一个杭州设计微信公众号，从而收集、梳理、总结、提炼、拓宽国内外设计行业技术信息、市场信息和专业信息，营造全社会重视设计行业的良好氛围。

研究平台。杭州市文创办、杭州市统计局等相关政府机构要加强市场调研、企业走访、统计分析等工作，加强与高等院校合作，共同做好设计产业理论研究、设计产业规划、年度报告等成果，为杭州市及各级政府做好设计决策提供依据。

（三）保障措施

1. 加强规范引导，营造良好氛围

设计产业要有一个好的发展氛围，就必须有一个规范有序的市场环境。要推动杭州设计产业健康发展，就需要坚持政府、企业、市场、高校四者相结合，实现政府主导力、企业主体力、市场配置力、高校辅助力“四力合一”；坚持规范引导与发展相结合，先规范后发展，边规范边发展。

2. 培育特色企业，推动行业品牌发展

设计企业的特点在于特色，设计企业的生命在于特色，如果要发展好设计行业，就必须培育扶持有特色的设计企业，树立特色设计企业典型，以点带面，推动杭州设计行业品牌化。既要推动设计企业特色化，也要推动杭州设计企业品牌化，扩大杭州设计行业在全国的美誉度，增加杭州设计行业在全世界的知名度。

3. 加大宣传促销力度

制作杭州设计产业宣传片，在西博会、文博会、动漫节等大型活动集中报道，作为杭州设计行业的产品进行推介，打造杭州品质生活、品质工作、品质环境和品质企业的品牌形象。

4. 组建行业协会，推动行业自律

行业协会是沟通政府与企业之间的重要纽带，行业协会是政府与企业之间相互沟通的桥梁。要由杭州市文创办、市经信委、市发改委和市品牌促进会联合行业龙头企业创建杭州设计行业协会，组织相关企业研发、营销、宣传推广，共同打造健康的杭州设计行业。

5. 抢抓第三次工业革命机遇、鼓励设计产业国际化发展

根据国外专家的研究，当前我们已经进入了第三次工业革命，因此设计产业的发展要更好地运用高科技手段、更好地顺应国际化潮流，以国际化的理念推动杭州设计产业与文创产业、旅游产业、互联网产业更加紧密起来。杭州作为国际旅游城市，作为全国文化创意中心，拥有非常好的文创资源和文创企业，因此杭州要充分利用人才、信息、科技和环境优势，进一步做好文创经济，从而为设计行业的发展打下更为扎实的基础。同时，要抢抓国际化人才流动的大好机遇，吸引更多的人才到杭州创业、兴业和成业。

6. 建立科学的考核体系

杭州文创办要联合杭州市考评办、高校等科研机构、设计行业龙头共同制定科学的设计产业考核体系，明确各项考核目标和设计产业发展指数，科学量化设计产业对国民经济发展的贡献率。同时，及时准确掌握杭州设计产业各项指标的发展变化情况，及时调整工作重点和发展方向。杭州市有关部门要提出年度扶持方案、具体工作举措。在合适的时间，将设计产业发展目标纳入杭州市政府工作目标考核。杭州文创办要根据考核办法，对相关成员单位进行年度考核，奖励先进、鞭策后进，进一步科学推动杭州设计产业健康发展。

B.12

珠三角大型品牌制造企业设计竞争力研究

童慧明*

摘　要：与国外的苹果公司相比，珠三角大型品牌制造企业设计团队建设与研发力量整体不高，但多数企业已开启了适宜自身特点的设计模式探索，主要有品牌统一设计中心、事业部设计平台与松散式设计研发三种。三种模式不仅反映了这些企业当下的设计活动生态，也反映出企业经营理念中对工业设计价值与作用的认知差异。伴随着国家对制造业提出的"由'中国制造'向'中国创造'转型升级"的战略发展目标要求，"创新"无一例外成为珠三角大型制造企业面向未来发展的关键。

关键词：珠三角　大型品牌　制造业　设计竞争力

大型品牌制造企业，是指以自主品牌为载体（基本不从事代工或贴牌生产业务）、以珠三角为基地、主要从事商品制造与营销活动、年销售额逾百亿的大型制造企业。本研究选择当下珠三角大型品牌制造企业中最有代表性、并在中国制造业品牌中具有很高知名度与导向影响力的华为、广汽、美的、格力、中兴、TCL、格兰仕、德赛、创维、康佳共10家本土企业以及

---

* 童慧明，广州美术学院工业设计学院教授。

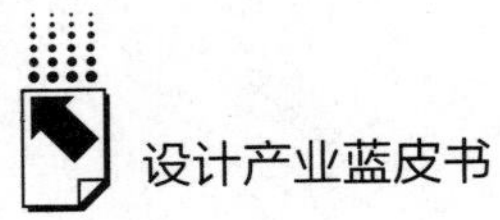

以中国台湾为总部、珠三角为主要基地的富士康作为范本与焦点，结合相应的问卷调研信息梳理，通过对这些品牌工业设计模式的共性与特性、导入时间、成长过程、当下状态、存在问题等各元素综合而成的创新竞争力加以分析（表1），对珠三角大型品牌制造企业工业设计创新的阶段特性给予评判，并对未来拓展的方向提出具有专业性的发展建议。

表1　珠江三角洲十大制造业品牌基本信息

排序	1	2	3	4	5
公司名称	华为技术股份有限公司	广州汽车集团	美的电器	格力电器	中兴通讯股份有限公司
创立时间	1987年	2000年	1980年	1991年	1985年
总部所在地	深圳	广州	佛山顺德	珠海	深圳
产业类别	电子信息	汽车制造	家用电器	家用电器	电子信息
公司人数	146000（2011年）	50000（2011年）	66497（2011年）	80000（2012年）	70000（2011年）
公司性质	民营科技	国有控股	民营控股	国有控股	深港上市
2011～2012年销售额(亿元)	2039.0（2011年）	1600.0（2011年）	1400.0（2011年）	1000.84（2012年）	862.54（2011年）
品牌名称	HUAWEI 华为	“GAC”等多品牌	MEDIA 美的	GREE 格力	ZTE 中兴
品牌市值(亿元)	未上市	565(港元)（2010年）	611.22（2011年）	114.0（2012年）	667.38（2011年）
研发人员数	62000	1000	3735	5000	26000
研发人员占比(%)	44	2	5.6	6.25	37
2011～2012年研发投入(百万元)	23696.0（2011年）	6000.0（2011年）	2000.0（五年平均值）	3000.0（2011年）	8000.0（2011年）
研发占比(%)	11.6	3.75	1.43	3	10
排序	6	7	8	9	10
公司名称	TCL集团股份有限公司	格兰仕集团	创维集团有限公司	德赛集团	康佳集团
创立时间	1981年	1978年	1988年	1983年	1980年
总部所在地	惠州市	佛山顺德	深圳	深圳	深圳
产业类别	消费电子	家用电器	消费电子	电子信息	消费电子
公司人数	60000（2011年）	50000（2011年）	30000（2012年）	20000（2012年）	19724（2012年）

续表

排序	6	7	8	9	10
公司性质	国有控股	民营企业	民营控股	民营控股	国有控股
2011～2012年销售额(亿元)	696.29（2012年）	300.0（2009年）	281.37(港元)（2011年）	224.63（2011年）	171.0（2010年）
品牌名称	TCL\Thomson\Alcatel	Glanz 格兰仕	Skyworth 创维	DESEY 德赛	KONKA 康佳
品牌市值(亿元)	583.26（2011年）	未上市	352.95（2012年）	51.03（2012年）	150.0（2012年）
研发人员数	4000	—	3200	2600	1115
研发人员占比(%)	6.7	—	9	13	5.78
2011～2012年研发投入(百万元)	1960.0（2006年）	1500.0（2009年）	1168.0（2011年）	1347.0（2011年）	1368.0（2011年）
研发占比(%)	2	5	5	6	8

一　企业基本状况

作为当下珠三角大型制造业商务模式的典型代表，富士康集团在全球制造产业链中所处的地位、研发能力与工业设计模式具有典型意义。

富士康科技集团属于电子信息类高新科技企业，专业从事计算机、通信、消费电子等3C产品研发制造，并在科技研发中广泛涉足汽车零部件、数字内容、云计算服务以及新能源、新材料的开发应用。据富士康官方发布的数据，该集团2011年进出口总额达2147亿美元，占中国大陆进出口总额的5.9%，在遍布中国大陆的31个研发与生产基地中拥有71万名员工，成为全球“巨无霸”制造企业中具有强大影响力的一员。

自1996年在深圳龙华科技园开建以来，富士康在16年中实现了跨越式增长，净出口销售额由2004年突破百亿美元快速成长为2011年的1117亿美元，在《财富》全球500强中的排名由2005年的第371位快速跃升至2012年的第43位。

尽管富士康2011年的出口总额达到另外10家本土大型品牌制造企

业的销售额总和（约8530亿元）的85%，甚至其科技研发、创新设计的综合能力也很强大，但由其在全球制造产业链中所处的地位来看，充分反映了当下珠三角制造业的基本特点：强科研制造，弱品牌运营。

从富士康与世界著名品牌——苹果公司——的经营数据比较中（表2）更足以证明此特点。由2011年的销售数据可知，富士康为1117亿美元，列世界500强第47位；而苹果公司则为652亿美元，列第111位。单从销售收入与500强排名看，似乎富士康强于苹果，但从品牌价值来看，2012年8月公布的苹果公司市值为6235亿美元，约为39000多亿元，而在2013年1月中旬发布的“第七届中华电子品牌价值榜”上，富士康品牌价值为人民币725.97亿元（折合115.23亿美元），苹果是富士康的54倍！苹果的品牌市值与销售额比率为879.65%，富士康仅为9.56%。

表2　苹果与富士康经营数据比较

比较参数		FOXCONN
2011年营业额(亿美元)	652.00	1117.00
2011年世界500强	111	47
2012年品牌市值(亿美元)	6235.00	115.23(725.97亿元)
2012年员工总数(万)	7.28	71.00
人均创造价值(万美元)	90.08	15.73
人均品牌价值(万美元)	861.40	1.62

富士康之所以引起世界的广泛注意，更重要的因素还在于，其充当苹果公司系列产品主要代工制造商的角色。亚洲开发银行的报告显示，一个iPhone 3G的出口价值大约为179美元，而在市场发售时的裸机价格为499～599美元。其中由来自日本、韩国、德国和美国的9家大公司提供的主要零部件与富士康公司在中国的流水线上组装成最终单位产品成本总计约为172.5美元，富士康获得的加工收入大约为6.5美元。也就是说，富士康在iPhone 3G生产链中所获得的价值增值只占其出口价格的3.6%左右、市场零售价的1.1%～1.3%，苹果公司的收入为320～420美元，为市场零售价

的64.1%～70.1%。苹果的收入是富士康的60多倍！与品牌价值的倍率接近！

而在所有苹果产品背面均印有“加州设计，中国制造”字样，更加定位了中国制造业在全球视野范围内“代工者”的形象。因此，科技含量低、品牌价值低、利润率低，处于制造产业链价值的低端，不仅是富士康的特点，也是作为世界第二大经济体和世界工厂的中国制造业整体发展落后、利润微薄，仅能赚取低廉的加工费的真实写照。

从品牌属性看，富士康并非普通消费者理解的、直接在终端市场营销的品牌，而是一个以提供高水准专业化制造服务为主业的服务商品牌，体量规模大、劳工队伍大、销售额大、利润率低的“三大一低”为其整体面貌。

相比之下，华为等创立于本土的10个大型品牌制造企业，因不同程度地以自主品牌在终端消费市场营销，则在整体品牌价值含量上强于富士康。因为由它们的“品牌市值与年度销售额比率”（表3）来看，最高的是创维（151.13%），最低的是德赛（22.71%），均高于富士康。而这个比值数据也表明了这样的市场规律。

表3　珠江三角洲十大本土品牌制造企业品牌市值与销售额比率一览

排序	1	2	3	4	5
公司名称	华为股份	广汽集团	美的电器	格力电器	中兴通讯
2011～2012年销售额(亿元)	2039.0（2011年）	1600.0（2011年）	1400.0（2011年）	1000.84（2012年）	862.54（2011年）
品牌市值（亿元）	588.84（2012年）	未上市	352.95（2012年）	51.03（2012年）	150.0（2012年）
品牌市值与销售额比率(%)	36.47	30.02	45.92	43.21	77.37
排序	6	7	8	9	10
公司名称	TCL集团	格兰仕集团	创维集团	德赛集团	康佳集团
2011～2012年销售额(亿元)	696.29（2012年）	300.0（2009年）	233.54（2011年）	224.63（2011年）	171.0（2010年）

续表

排序	6	7	8	9	10
品牌市值（亿元）	743.56（2012年）	480.25（2010年）	642.89（2012年）	432.42（2012年）	667.38（2011年）
品牌市值与销售额比率（%）	84.57	—	151.13	22.71	87.72

结论：①制造业是否以自主品牌为销售终端产品决定品牌市值大小；

②制造业品牌市值的高低与是否制造消费品有正比关系，所制造产品中消费品比例越高，其品牌比值越高；③消费电子高于家用电器。

这10个品牌中八成创建于20世纪80年代中期前后，完整经历了珠三角制造业30年来由来样加工、订单制造、自主创新至品牌运营的发展过程，其中六成为民营企业，四成为国营控股企业，说明珠三角制造业的市场化程度已经非常高。

它们中的半数集中在深圳，1个在惠州，且皆为电子信息与消费电子产业，说明东部珠三角“深莞惠”具有科技含量高、创新迫切度高的产业特点。另外4个品牌分布于广州、佛山与珠海，其中3个为家用电器产业、1个为汽车制造，既说明了西部珠三角以家用电器制造为龙头的当下产业特性，又预示着汽车产业将向该区域汇聚的新趋势。

企业研发人员数量占员工总数的比例，既可说明不同产业重视科技研发程度的高低，也可透露出不同企业在如何管理与控制自主研发与订单制造之间关系、及以创新引领企业发展所处阶段的状态。在此问题上，华为科技以44%位列第一，中兴通讯以37%紧随其后，这说明两家企业虽然目前在品牌价值与销售额比率上排名不高（分别为36.47%与77.37%），但因其科研团队的强大基础，在未来发展战略中加大电子信息消费品制造的比例并以自主品牌行销全球，必将有快速提升。广汽集团在此排名中位列最后，印证了其自主品牌启动不久、研发力量尚在建设中、整体销售业绩依赖制造合资品牌产品的现状。

二　设计团队建设与研发模式

珠三角大型品牌制造企业百分之百建设有自主创新研发平台，并根据企业对设计创新认识的程度、工作定位的不同而建设有不同规模的专业化工业设计师团队，隶属于集团创建的研究院、技术中心等研发平台或品牌集团的各事业部。

尽管1993年中兴通讯就已经在技术部门内聘请了专责产品造型设计的设计人员，但作为珠三角制造企业开启建设专业化自主工业设计团队的标志性事件，则是美的集团于1995年创办了“美的工业设计公司”。这个投资1500万元创建的工业设计创新平台，不仅需要完成集团内各事业部门的设计研发任务，也可承接外部企业的设计委托项目，从运营与管理模式上已经与国际大企业工业设计平台（如BMW、西门子、保时捷等）的模式相似。

在20世纪90年代后期至21世纪初，珠三角大型品牌制造企业先后迈出了由纯粹制造或按订单随附的设计文件制造转向尝试自主设计的步伐。鉴于这个时期自主科技创新能力不足，而且对“工业设计”内涵的理解尚处于浅层，所以基本是以“外观设计”——纯粹外观造型的狭隘角度进行设计，在不少企业将这种工作定义为“美工设计”，意味着是产品表面形态、色彩与装饰的“美化”工作。因此，多数情况下，这一岗位被置于“开发部”内、由工程师主导的新产品研发流程中的从属性工作，是在完成新产品技术与零组件构造设计的工作后为其“穿衣戴帽”的性质。

美的工业设计公司至21世纪初已具近百人的规模，但其超前的、与国际接轨的管理模式遭遇了集团内部对其“自负盈亏”——作为集团管理下独立核算的经营体“必须盈利”的压力。而在考核工业设计部门的绩效上，并未将其设计成果被转化为集团内其他事业部投产后创造的收益纳入进行综合评估，而是单纯考察其“设计费”的收益且又规定该公司为集团内其他事业部提供设计服务时必须“低价”，致使这一机构运营日益艰辛，最后被集团内的微波炉公司收至麾下，由当初集团直属、可为各事业部提供设计创新服务的机构降级为事业部下子公司内部的研发机构。虽然其维持经营有了保障，却失去了可统筹品牌下设计创新事务的机能。

“事业部制”，是当下珠三角乃至中国大型品牌制造企业主要的组织架构与商务管理模式。

形成事业部架构的主要原因是这些大型企业在成长过程中，由起步初期专注于某一产业的某类商品扩展到多种类商品甚至于多产业的经营，目的一为规避单一产业因市场突变而形成的风险，二为通过跨入盈利率更高的商品或产业的制造与经营以获得更大回报。用业界通行的说法来表述，就是“不把鸡蛋放在同一个篮子里”。而且，通过把不同种类、不同产业的经营权交由不同的事业部并下放充分的自主权给予管理团队，可以激发创业热情与动力，不仅事业部快速成长，集团的整体经济收益也会同步增长。

观察华为等企业的发展轨迹，除格力等极少数企业坚守初衷、始终致力于把某一类商品（如空调）做大做强之外，绝大多数都具有这样的共性特征。如TCL起步于电话机制造，后以电视机制造形成品牌优势，现已全面拓展至冰箱、空调、洗衣机等白色电器领域；美的起步于电风扇、电饭锅等小家电制造，后扩展至微波炉、饮水机等全线小家电，再后扩展至空调、冰箱、洗衣机等全部白色电器，现在甚至已进入房地产业……

从充分市场化机制下的企业发展来看，事业部制是无可厚非的经营战略，过去十年来也的确推进了这些企业总体营业额的快速增长。但从创新研发角度看，由于伴随事业部制形成而把工业设计创新机能也同步分解至各事业部下、并依各管理团队对其价值判断的差异而置于不同的管理架构中，则令这些企业的工业设计创新活动各行其是、各组团队，呈现相对较为混乱的状态，其直接的影响是各事业部工业设计水平参差不齐，导致同一品牌的产品设计形象模糊不清，无法形成品牌统一、鲜明的产品设计风格，去掉LOGO（商标），消费者无法辨识品牌。在这样的管理模式下，工业设计创新对品牌价值的提升拉动效应被大大削弱。

从工业设计团队建设与管理模式来分析，珠三角大型品牌制造企业基本可分为三种模式。

1. 品牌统一设计中心

由集团直接管理、可完整贯彻落实品牌经营理念与核心价值观并可输出具有统一设计风格产品的设计平台。这也是最接近国际先进工业设计创新管理理念的模式。广汽集团研究院创立的“概念与造型设计中心”、格力集团创立不久的“工业设计中心”、美的集团于2013年2月创立的“美的工业设计中心”均属于此类，尽管其与技术研发的关系尚未成熟至可以主导的地位，但因其直属最高管理层直接领导且是唯一的整合集团全部工业设计资源的机构，其创新设计成果对品牌形象具有主要的影响力，使其将来成为规划建设品牌的核心力量具备了更大的成长空间

2. 事业部设计平台

品牌下某一事业部已形成了强势的工业设计部、设计中心架构，其所有的工业设计创新活动仅服务于该事业部的产品创新工作，不涉足其他事业部。如TCL专设于法国并仅服务于电视机事业部的“全球工业设计中心”、创维集团“创新设计中心”、中兴集团手机事业部下的“中兴手机设计中心”、华为集团手机事业部拟建设的设计中心等均属于此类。这类平台对事业部的创新设计工作有重大贡献，基本承担了相应事业部90%以上的设计研发工作，但对品牌的影响力却远落后于上一类。

3. 松散式设计研发

由于集团、事业部管理理念中，工业设计创新是重要的竞争力因素且对品牌建设具有重大影响力尚未被认知，故未有统一、明确的工业设计发展策略与组织，放手由事业部下各产品研发部门、市场部门根据拓展的需要建立不同规模的设计团队，创新研发基本以产品层面的技术为先导，工业设计为辅助，且多数为解决满足当下市场竞争急需的“短、平、快”特征的设计任务所需。格兰仕、康佳、德赛基本属于这种类型。

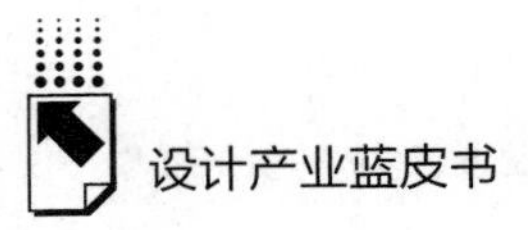

三 设计认知

由上述分析可看出，三种不同模式不仅反映了这些企业当下的设计活动生态，也反映出企业经营理念中对工业设计价值与作用的认知差异。

总体来看，伴随国家对制造业提出的“由‘中国制造’向‘中国创造’转型升级”战略发展目标要求，“创新”无一例外已成为珠三角大型制造企业面向未来的发展关键词。但对于“创新”的解读，却各有差异。尤其是从这些企业决策者对与创新设计密切相关的一些观点中，可洞察今后这些企业工业设计发展的趋势与空间。

1. 创新目标向“改变生活方式”转移

在过去十年的持续发展中，许多珠三角大型品牌制造企业在生产规模、技术研发投入、专利技术的领先性等方面已位居世界前列，甚至成为行业领导性企业（如格力、美的等）。过去那种“追随”式的研发策略已不适用，导致这些以“科技研发”为先导的模式必须设定新的战略目标。于是，创造并改变生活方式，成为这些以“创新驱动”为理念的企业提出的新思维，并显示出创新设计作为未来企业战略新高地的可能性。

格力电器集团董事长董明珠强调技术研发要有突破性和创造性，并关注到消费者购买空调产品已经从追求单一的“节能性”向提升生活品质的“舒适性”转变，因而要求格力空调必须做到“你的产品要能给别人带来一种新的感受，甚至改变他的生活方式”，为消费者提供一个从未有过的、全新的生活方式。她还特别提醒各位股东注意产品外观设计上的新变化——“我们的产品不仅注重质量，也注重美观”。而早在她上任之初即对研发部门提出了三点要求：①技术研发思路一定要清晰；②产品开发概念一定要新颖，必须要有灵魂和内涵；③产品设计一定要坚持原创的、完美的、独一无二的设计。

因此，格力在技术研发投入上不设上限，需要多少投入多少，令其成为中国空调业研发投入费用最高的企业。据统计，仅 2011 年，格力电器在技术研发上的投入就超过30亿元，是中国空调行业中拥有专利技术最多的企业，也是唯一不受制于外国技术的企业。

如何创造并改变生活方式？首先必须研究消费者使用产品的行为，发现潜在的需求与创新的空间。于是，华为的创新研发中心设立了专门的消费行为研究部门，有计划地展开以手机等重点产品的区域性、不同人群的消费者研究，并发布研究报告，作为创新研发设立任务指标的指引，引导研发部门逐步由以技术创新为中心向以用户需求为中心的创新思维转移。

2. 注重前瞻性研发

将收入的3%投入研发，已成为今日美的集团各事业部考核的硬指标。至2012年10月，美的集团已连续十七年举办“科技月”系列活动，并在过去8年来将工业设计作为其中的重要评奖活动。2012年以“创新、精益、品质”为主题，奖励总额首次突破2000万元，创历届新高，重点加大对前瞻性研究项目的激励，并通过奖励结构的调整，引导美的技术发展方向，助推集团长久健康发展。

正是对前瞻性创新项目研发的注重，令美的凡帝罗625L超大三开门冰箱在2012年11月获得了德国“IF Product design award”2013年度产品设计大奖，录入2013年IF设计年鉴。在微波炉领域，2012年4月，美的微波炉一次性推出包括半导体微波炉、云技术微波炉、太阳能微波炉等多种面向未来的突破性创新产品。半导体微波炉的出现，将彻底改变微波炉的加热方式，被业内专家认为将在未来5~10年引领全球厨房新潮流。

值得一提的是，美的集团近年来在工业设计创新领域的推进，离不开创新设计基础研究方面的构建。隶属于集团中央研究院的已创建两年的“用户研究实验室”与2013年3月末开始运营的“材料图书馆”，均是与国际设计研究前沿接轨的科研机构，夯实了今后美的工业设计发展的坚实基础。

3. 创新设计国际化

过去五年来，努力塑造创新设计的国际化形象，已成为珠三角大型品牌制造企业的一致行动，体现出企业管理层提升设计水平的迫切愿望。这种行动体现为两个层面。

第一，打造国际化工业设计团队是最重要的基础层面。美的集团高薪聘请原在韩国 LG 设计中心担任重要部门负责人的资深韩国设计师担任工业设计中心总监，并在该中心以及事业部各设计部门聘用了十多位来自韩国、日本的设计师。TCL 的全球工业设计中心则直接在法国巴黎组建了一只皆为欧洲设计师组成的名为“倜傥设计公司”的团队，专注于研发具原创价值的新概念电视机。广汽研究院“概念与造型设计中心”则在创立仅 5 年的研发过程中，前期完全聘用意大利设计团队主持自主品牌“传祺”车型的研发，中期聘用美国设计师担任总监，近期聘任曾在德国奔驰汽车设计中心工作多年的中国设计师回国担任造型总师。华为手机设计部门的总监也是曾担任德国西门子公司概念产品研发的负责人，过去两年中，该部门快速扩展为拥有近 300 名员工，散布于中国大陆、美国、日本和欧洲的“非常开放、国际化的组织，有许多外国设计师，也有许多本地设计师。”

第二，参评国内外著名设计奖项，是体现这种创新设计国际化策略、彰显设计成果并获得国际市场认可的重要途径。除前述美的凡帝罗冰箱获得 IF 设计大奖外，TCL、中兴、华为、康佳、创维近年来已陆续有产品在德国的 IF、红点，美国的 IDSA 与日本的 G-MARK 以及中国创新设计红星奖等世界主要的国际性工业设计权威评奖中获奖。

四　品牌与设计竞争力

根据国际工业设计发展的规律，制造型企业发展创新设计必经如下四个阶段（OEM－ODM－OBM－OSM）。

第一阶段：“无设计”阶段，企业只关注完成生产订单，没有研发部门，更无创新设计需求，呈现为典型的 OEM（原设备制造）模式，企业运营以纯粹制造为核心。

第二阶段：“有设计”阶段，出于市场竞争需要，企业开始建立研发部门，聘用设计师，将工业设计作为技术研发的辅助手段，自主设计具一定竞争力的产品，呈现为 ODM（原设计制造）模式，企业运营以市场营销为核心。

第三阶段："好设计"阶段，出于品牌建设与提升整体竞争力需要，企业开始统筹组建具有一定规模的研发设计中心，设计师团队国际化，通过研发原创性的、并能获得国际一流设计奖项的优质产品塑造品牌形象，创新设计被提升至技术研发同等地位对待，呈现为 OBM（原品牌制造）模式，企业运营以产品质量为核心。

第四阶段："高设计"阶段，出于打造领导型品牌需要，将创新设计战略作为品牌战略的重要核心部分，品牌的统一设计中心（CDC）由世界一流设计师团队组成，并呈现为全球网络布局，创新设计成为引导研发的驱动力，通过主动研究消费者需求获得的全新概念产品经技术部门孵化、完善后推向市场，成为引领市场潮流者，品牌获得大量的、由"粉丝"组成的忠实消费者群，呈现为 OSM（原战略制造）模式，企业运营以品味时尚为核心。

由上述四阶段规律来观察，会发现类似于苹果、三星、宝马、奥迪这些世界著名品牌已处于以 OSM 为特点的"高设计"阶段，并成为行业内产品标准、消费趋势的引领者。而珠三角大型品牌制造企业基本处于以 OBM 为特点的"好设计"阶段，虽然对工业设计价值的认识已有较大幅度提高，但在企业创新活动中，基本仍处于技术先导模式。在这些企业的管理理念中，我们已看到由 21 世纪初普遍把市场营销作为驱动力转移至以"创新"为前提、技术为主体的提升品质作为驱动力。

正如 TCL 集团总裁李东升先生近期发表的未来三年 TCL 发展总体战略思路中对创新所表述的："'持续创新'，就是要以技术、流程和文化的变革突破，将企业的经营管理水平提升到国际化要求的新高度。"

格力电器集团的发展战略则是"打造精品企业、制造精品产品、创立精品品牌"，其"最终梦想"是要通过技术创新，让空调变得越来越简单。

格兰仕集团虽然把 2011 年作为"系统创新元年"，并把打造"全球微波炉制造中心""全球空调制造中心""全球小家电制造中心"三大制造基地作为经营战略目标，也提出了推动"中国制造"走向"中国智造"，推动中国家电形象由“物美价廉”向“科技时尚”转变的品牌发展目标，但在具体实施策略上仍旧把通过技术研发来“生产经营高品质、高端产品”作为主要路径，尚未真正意识到：技术研发与品质虽是重要的条件，但创新设计才是令产品转化为“科技时尚”的催化剂。

因此，对“创新”与设计的认识，这些企业普遍将其置于“创造好产品”、作为市场竞争重要工具的层面，尚未真正提升至企业发展战略的核心位置。而在创新设计与品牌建设之间关系的认识上，也基本停留在相对狭窄的视觉形象方面，将“品牌”理解为以商标（LOGO）为核心因素的视觉传达系统（VIS）的应用，并未认识到把创新设计作为整合创新战略、统筹包括产品设计系统、VIS 系统、广告与包装设计系统、售卖传播设计系统、店面展示设计系统、服务设计系统等所有设计媒介，打造价值观清晰、形象高度统一的品牌形象，最终使品牌价值最大化的核心战略意义。

五　大型企业设计竞争力模式

这些大型制造企业根据自身定位的不同，也逐渐形成了各具特色的研发体系。在这些体系中，工业设计发挥的影响力也各不相同。最具典型性并被企业肯定具有竞争力的有如下三种。

1. TCL 模式——“三力一系统”

“设计力、营销力、体验力与消费者洞察系统”。要求在由工业研究院、技术中心以及下属各产业 15 个研发中心以及集团在中国、美国、法国、新加坡等国家设有的研发总部和十几个研发分部构成的集团技术创新体系中全面建立完善的贴近消费者的洞察系统，并将此贯穿于企业活动的整体流程中，形成以产品力、营销力、体验力为核心的 TCL 品牌驱动力。

“设计力”，以创新、时尚、易用为原点，关注 TCL 的产品设计、品质、功能等方面带给消费者的体验，视创新体验为产品之本，视品质为产品根基。

“营销力”，以消费者体验满意度为导向展开营销活动，强调专业、精准、注重承诺。

“体验力”，从消费者体验出发，带给用户更真诚主动、细致入微的全程体验；在售前售中售后环节，不间断地为消费者提供主动、细致、贴心、增值的服务体验，并将这种体验力作为TCL为消费者提供更好服务和增值的目的与动力。

“贴近消费者的洞察系统”，关注体验，洞悉人性，察觉需求，一切从体验出发，以带给消费者愉悦体验为核心，没有体验不谈产品，没有体验不谈服务。

由上述表述中可发现，该“三力一系统”的核心关键词为“消费者体验”。

2. 富士康模式——“两地－三区－全球”

富士康模式为一种最大程度发挥OEM、ODM整合优势，服务于大规模制造服务的模式。其具体特点如下。

“两地研发”（Time to market），以大中华区与美国为两大重要战略支点，组建研发团队和研究开发实验室，掌握科技脉动，配合集团产品发展策略和全球重要策略客户产品发展所需，进行新产品研发，创造全球市场新增长点。

“三区设计制造”（Time to volume），以中国大陆为中心，亚美欧三大洲至少设立两大制造基地，结合产品导入、设计制样、工程服务和大规模高效率、低成本、高品质的垂直整合制造优势，提供给客户最具竞争力的科技产品。

“全球组装交货”（Time to money），在全球范围内进行组装，保证“适品、适时、适质、适量”地把货物交到客户指定地点。为此，配合客户所需进行全球性物流布局与路径构建，以达成“要货有货，不要货时零库存”的目标。

3. 华为模式——“联合创新中心”

与领先运营商合作成立34个联合创新中心，并在德国、瑞典、英国、法国、意大利、俄罗斯、印度及中国等地设立了23个研究所，把领先技术转化为客户的竞争优势和商业成功。在华为模式中，并未像前两类那样将工业设计作为一个重要因素特别提及，而是将其融入各个创新研发团队。

上述三种模式分别代表了以消费体验为核心、以大规模制造为核心和以技术创新为核心的典型模式，是珠三角大型制造业生态的真实反映。

但用发展趋势来观察，“富士康模式”虽也具备实施创新设计的科研实力并对大量处于转型升级起步阶段的、具生产制造规模的 OEM 性质企业具有示范意义，但从根本上提升广东制造的品牌价值方面不具有先进性。“华为模式”所呈现的是 2012 年前的创新思路与组织架构，是一种“技术先导”的模式，伴随华为集团向“消费者领域延伸”的战略转型，该模式也必然会出现较大调整。而“TCL 模式”将创新设计、市场营销、用户体验与消费者洞察融为一体，并把创新、时尚、易用作为原点的模式，才是真正具有可持续性、并可有效实现转型升级战略目标的最佳模式。这种模式，也是目前广汽、美的、格力、创维等企业努力去实现的模式。

六　大型企业设计竞争力发展特点

珠江三角洲地区的大型制造企业在过去 30 年的发展过程中，完整经历了由单纯制造的 OEM 至复合以自主研发的 ODM、再进化至品牌导向的 OBM 三个大的阶段，在进入 21 世纪第二个十年之后，创新设计竞争力逐步呈现出强劲成长的新势头与发展特点，主要表现在以下五个方面。

1. 全产业链平台完备

与当代欧美诸多注重创新设计的著名品牌将创新研发与品牌营销作为核心、把商品制造外包而形成的“哑铃模式”不同，这些珠三角大型企业均已构建包括创新研发、商品制造与品牌营销三大部分在内的完备产业链，并在制造环节构建了包括自有生产基地与外协合作“卫星”工厂在内的稳固生产供应链，生产设备、生产管理、品质控制等硬件都已具备成为世界一流品牌的条件，并为任何创新设计成果投入生产与市场提供有力保障。

2. 研发投入快速增长

研发投入占销售额的百分比不断提高，科技研发人员队伍增长速度超越生产规模的扩张速度，令大型企业在采购世界最先进的研发设计软、硬件设备构建一流的高度系统化、集成化研发平台方面拥有中小型企业、专业设计公司所无法比拟的优势条件，因而具备了在更广泛视野内拓展原创设计产品的坚实基础。

3. 原创设计比例加大

充足的研发经费与持续展开的核心技术研究，在掌握大量自主知识产权的同时，也为基于用户研究、消费体验研究而展开的原创型产品设计提供了广阔的空间，令今后这些企业推出“突破性”产品的机率大大提升，并彻底改变中国制造的国际形象。

4. 国际创新视野拓宽

在经历了将设计项目外包给国际设计机构、招聘外籍设计师加盟、创建国际化设计团队几个发展阶段后，大型企业依据国际设计合作的行业准则展开合作的能力与水平已大大提升，国际化视野明显拓宽，具备了成长为创新设计驱动型企业与领导型品牌的主要条件。

5. 设计管理意识增强

企业高层管理人员对创新设计价值以及对品牌成长影响力认识的提升，推进了将创新设计提升至企业发展战略层加以规划与管理的意识增强，将成为这些企业设计竞争力发生质变、呈现跨越式成长的推动力。

所有这些设计竞争力的特点最终将融合、转化为品牌价值的稳步提升，令这些企业在不远的将来成为实现“由‘中国制造’转向‘中国创造’”战略目标的主要践行者成为可能。

七　工业设计拓展规划

在面向未来的发展规划中，珠三角大型品牌制造企业均在如何通过强化创新设计的软实力，提升企业竞争力与品牌价值方面有着明确的战略部署与实施计划，并呈现各自的重点与特色。

广汽集团始终用“向高目标挑战”作为坚持自主创新品牌“创新求变”

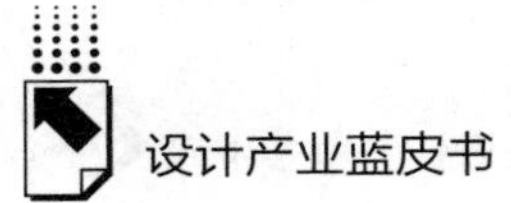

价值观、不断自我否定、自我完善、自我发展的驱动力。伴随由设计中心主持、国内外团队合作研发的“传祺”于2008年成功上市、完全由自主设计团队研发的SUV车型“传祺GS5”于2012年3月下线，每年推出至少一款自主品牌产品已成为集团为设计中心提出的研发硬指标，而该中心也已成为广汽研究院“创新”的代名词，并被公认为中国自主品牌高起点、高水平的工业设计团队。

伴随2012年9月广汽研究院化龙基地的正式启用，一个占地上万平方米，装备有五轴加工平台、快速铣削/扫描/测量一体化油泥模型平台、3D立体VR虚拟现实实验室、油泥模型室、多光源模拟实验室、色彩研究室、设计资料室等世界一流的设计软硬件条件与环境，可实现项目管理、产品前期研究、整车外造型、内造型、色彩与面料、交互设计、数字化曲面、可视化（虚拟现实VR）、1∶1油泥模型制作等概念新车全流程设计研发的现代化设计中心已经落成，其工业设计师团队也将由目前的40余人扩展至“十二五”末的120余人，实现跨越式成长，在打造广汽自主品牌形象、市场定位和用户研究等方面发挥更大的战略性影响。

华为集团制定了“从电信运营商网络向企业业务、消费者领域延伸，给世界带来高效、绿色、创新的信息化应用和体验”的战略转型方向，并把“丰富人们的沟通和生活”作为品牌愿景，将战略重点转向高端智能手机和平板电脑，并把在“未来5年进入全球智能手机前三强”作为明确目标，加大一系列中、高端智能手机创新设计研发的力度与速度，扩大产品组合，满足不同消费者、不同市场的需求，获得更大的市场份额。因此，打造一个“直接面对消费者的品牌，实现高质量的增长”，成为华为今后将发生重要转变的驱动力，扩大工业设计师队伍成为今后华为进一步强化研发能力的重点。

美的集团于2011年做出战略转型的果断决定：从注重增长数量向注重增长质量转型、从低附加值向高附加值转型、从粗放式管理向精细管理转型。在技术研发方面，通过部署和建设“研发一代、储备一代、生产一代”的三级研发体系，进一步促进前瞻性理念；根据市场和消费新需求，适时推出创新产品与高端产品，为更高层次的企业竞争奠定基础。

为实现战略转型，美的集团在2011年11月实施了大规模裁员，生产人员从92650人减至60333人，同比减少35%。而制冷事业部布局于各地的60多家销售公司裁员幅度达40%以上，总部裁员高达50%。但集团的科技研发人员则增加了519人，从3216人增至3735人，同比增加16%，说明美的在产品开发的资金和人员投入上大大加强。

需要特别一提的是，美的在构建与创新设计密切相关的基础平台上已展开了具有前瞻性的布局，2011年即在美的中央研究院内设立了用户体验实验室，供各事业部工业设计团队观察消费者使用行为、测试新产品可用性与易用性设计质量，对提升产品设计质量给予有力的支撑。2013年3月末，美的在创业园内又引入了与德国著名设计公司合作创立的“材料图书馆”（Materialaffairs），提供世界最新的材料样板与工艺咨询供设计师使用，令今后美的工业设计创新在新材料应用上获得突破奠定了重要基础。

在提升美的品牌价值方面，新组建的美的工业设计中心无论在整合创新资源的战略拓展能力上，还是在具体创新设计项目实施组织上，都被寄予厚望。这个隶属于集团“科技品质管理部”的全新创新设计平台也已制定了今后三年的全面拓展计划。

构建致力于提升品牌价值、传播创新概念的设计中心，已成为珠三角大型品牌制造企业提升设计竞争力的普遍举措，在未来3~5年内，由这些企业的CDC统筹品牌的创新设计规划，并以网络化的方式与分设于集团各事业部的工业设计团队密切沟通合作，将令这些企业的设计竞争力实现品质的快速提升。

行　业　篇

Industry Chapter

B.13

广告设计行业发展形势及其特征

钱　磊*

摘　要：本文基于《现代广告》2013 年 6 月刊发的《2013 年中国广告行业数据分析报告》中的相关数据，对中国广告设计进行的趋势观察与阐述。分别从行业基本面貌、行业主体和行业生态等三个方面展开，力求提供给读者对中国广告和设计未来走向的思考。

关键词：中国广告行业　广告设计　2013 年数据

一　概念厘清

首先有必要对“广告”与“广告设计”从学理概念上进行一些辨析，

* 钱磊，设计艺术学博士，广州美术学院视觉艺术设计学院副教授，主要研究方向为设计理论、创意研究、广告与品牌研究等。

客观而言，广告与广告设计并不是一个逻辑层面上的概念：广告作为企业市场营销组合（Marketing Mix）中的一个重要传播手段，是由企业或企业的广告代理服务商，围绕着宣传推广商品的中心目的，所展开的一系列的从内容策划到作品设计到媒体发布的相关活动。根据美国广告协会对广告的定义："广告是付费的大众传播，其最终目的为传递情报，改变人们对广告商品之态度，诱发其行动而使广告主得到利益。"① 由此可见，广告是一个完整专业化的服务体系，牵涉到广告主的广告费用投入、广告公司的策划与创意服务、广告媒体的发布等环节，在整个作业流程中，还会有与之相关联的广告制作、市场调研、媒体监测等内容。

而广告设计则是在广告传播活动和服务中，设计作为一种视觉化的信息呈现工具和实现手段，以平面或影像的方式，将商品信息最终以作品的方式表达、发行以及刊播，因此这是艺术设计具体在广告中的应用。

百度百科中，对广告设计做了这样两种截然不同的定义：其一"广告设计是一种职业，是基于计算机平面设计技术应用的基础上，随着广告行业发展所形成的一个新职业。该职业的主要特征是对图像、文字、色彩、版面、图形等表达广告的元素，结合广告媒体的使用特征，在计算机上通过相关设计软件来为实现表达广告目的和意图，所进行平面艺术创意的一种设计活动或过程。"其二"所谓广告设计是指从创意到制作的这个中间过程。"② 显然后者的表述，看似简单但更符合实际；而前者将之称之为一个新职业，而且把广告设计与计算机及其设计软件这一工具联系起来，则实为不合理：首先，广告设计很难作为一个独立的职业而从广告中剥离出来，其最多只是广告公司中的一个分工或工序而已；事实上在如今成熟的广告行业中，早期在内部独立的设计部门也已经被拆分，而是以文案与美指（即设计师）混合编组的方式来一起进行和完成创作任务。其次，将广告设计与计算机捆绑在一起，则更为荒谬了，广告行业存在的历史比计算机长，广告创意设计最

① 百度百科，http：//baike. baidu. com/view/2324. htm？ fr = aladdin。

② 百度百科，http：//baike. baidu. com/subview/107978/13625872. htm。

黄金的时期——20世纪60年代——美国纽约曼哈顿大街上那些著名的广告设计大师比如伯恩巴克、乔治·路易斯等还不知道计算机为何物。

事实上，在广告行业和设计行业都很发达的国外，并没有独立的广告设计行业[①]这种混搭的说法，要么就是广告，要么就是设计，广告公司中有设计的流程、部门甚至独立的设计公司，比如世界著名的4A广告公司奥美旗下就有奥美红坊（REDWORKS）能提供平面、网络、VI、环境导视、包装及终端设计与制作的服务。而设计公司也可能介入广告业务，为客户提供品牌设计和传播设计的服务，比如世界著名的工业设计公司青蛙、IDEO等近来也以其在产品开发端的创新设计方法与策略，介入到完整产品在信息输出上的设计；当然更多专业从事品牌服务的平面设计公司（Graphic Design）比如纽约的五星设计或者香港的靳与刘、陈幼坚等设计公司，主要从事平面广告的创作，其实也就是广告公司的另一种存在形态。所以在维基百科上，还没有单独的Advertising Design或者是Advertisements Design的词条，其实就像国外也没有“艺术设计”或“设计艺术”这种词一样。

当然，在今天的商业传播领域，广告与设计有着越来越大的重合度，互涉现象日益普遍，正如整合营销传播（IMC）强调营销就是传播，传播如同营销一样，广告也是设计，设计也是广告，今天的广告会强调利用一切设计手段，比如谷歌的标志涂鸦，比如苹果的白色耳机线；而今天的设计，无论产品设计还是空间设计甚至企业经营者的个人形象设计，也都在成为品牌最好最直观的广告，比如可口可乐那个被称为Happy Machine的自动售货机，比如苹果的产品发布会。广告与设计的融合正是当今广告设计发展的未来方向，这个重要趋势值得专门行文论述，在此就点到为止吧。

总之，由于广告设计仅仅是广告作业中的一个中间环节，因此在统计上很难将广告设计单独从广告行业和广告业务中剥离出来，并无独立的行业数据以供笔者（也包括其他研究者）作分析和预测。同时，从前述概念的辨

---

① 广告设计专业，major in advertising design或advertisement（s）design，在教育领域以专业名称的方式有所出现，主要出于设计教育中进一步进行专业细分的需要。

析中也可看到，相对广告而言，广告设计是从属性的小概念，因此从工作的主观便利性而言，本报告就以中国广告的行业数据来作为研究的基础依据，这是合适且合理的选择。

基于这个原因，在下文中，“广告”和“广告设计”表述可能会出现“混用”的现象，还望读者根据具体的上下文语境做具体判断；在研究者看来，本文中所出现的“广告”与“广告设计”实际上一个硬币的正反面，有区别又不可分割。

二 数据说明

本研究所采用的数据，主要来源于中国广告行业内重点核心期刊、国家工商总局主管、中国广告协会主办的权威杂志《现代广告》（2014 年第 6 期）、《2013 年中国广告业统计数据分析报告》中的部分统计资源，这些数据由国家工商总局和中国广告协会提供，行业针对性强，信息采集力度有保证，具有相当的可信度和完整性，能基本反映全国广告行业在 2013 年的全貌和变动态势。

这些数据包括：全国广告经营情况，全国广告经营单位基本情况，各行业的广告投放情况，媒体广告基本情况，全国各区域广告发展的状况以及广告监管处罚情况。其中，除了广告监管处罚只是反映了政府对行业监管的工作业绩，与广告行业发展形势的关联性较低之外，其他数据特别是广告经营和媒体广告等基本情况，与广告设计关系尤为紧密。

2013 年的数据，是研究者目前所能搜集到的最新的数据；再结合一些历史数据，当能说明一些问题。毕竟历史是具有连续性逻辑的，尤其是长远的根本的趋势更不会是短期突变的结果，需要较长期的数据来做观察，以辅助判断。

最后，任何数据都只是基础工具，有待于人的挖掘和阐释，从不同角度出发，横看成岭侧成峰；同样的数据，不同人会得出不同甚至相异的解释。《现代广告》2014 年第 6 期刊登的分析报告，也就这些基本面的数据进行了大致评说，但其中有些观点并不符合广告行业本身的特殊性，因此本研究将

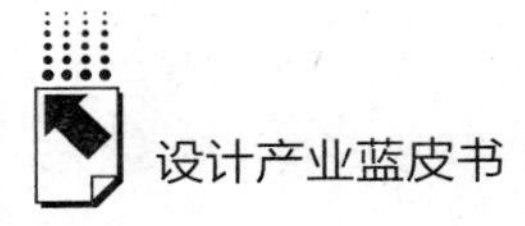

在看似相同的数据之上，得出一些与该报告并不相同的分析与预测。

而且，基于本研究“广告设计”的特殊命题，在论述的内容上也会有所偏重，以有助于读者对中国广告的具体细分之广告设计的发展状况有所认知和了解。

三　行业基本面貌

在 2014 年 5 月北京举办的第 43 届世界广告大会上，国家工商总局局长张茅于报告中指出，“30 多年来，中国广告经营额年均递增 30% 左右，是中国增长最快的行业之一，已成为全球第二大广告市场。2013 年，中国广告业经营总额突破 5000 亿元，广告经营单位 45 万户，吸纳就业 200 多万人”。[①] 其中，2013 年中国广告经营额达到 5019. 75 亿元。从 2008 ~ 2013 年，短短的五年时间内，实现了近三倍的增长（表 1）。对比 2004 年，中国广告市场尚位居世界第五位，十年来中国已先后超过德日等国，成为仅次于美国的世界第二大广告市场，其发展速度堪称奇迹。

表 1　2008 ~ 2013 年中国广告营业额增长情况

单位：亿元

年份	中国广告营业总额	年份	中国广告营业总额
2008	1889	2011	3125
2009	2041	2012	4698
2010	2340	2013	5020

但具体细致来分析，从表 1 数据还是可见一些端倪：即在经过 2011 年特别是 2012 年两年超常规性的猛增之后，2013 年，中国广告业的年营收增长势头明显放缓，仅比 2012 年增长 6. 84% ，相较于 2012 年达 50% 的疯涨，逊色很多；似乎预示着调整期的开始，这也符合当前大多数专家乃至国民对

① 资料来源：2014 年 5 月 9 日新华社报道。

中国经济宏微观走势的判断；当整体经济发展趋缓甚至下滑的情况下（表2），广告不可能再一枝独秀。尤其是当政府不断释放出“本轮经济调整期将有相当长时间”的市场信号的时候，广告行业所要思考必将是如何从一味求速度的狂欢中冷静下来，尽快做出调整以适应新的形势，甚至做好过冬的准备。

表2　2008～2013年中国GDP增长率

单位：%

年份	增长率	年份	增长率
2008	9.6	2011	9.3
2009	9.2	2012	7.8
2010	10.4	2013	7.7

如果将上述两个表比较，就会发现有个奇怪的小插曲，特别耐人寻味。即2012年广告业营收的暴增，如果没有统计数据和口径出现重大偏差的情况，在全国总体经济增长率创下近20年来最低纪录7.8%的当年，广告业却还能逆势狂飙突进，这是回光返照的最后一搏？还是虚夸浮华的最后一瞥？人们常说：“广告是国民经济的晴雨表”，但起码从这个数据比较上来看，广告行业似乎并没有提前预报甚至及时反映出经济阴晴变化的能力，反而却是滞后的表现：2010年起经济已开始出现下滑，而接下来的两年广告却迎来了暴增，这该如何解释？难道是广告作为企业整个市场行为的末端，其反应要滞后一些？又或者越是经济下滑市场不景气，越推动了企业加大广告投入以求提振？

一方面由于当年广告经营额的增速在提升，GDP的增速在下降，因此在2012年广告业营收首度占到GDP比重的0.91%，达到一个高峰之后，迅速地在2013年又微降到0.88%。可见即使在高峰时期广告营业额对GDP的贡献率也才不到1%。有数据显示美国早在2000～2004年的广告经营总额占GDP的比重就已经达到了2.46%，2009年更是已经达到3%。除总量占比之外，中国的人均广告费也远远低于发达的市场经济国家。

这些数据说明中国广告还有很大的潜力可以挖掘，毕竟当今的中国已经

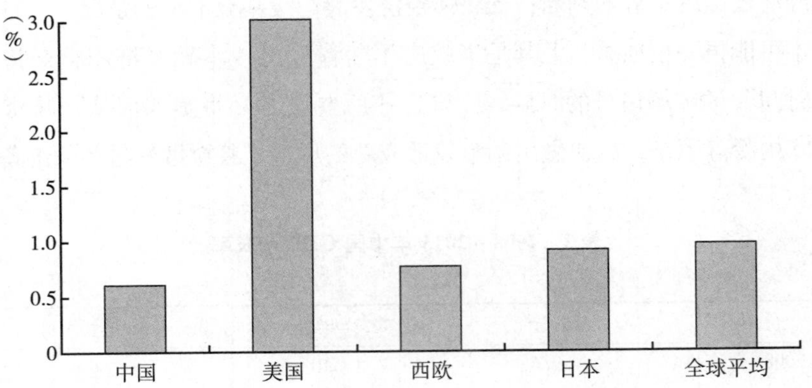

图1　我国与主要发达国家广告营业额占 GDP 比重对比

资料来源：《2013 年我国广告行业发展状况深度分析》，http://www.chyxx.com/industry/201401/227631.html，其中中国及美国数据为 2009 年数，全球平均及其他国家数据为 2006 年数。数据提供机构：Zenith Optimedia、中国国家工商行政管理总局、国家统计局。

成为全世界第二大的经济体，相对于万亿的经济基数而言，上升一个百分点都意味着千亿规模的提升；而且 14 亿中国人口具有排名世界前列的市场需求总量；中国广告业的未来仍有极为可观的成长空间。

事实上，在改革开放以来飞速的中国经济增长中，以广告行业作为主力的创意产业对推动经济发展所蕴藏的巨大能量并没有得到完全和充分地释放：尤其是广告和设计行业的创意能有力地为制造业提升价值和档次，创立更多的中国"自主品牌"，改变"Made in China"产品的低劣形象，让实体经济无论是内涵质量还是外延类型都能得到重塑；而且，广告和设计擅长调动内需、刺激消费，促进市场销售和生产投资的循环……无论在外贸还是内销两个市场端，广告和设计都具有强大的催化剂功能，而内外双发引擎的良好和高质量的运转，这才是中国经济真正腾飞和持久繁荣的动力保证。

这样来看，中国广告与设计长远发展不仅是可能更是必须，这才是整个行业进入调整期后依然能得以继续稳步增长的势能和坚定信心之源，依然有着长期向好的趋势；脱离开这个基本面，2012 年的暴涨真有可能是昙花一现。

然而花开得漂亮也不就一定会有好结果，空间和潜力的存在有的时候意味着粗放式的经营，甚至坐吃山空，尤其是回望中国广告近三十年的成长，除了早期在创意和品牌上确实有一些优秀的创新之外，比如万家乐、太阳神、健力宝、乐百氏、奥妮等一批优秀的创意案例，不仅取得了经济上的成功，更深入人心，成为时代烙印；也正是在那一时期，广告人和广告产业虽然不如现在这么数字辉煌，都是创业艰难，却也最吸引人、最充满理想激情也最有创造力。

但越到后来中国广告的发展却越来越程式化和无趣，广告设计毫无创意，只是变成纯粹的生意。那这样的生意发展到再大也没有意义，因为广告并不只是简单唯一以金钱盈利为目标的商业工具，也是社会和时代重要的精神文化产品。在这方面，具有极大经济规模总量的中国广告的表现实在差强人意，连近邻经济小国泰国都不如。而这就必然牵涉到微观的但是却是行业经营主体的公司，这是决定产业走向的真正决定性的力量。

四　行业主体分析

人，是生产力的中心资源。尤其是对于以创意为核心竞争力的广告设计来说，人也唯有人才是最根本的要素。而且在现代的经济社会体系中，有组织机制与管理体系的企业，而不是普通的自然人，作为人类合作的正式组合形式和市场经济活动的单元，即“法人”，在法律关系上更被认定为基本的行为主体，而成为经济分析的重要甚至是唯一的指标。

2013 年，中国广告经营单位数量增长了 17.89%，达到 445365 户，广告从业人员数量增长了 20.40%，达到 262 万人，都保持着两位数的较高增长率，而经营额的增幅已经回落到 6.84%，这或许是因为受到 2012 年的行业激增，而让广告业吸引到更多人和投资，在来年成立了更多的新公司；这是市场供应自然的迟滞现象，先期释放的旺盛需求和市场繁荣的信号，吸引到后来的投资者加入竞争，而此时市场需求却已经悄悄发生了改变。而供应与需求这一升一落，更预示着未来中国广告行业的竞争加剧，是必然和常态现象。

细致探察之下，在总体的企业数据中，还是能发现未来广告发展的一些端倪。

（一）主营 vs 兼营

而从经营方式主营与兼营来看，更能发现问题：即 2013 年兼营广告业务的企业达到 162709 家，大增 53.14%，兼营广告企业的从业人员和营业额也分别激增 56.29% 和 190.85%，呈现出强劲的增长势头。而且兼营广告企业的数量 2012 年就已经有 45.93% 的增长了，即首度突破六位数（106250 家），2013 年仍然在这样的基数上再得到 53.14% 的增长。此消彼长的是，主营广告的企业由 2012 年的 271528 家，锐减到 2013 年的 207575 家，大幅下降近 1/4。

主营广告业务的企业衰减和兼营广告业务的企业增长，在研究者看来同时意味着一好一坏两个现象：坏的是，“兼营者心怀旁骛也”；也许有不少是因为广告市场的繁荣而乘机来捞一把的投机分子，以“干一票就走”的心态让这个行业鱼龙混杂，缺乏长期专注；而且“劣币驱逐良币”的示范作用也会让部分主营企业退为兼营；当一个行业内充斥着太多“打酱油”的兼营企业，行业自身的独立性和主体性也就会逐渐被销蚀殆尽。

然而，这恰恰又是好的一面了。即今天世界的广告行业正经历着前所未有的大洗牌状态，为了突破消费者对广告的认知防御，广告日益在摆脱固定的广告形式，广告设计越来越跳出具体的局限的受制于媒体的作品形态，而化为或植入进产品、环境、服务等其他的消费者体验环节；跨界、整合、隐性、非广告、全传播日益成为广告业务的形态，于是广告的混业经营越来越成为趋势：公关、设计、媒体、品牌、企管、营销、策划、礼品、影视制作、文化传播……前文中所提及的广告与设计的融合，也是此种混业经营的具体变化类型之一。众多不以广告公司为名的企业也在从事着广告经营业务，甚至甲方也开始纷纷设立部门自营广告，乃至消费者个人都可以进行创作，参与为品牌做广告。专营或主营广告的公司主体身份，被更多兼营甚至他营者代替，表面上看是广告行业的衰败，但实际上却正是广告越来越强大的体现，它正化身为无所不在、须臾不离的空气，在我们所生活的商业社会里无孔不入，并让商品经济愈加发达。

越来越多的兼营形态对广告设计创作的冲击是巨大的，从技能到方法到从事这项工作的人，这亦有两种可能：坏的影响是，既然是打酱油，只要能赚钱，创作自然靠边站，没有了核心的创意，广告也就坠入了恶性循环；好的可能是，既然破除了创作的界限，让创意变得前所未有地自由，成为真正中心，也只有以创意为中心，在未来创意产业之中广告的适应力才会变强，发挥主力行业的优势。而要实现这样的目的，广告设计也必须要有所变革，从平面、影视等具体媒体表现的框限中跳脱出来，而要具备更全面更灵活的创作能力，比如"故事讲述""游戏参与""艺术实验"等。

（二）小 vs 大

在按广告企业的所有制性质分类中，计有：私营企业（310326 户）、个体工商户（76031 户）、内资公司（非私营）（25057 户），这三类构成了 2013 年中国广告业务的经营主体，其中前两者更是占到了 86.7%。国有企业（8697 户）、事业单位（5938 户）排在中间，单位数量都出现了下降。集体企业（1891 户）与外商投资企业（1374 户）则以极少比例垫底（表 3）。

表 3　2013 年中国广告经营单位的基本情况

项目	经营单位(户)			从业人员(人)			营业额(万元)		
	2012 年	2013 年	增长率(%)	2012 年	2013 年	增长率(%)	2012 年	2013 年	增长率(%)
国有企业	9554	8697	-8.97	89687	114685	27.87	4077237	4083422	0.15
集体企业	2173	1891	-12.98	22740	27129	19.30	942228	870278	-7.64
私营企业	281509	310326	10.24	1631226	1703940	4.46	18048316	23063128	27.79
内资公司（非私营）	512	25057	4793.95	5077	146980	2795.02	90597	4357335	4709.58
外商投资企业	1112	1374	23.56	29075	33460	15.08	7601966	4428484	-41.75
个体工商户	53905	76031	41.05	185591	267121	43.93	583179	892634	53.06
事业单位	7354	5938	-19.25	100557	254081	152.67	14134871	11996351	-15.13
其他	21659	16051	-25.89	113887	74657	-34.45	1504399	505828	-66.38
合计	377778	445365	17.89	2177840	2622053	20.40	46982791	50197459	6.84

但从营收看，私营企业虽是当下中国广告业中以数量遥遥领先的类型，但整体、人均、户均营业额却非常低，私营企业总共年营收2306.31亿元，是全行业总营收的一半还不到，是造成中国广告业整体面貌呈现出“小而散”特征的重要因素。而户均营业额排位第一的是外商投资企业，达到3223万元。

于是，基于这样的数据，《现代广告》做出了这样的判断：“广告企业分散仍在加剧，成为影响广告业做强的重要因素。”“综上数据可以发现，广告业发展仍未走出小规模、分散型、重复型生产的模式，与做强中国广告产业、服务中国品牌走向国际市场还有很大距离。这种局面急需通过调整产业政策和税收手段迅速扭转。首先，尽快走出小而分散的误区，阻止更多的人才转向其他行业和广告企业朝边缘化方向发展；其次，充分发挥市场的积极作用，抓住互联网经济的历史发展机遇，引导广告企业转型升级，成就一批具有国际竞争力的大型广告企业，这是行业与政府的职责。一个拥有5000亿规模的行业，没能产生能够参与国际竞争的强势企业，一定是策略导向出了问题。中国的广告行业是最先市场化的行业之一，小而分散的行业特点在中国30年的改革开放中发挥了重要作用。但是伴随着市场结构的调整，广告业必须做出快速调整，不能停留在行业创建之初的业态。否则不仅会丧失市场发展良机，更重要的是会拖累实体经济的发展。”①

基本上，在笔者看来，这实在是外行的说法，为什么这么说呢？

首先，广告行业不是第一第二产业，甚至也不是服务业，传统“做大做强”的经验并不适合广告等以创意为本的产业。创意依靠人，广告行业是专业与智慧高度密集型的行业，不是也不能一味地靠规模经济获得成本领先优势，毕竟人不同于机器，越庞大的组织体系不仅管理的效率越低，而且人的体验与效能也最差。在今天的广告市场，早已不是20世纪60年代和80年代的黄金时期，当时随着全球化市场的发展和新兴工业化国家的腾飞，

① 《2013中国广告业统计数据分析报告》，《现代广告》2014年第6期，本文以下的引用，如未作注释说明，即为同一出处。

国际型4A的广告公司抓住机会，跟着客户的脚步迅速地广布全球网络，规模扩张，但即使是在那个时期，国际4A广告公司也没有也不可能像传统企业那样实行整齐划一的集中管理，尤其是进入90年代，“全球视野，本土思考”（globlocal）思路的提出，就是在回应深耕本土市场与当地文化的呼声而对各地分公司进行充分授权；同时组织扁平化、流程再造等新管理思潮也兴起，广告行业也开始去规模化的变革，比如一批新兴的小型代理公司的出现类似TBWA、W+K、BBH等，比如以松散的创意联盟方式构建的合作型广告网络，再后来就是明确不扩张而专注于独立创意的热店，类似艺术家工作室（Studio）一样的微小规模，突出创意人的核心价值与中心作用，这正因应了创意产业的新产业特点——充分释放基于人类个体的创造力。

“小而分散”，去集中化，表面上看弱化了单个公司的能量，让中国广告缺少像日本电通那样的行业巨头；但是却不见得是坏事：其一打破垄断，创造更多机会；其二更多小微企业恰恰可以为众多客户提供小巧适宜的创意，人人都能购买得起和得到创意，让创意真正彻底地融入生活之中。在广泛强大和具有生机活力的行业之中，企业自然会做大做强；而不是相反。这点，正是负责行业整体发展规划和管理的政府尤其需要的清醒认识。

其次，从增速上来看，在2013年所有的广告行业经营单位的营收状况表现中，无论是外资、事业、集体等企业其营收都下滑的时候，尤其是外资更惨跌41.75%的时候，唯独私营企业和个体工商户却迎来了增长，而且是双位数的增长，个体工商户更是创造了53.06%的骄人战绩，传统所谓行业火车头的国有企业只是维持到0.15%保本而已。这组数据不禁让人想起20世纪80年代至90年代中期中国广告发展起步的那十余年，正是在私营企业和个体工商户积极创业的带动下，率先突破体制的限制，现代广告才真正在中国生发。

正如前述，由2013年数据显示中国广告开始进入调整期，原本被视为行业和专业领导力量的外资公司急剧下滑，在这种情况下，私营业主和个体工商户却逆势增长，似乎历史再次将行业破冰开路的希望和机会放在了这个群体的身上。这也是符合社会发展规律的，颠覆式创新从来不是由行业巨头完成，相反这些大企业却是原有体系的坚定维护者。然而，时下的中国广告正处在彻底颠覆的前夜。

五　行业生态转型

广告行业从来都在变，这种变不只是因为其以创意为核心，具有决定性的是创意表现的舞台——媒体技术、传播平台——在变。回望广告发展史，现代大众媒介报纸的出现，催生了第一批专司媒体掮客广告公司；竞争的加剧，掮客型公司被能提供从信息制作到发布的代理型公司取代，创意由此被列入广告公司的服务内容；此后广播电视等媒介的出现，丰富了广告的表达手段，专业整体型的4A公司成为主流；再到今天，媒介和市场的碎片化，网络和移动网络等新媒体的出现，让广告公司的业务模式和类型都不得不做出相应的变化。

（一）媒介环境的嬗变

所谓“树倒猢狲散”，尤其对广告这种深度依赖媒介而存在的附生产业来说，媒介就像大树，任何风吹草动都会深刻地影响广告行业，更何况是媒介技术的革命，老的大树倒伏意味着旧行业的崩塌；而作为表现手段的广告设计，更会首当其冲，因为媒介直接决定了设计的技术和技能。

从表4的数据上可以看出，2013年全国经营广告业务的电视台、广播电台、报社、期刊的总数，分别为2391户、798户、1420户和3577户，而经营广告业务的网站则达到了10048户，远超上述四类媒体的总和。数据显示，原本牢牢占据第一和第二媒体的电视台与报社，颓势相当明显，经营单位的数量都不约而同地呈现出幅度不小的下降，较2012年分别下降16.37%和17.49%；广播电台和期刊的单位数量虽呈现增长，但微弱到仅分别增长了1.53%和2.08%，后继乏力。

与这一趋势相对应的是，2013年，电视台、广播电台、报社、期刊的广告营业额分别是1101.1亿元（下降2.76%）、141.19亿元（微增

0.09%）、504.7亿元（下降9.17%）和87.2亿元（增长4.73%）。电视广告与报纸广告营业额出现了负增长，广播电台和期刊广告额的微弱增长，基本准确反映了媒介业态环境的变化：传统四大广告媒体中，长期被誉为大媒介的前两位受到了广告商的质疑，市场投放有所顾虑和徘徊，于是导致长居后两位的小媒体也重新进入市场的目光，被重新审视以期探索更有效的传播可能；这种不同寻常的情形或正说明了媒体行业已到了非突破不可的临界点。

表4　2013年中国媒体广告经营情况

项目	经营单位(户)			从业人员(人)			营业额(万元)		
	2012年	2013年	增长率%	2012年	2013年	增长率%	2012年	2013年	增长率%
电视台	2859	2391	-16.37	49562	49603	0.08	11323728	11011042	-2.76
广播电台	786	798	1.53	11749	15204	29.41	1410556	1411869	0.09
报社	1721	1420	-17.49	41848	39062	-6.66	5556310	5047018	-9.17
期刊	3504	3577	2.08	27229	34326	26.06	832723	872077	4.73

据中国广告协会互动网络分会统计的数据显示，2013年，中国互联网广告营业额为638.8亿元，比2012年的437.97亿元增长了45.85%。追溯2011年62.3%（296.73亿元）、2012年47.6%（437.97亿元）的增长，45.85%的增长率虽然略有所下降，但毕竟基数扩大了，同时也显示出互联网广告发展更加趋于理性。由于网络特别是无线网络技术的进一步普及，具有强大多媒体表现能力的个人化终端的层出不穷，将赋予互联网广告更优势的地位；而随着数据挖掘的开发利用，各类型网络商业平台的成熟，互联网将不再只是广告的载体，更是直接的营销工具（而且还是多用途合一的万能工具库）……互联网的出现，势必导致广告产业从内到外的深刻变化，不仅是广告制作、设计、创意，还包括广告行业的商业模式、思维方式，甚至都不再囿于广告，成为互联网运营商、技术供应商、内容制造商等各种各样的基于网络而生存的新业态，“触网”是21世纪所有人所有公司都必须应对的问题，而素来擅长洞察先机、引领时尚的广告公司和广告人又怎能甘

于人后？

媒介的改变，意味着几十年来已经形成一系列的行业惯例、规则、行为乃至思维方式都要做出改变，这个经历相当痛苦，前述外资公司的近半的业绩下滑，不能说与媒介环境的变动不无关系：依赖于拍摄大片的创意制作和电视广告投放的媒介执行，越来越不适应于互联网时代对快速、互动信息传播的需要；而且客户也日益不愿意支出昂贵的拍片费用……这也就是何以笔者在前文认为的：相比于传统层级式管理体制的大型集团型公司而言，小而分散的广告公司无疑更适应当今这个注重长尾效应、快速反应和媒体日益碎片化的互联网经济和传播民主化甚至自主化的时代。

（二）广告作业形态的重塑

对广告经营额的构成细分的统计数据，则充分反映了中国广告产业链当下的结构和业务模型：2013 年 5019.75 亿元的广告经营额中，设计费用为 695.58 亿元，占比 13.9%，制作费用为 619.28 亿元，占比 12.3%，代理费用为 1560.76 亿元，占比 31.1%，发布费用为 2144.13 亿元，占比 42.7%（图 2）。

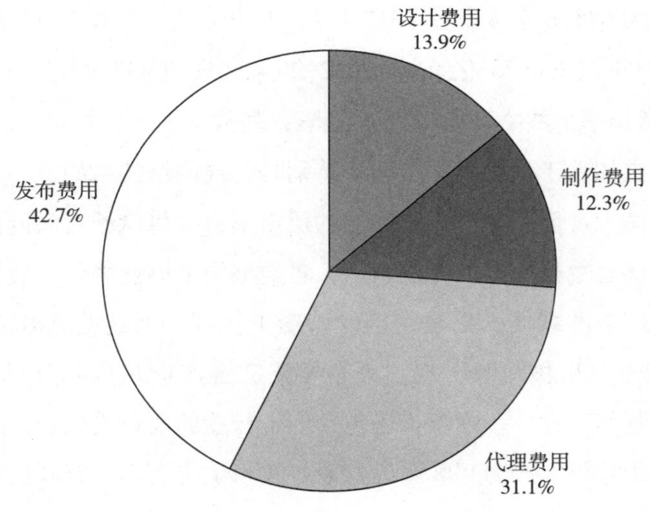

图 2　2013 年中国广告营收构成

从这些数字来看，代理和发布费用依然是广告营收的重头。回想起20世纪90年代，中国广告行业一直在呼吁着现代广告代理制度的建立与健全，期待像国际广告的惯例一样，能依靠从媒介的发布费中收取15%或17.5%代理费的模式以生存发展，然而除了少数国际4A公司之外，少有公司能得到这种待遇。到了近20年后的今天，中国的广告业终于能够享受到收代理费的方式，总该算是一种进步了吗？

然而殊不知，靠收媒介代理费的广告公司还依然保留着最早期媒介掮客的影子，实为进化中的“返祖”现象。在广告公司的业务发展中，其服务对象已经出现多次位移，从最初“以媒介为中心”，为媒介招揽生意；到“以客户为中心”，即为客户的产品推广和品牌建立提供策划、创意、设计一整套的传播服务；而收费模式却依然停留在早期掮客式的阶段，即向媒体索取客户媒介费用的一部分做补偿；其难点有二：首先在中国媒介强势的情况下，媒介怎么会把吃进去的广告费吐一部分出来给广告公司？这是中国广告代理制迟迟得不到推行的原因所在；其次广告公司为客户服务，然而营收却是从媒介得来？这样的利益立场也就难免让客户起疑心了。所以基于上诉两点原因，今天的广告公司正在改变代理制的生意模式，而转为像律师行业、管理咨询等专业行业一样收取服务费；而这种商业模式也才真正代表了广告行业的独立性和专业性。

在2013年近5020亿元的广告收入中，媒介费用依然占大头，可这笔钱是否还能归入广告业是颇为可疑的，因为今天越来越多的原属广告公司担当媒介采购和策划排期服务的业务已经分剥出去成为独立的如实力、传力、群邑、凯络等专门的媒介公司。而广告公司一直标榜的“创意”，则体现在设计费用中连15%都不到。如果广告公司不能靠创意生存，那又何以能号称为创意产业的龙头支柱？

正如当年中国广告疾呼广告代理制一样，笔者以为更紧迫的是真正将“创意和设计”置为业务中心，真正以“创意和设计”为赢利引擎，这不仅是客户需求的本质，也只有这样这个行业才能获得独立性；也才能彻底改变困扰中国广告行业多年的“靠关系”而不“靠专业”的业务习惯，根治头脑

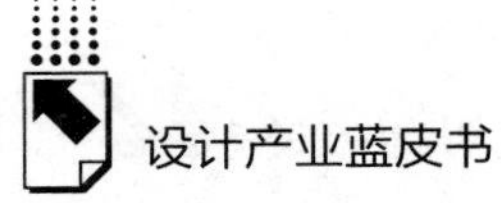

不及嘴皮子的倒挂现象；甚至沦为利益输送的管道。更可以让广告公司升级至更新的2.0版本，即由服务商到原创商转变，从乙方变为甲方，以形象、故事、品牌等知识产权来反向整合投资、制造、市场等经济链……在市场上，这种类型的广告公司已经出现；而这也意味着广告与设计的全新融合。

（三）广告业地区发展的不均衡

地区发展的不均衡，这是经济分布的自然现象，尤其是在中国这样一个区域经济发展从历史上就有着不同的起点，在实际中又有着巨大地理、资源、文化差异的国度。甚至从某种程度上而言，不均衡是一种优势，因为只有这样才能保持社会的多样性，而多样性的社会对创意和文化的发展来说又是一种有益的促进，就好像电路中有正负才会有对流的势能一样。事实上美国之所以被号称为世界第一大创意国家，与其不均衡的发展状态各具差异的地区和文化有着重要的关系。尤其是商品经济和商业广告，具有强大的同一化力量，对弱势地方文化有破坏力，一味地追求全国同步的发展平衡，实际上是不可取的发展观念。

综观2013年全国广告经营收入，在地区分布上差异巨大（表5），排在前五的省（直辖市），依次为北京（1794.70亿元）、江苏（500.87亿元）、上海（449.56亿元）、广东（400.67亿元）、浙江（310.59亿元）。这五省（市）的广告经营收入总和达到3456.39亿元，占到全国广告经营总额的68.86%，达到了2/3强。排名殿后则多是西藏、青海、宁夏、甘肃等省市。

表5　2013年中国广告区域发展情况

地区	经营单位(户)	从业人员(人)	营业额(万元)
北京	24803	106764	17947004
江苏	26599	253360	5008744
上海	84451	262979	4495594
广东	32666	222086	4006717
浙江	27981	179573	3105853

续表

地区	经营单位(户)	从业人员(人)	营业额(万元)
……	……	……	……
青海	730	4724	45358
宁夏	1458	5896	33064
西藏	683	1661	27357
甘肃	3987	9142	26341
合计	445365	2622053	50197459

这当然是经济发展程度的直接反映，但在本研究看来这实在是好现象，这些地方正是难得宁静的“净土”，偌大的中国总要留下一个人们一个没有广告污染的原生态保护区吧。因此不同于《现代广告》的判断：“对落后地区加大政策扶植是非常必要的，但还必须重视对该地区的人才培养和市场结构治理，否则这种失衡状态将在较长时间内持续下去。”

倒是值得提请注意的是这样一个细节，即五个广告业发达的省市地区中，北京永远遥遥领先，排第二位的不管是谁①，都只有其广告营业额的零头。《现代广告》认为：“北京地区广告经营额仍牢牢占据了全国总数的三分之一强。这一领先地位短时间内应该没有其他省市可以撼动。相信这一点与北京首都的综合优势有着不可分割的联系。”然而笔者恰恰认为这才是真正需要重视的问题：即由于北京拥有最多最大的国家级媒体，形成了对媒介的强势控制和垄断，如此先天优势当然是其他地区无法与之抗衡的，这是非市场化的力量造成的不公平结果；而这种“中国特色”才是影响中国广告业平衡发展和长远未来的因素。

六　结论

正如20世纪80年代初，正是得益于商品经济在广东的发轫初啼，广告

① 2012年在广告经营收入方面的排名是北京（1807.63亿元）、广东（466.31亿元）、上海（437.89亿元）、江苏（436.21亿元）、浙江（236.14亿元）。

行业率先得到了发展，连带的广告设计也抢前一步，先于产品设计、建筑设计、服装设计等其他类型的设计而在中国得到迅猛发展；直到20年后的今天，无论是广告行业的就业人口还是广告专业的受教育人口（未来人力储备），依然较其他设计门类在规模上占有优势；可见所谓历史机遇的长期影响力。

根据2013年中国广告业数据的观察，本研究认为，基于当下中国经济回调和结构重整的大势背景，以及互联网技术的快速发展和普及，中国广告业正处于巨变的转折时期，其中依然孕育着巨大的创新机会，这也是广告设计继续蓬勃发展的动力之源。新的历史机遇，似乎将再一次降临，只看中国广告和中国设计是否能因应巨变，再度弄潮？

（1）中国经济转型升级的迫切需要，为“中国制造”注入更多“中国创造”的内涵，尤其需要广告和广告设计的专业智慧；更何况中国社会和经济也会从工业化向后工业化发展，对以广告为支柱的创意产业的旺盛需求……因此本研究相信在相当长时间内，中国广告设计依然有着巨大的成长空间；然而其任务也是艰巨的，即如何在急剧转型的同时又能有质量、有内涵、有创意地发展，而不只是在数量上的激增，否则账面上统计数字再漂亮也不是真的成长。

（2）作为行业主体，广告公司或者确切地说广告人——因为未来是否还有广告公司的存在都有待怀疑，因为混业的时代，谁都可能成为广告公司经营广告业务；广告的泛化，让广告公司消亡，但却让广告人无所不在、无所不能、无所不需——那些活跃的创意者，摆脱了专业限制与管理体制双重束缚，将以虽小而分散但集群聚合（cluster）的新行业形态，为品牌提供在快速、碎片的互联网时代最灵活、最无界和最无缝的传播服务。

（3）基于这样的行业主体，行业生态也将大重整；或者更应该反过来，这样的主体变迁是因为行业生态的变化。媒介因为传播技术平台的整体迁移所导致的环境嬗变是广告和设计行业无法独善其身的根本原因，由此中国广告产业的业务经营模式将会发生深刻变化，从代理商变为专业服务提供商，从只会也只能听命的乙方到成为甲方可长期信赖与依赖的顾问伙伴甚至反转角色成为品牌甲方，本研究相信这都不是空洞的预言，事实上在现实中已大量涌现这种新生态的苗头。

（4）从地域发展来看，尤其需要避免一刀切的武断无端的认知。商业与广告是把双刃剑，不是任何地区的广告产业都要蓬勃发展。正如中国画画论中所强调的“疏可跑马，密不透风”，要适当地懂得留白，留一些不被商业和广告污染的处女地，这或许才是符合生态观念和长远价值的多元化自然发展。

B.14

服装设计行业发展困境和展望

罗冰　何腾飞*

摘　要：中国是全球最大的服装消费国和生产国。在由商品主导向消费主导转变的零售时代，在创新驱动建设成为国家战略的今天，中国的服装设计不仅要克服长期存在的低水平同质化竞争问题，更要走产业文明之路，增加设计环节的附加值，提升设计表现力，深挖市场，最终为消费者提供好产品，从而全面提高中国服装品牌的国际竞争力，这是未来服装设计的发展之路。

关键词：中国服装设计　产业文明　设计创新　高附加值　好产品

我国是一个服装大国，但还不是一个服装强国。在外来品牌不断抢夺中国市场，国内品牌国际化之路举步维艰之际，如何克服国内服装行业长期存在着的低水平同质化竞争问题，提高产品特色和品质，明确品牌定位，提高服装的性价比和利用率，等等，都是摆在中国服装产业面前的问题。提高设计环节的附加值，提升设计表现力，满足不同消费群体的消费需求，最终为消费者提供好的个性化产品，是未来服装设计的发展之路。

---

* 罗冰，广东文艺职业学院学报编辑部常务副主任，研究方向为艺术学理论及实际应用；何腾飞，资深高级服装设计师，玛斯杰尔服饰公司合伙人，研究方向为服装设计及其理论。

一 中国服装设计的现状分析

（一）服装设计师队伍日益壮大，但高端设计人才普遍缺乏

目前，国内服装设计从业人员的培养方式主要还是依赖于各大高校开设相关专业进行培养。据2014年国家教育部高校招生阳光工程指定平台——教育部阳光高考网院校库——的数据显示，以服装设计或服装设计与工程为专业名称招生的院校，已经涵盖了大学、学院、高等职业技术学校、独立学院等办学类型，覆盖了工科、艺术、财经、师范、林业、农业、政法、民族、综合等院校类型，以及从研究生到高职高专的学历层次。但与国外相比，在服装设计专业人才培养方面，我国现行的教育体制仍存在不小的差距。目前服装企业招聘通常要求具有3~5年的工作经验，大学教学存在的理论强实践弱的特点，决定了设计专业毕业生就业后仍需较长时间的实践培训。虽然服装设计的从业人员数量在增长，但仍然缺乏创新型服装设计人才，尤其是高端设计人才。这在一定程度上制约了中国服装企业的进一步发展，也在很大程度上制约了我国服装设计业的发展。

（二）我国服装行业产量呈现增长态势，是全球最大的服装消费国和生产国

据国家统计局统计数据显示，我国服装产量从2005年的147.89亿件增长至2013年的271.01亿件，2013年，我国服装行业产量比2012年（267.28亿件）同比增长1.39%（见图1）。其中，广东、江苏、浙江服装行业产量分别达到559840.3万、392096.1万、364245.9万件，分别占全国总产量的20.66%、14.47%、13.44%，三省约占全国的近一半份额（见图2）。2011年，时任国务院副总理张德江同志在参观第19届中国国际服装服饰博览会时强调，“十二五”时期将是我国服装业发展的重要机遇期，国内的品牌服装消费仍具备较大的增长空间。城镇化进程以及东部地区经济增长

企稳、中部地区经济在转型中稳中求进、西部地区经济保持高增长态势都将成为未来服装消费增长的重要推动力，国内的服装消费仍将继续增长。

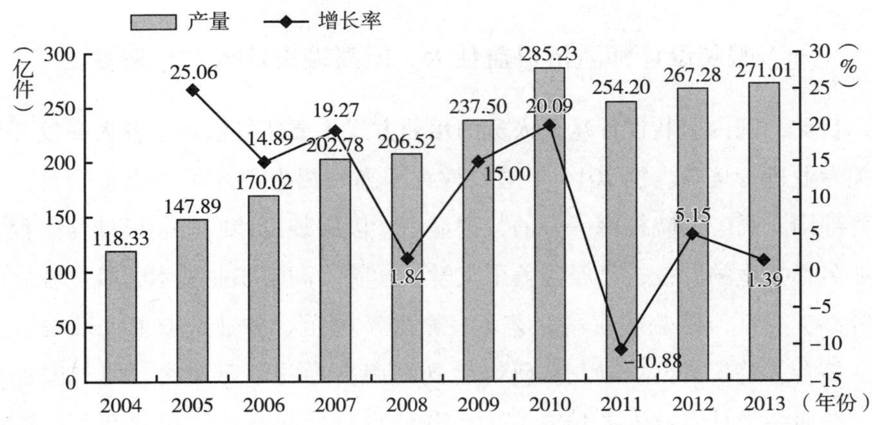

图 1　2004～2013 年中国服装产量及其增长率

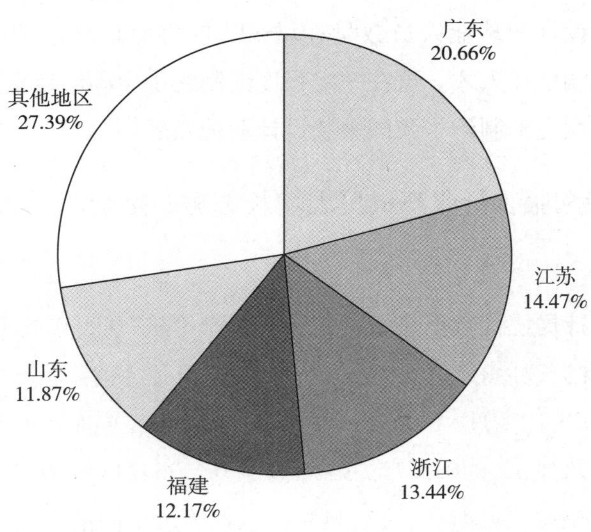

图 2　2013 年中国服装行业产量集中度情况

资料来源：中国产业信息网。

（三）国内服装品牌众多，但产品定位模糊，低水平同质化竞争严重

国内服装设计品牌众多，既有主流服装企业品牌，又有独立、小众的设计师品牌。前者以上市的服装企业为代表，后者以进驻商城、买手店及淘宝店品牌为主。当前，世界中高端服装的品牌商大部分集中在欧美地区，每年由巴黎、米兰、纽约等五大时装之都举办的时装新品发布会，引领了全球服装行业的发展方向。目前，国内的品牌大多仍定位在中低端，相对于已发展成熟的国际服装行业，中国的服装业仍受到劳动密集型、科技含量低等因素制约。我国服装行业产品定位模糊，同质化竞争严重，导致我国服装行业整体竞争力较差，主要表现为：①产品结构单一。开发的款式雷同、工艺简单、价格低廉，企业多采取“大批量、低价格”的策略参与竞争。②产业结构单一，盈利能力差。许多企业仍是 OEM 模式，处在产业链的低利润环节，经济附加值低，能够涉及面料研发、款式设计、打样制板等高利润环节的企业数量还相对较少。③大而不强，自主创新能力较弱，设计上追随欧美、日韩潮流，定位模糊，风格不鲜明。服装企业大多只重视销售数据，缺乏长远的品牌规划能力，缺乏产品自身的核心竞争力，只顾盈利，影响定位，当谈及以消费者为导向时，都想揽获众多的消费人群，忽视市场细分，如体育品牌走向休闲，休闲品牌走向运动，摇摆不定，而且设计抄袭现象严重。

（四）主流服装公司面临库存加剧、增长乏力的挑战

国家统计局数据显示，2013 年限额以上企业服装类商品零售额同比增长 11.5%，增速放缓，全国重点大型零售企业服装类商品零售额同比增长 5.2%，较上年大幅下滑 7.3 个百分点，国内服装行业于 2013 年遇上了 10 年来增长的最低谷。2014 年以来，《×派服装十字路口集体迷茫》《×服装企业利润打折，转型突围不易》《××库存破 20 亿，中国服装大佬依旧无谓?》等新闻标题不断见诸各大财经和行业网站、报刊。2013 年起，由进入

"大库存"时代的国内六大运动品牌引爆了各大品牌零售店的关店大潮。以休闲服装品牌为例，2014 年一季报显示，森马服饰门店数量减少了 391 家，美邦服饰门店总数为 5000 家，也比 2012 年减少了 220 家。此外，以男装类著名上市公司为例，截至 2014 年 6 月 30 日，中国利郎 2014 年门店由 3455 家减至 3315 家，净减少 140 家；七匹狼发布的 2013 年度业绩报告显示，2013 年关闭门店 505 家；九牧王 2013 年净关店 140 家，2014 年预计全年净关店 100 家左右。

当前，中国服装业已进入转型期，部分主流服装公司已经直面库存加剧、增长乏力的挑战。而就企业本身而言，在市场疲软、产能过剩、竞争激烈的情况下，不重视研发或者研究客户群的潜在生活需求，没有细分设计，如区域、年龄、品类、风格等，而仅仅停留在抄袭优秀品牌风格或单款的表象商业形式上，盲目改变品牌主张，品牌定位摇摆严重，决策多由非市场化因素驱动，加剧了同质化的恶性竞争。

二　产生的原因分析

（一）不管是院校还是企业大多忽视了设计师是商品隐形价值的重要组成部分

我国已成为全球最大的服装生产国和出口国，服装行业是我国三大支柱消费品产业之一。根据国家统计局数据，2013 年 12 月，纺织服装、服饰业规模以上企业共 15212 家，累计主营业务收入 19250.91 亿元，同比增长 14.36%；利润总额 1141.09 亿元，同比增长 12.16%；出口交货值为 4986.96 亿元，同比增长 9.12%。我国纺织服装、服饰业规模以上企业主营业务收入由 2003 年的 3204.18 亿元增长到 2013 年的 19250.91 亿元，年均复合增长率为 19.64%；服装产量由 2003 年的 98.43 亿件增长到 2013 年的 271.01 亿件，年均复合增长率为 10.66%。

得益于中国服装制造业的发展，行业人才需求不断增加，各大院校也纷纷推出了相关专业，以招揽生源，却忽视了教育的底蕴，人才培养方案与企业、行业的需求仍存在错位。在工业化背景下，设计师不仅是商品的设计者与T台上耀眼的明星，只需关注艺术和创意，而是作为服装产业链中的一环，要参与到产品开发、市场分析、品牌打造等环节中去。

就国外成熟的服装行业产业链而言，整条产业链包括设计、开发、生产、销售等几大环节。国外重视研发、创新，直接影响到终端销售，决定了定价权，因此注重设计与销售两端，而生产加工则在劳动密集型的发展中国家进行。根据测算，国外服装产业链中一般的利润分配结构为："设计占40%，营销占50%，生产占10%"[①]，即设计和营销处于价值链的高端，经济附加值较高，生产加工处于价值链的低端，附加值最低。但在国内的服装企业中，投入结构一般为："设计占10%，营销占35%，生产占55%"，设计师大多扮演着画图员的角色，未能体现出真正的价值，大多仍是老板说了算，营销人员的地位也更为强势。

（二）未能细分市场，对品牌规划能力有限，不能有效刺激终端消费

随着中国可支配人均收入的提高，服装消费越来越表现出明显的潮流性特点。尤其是80后、90后已成长为当前零售市场的消费主体，个性化突出，对服装款式、品质的要求越来越高。同时中国国内消费市场存在区域差异，在消费能力、城乡需求、消费者偏好以及影响消费者购买服装的因素敏感度等方面，都各不相同。因此服装设计者要亲身参与研究、分析，需要再细分市场，深挖产品，才能有针对性地提供合适的产品，满足市场需求，最终提高终端消费。

（三）全球经济有所回暖，国内综合成本上扬

世界银行在2014年6月10日发布的《全球经济展望》报告预测，2014

① 《ZARA、H&M、优衣库、GAP四大快时尚鲜为人知的区别》，http://news.winshang.com/news-244999.html。

年全球经济增速为 2.8%，2015 年和 2016 年增速将分别回升至 3.4% 和 3.5%。另据 IMF 网报道，国际货币基金组织 2014 年 7 月 24 日发布的最近一期《世界经济展望最新预测》报告指出，下行风险仍令人担心，全球经济增长可能在更长时间内处于疲弱状态。但 IMF 仍预计 2014 年全球经济增长速度为 3.4%。同时将美国 2014 年的增长预测大幅下调至 1.7%，预测欧元区经济增速为 1.1%，日本经济增速为 1.6%。

中国国内经济发展战略也进行了调整，更重视提高经济增长的质量和效益，不再盲目攀比增长速度。对于服装企业来说，电商对实体店的冲击较大，商业地产租金走高，人工成本持续上升等，让终端消费持续承压。考虑到市场反应的滞后性，服装行业仍将经受转型考验。

（四）开发投入少，创新力度不足

我国服装行业对科技投入不够，普遍缺乏对服装功能、材质、色彩、造型、款式等进行系统的开发研究，技术力量单薄，创新意识不强，创新能力有限，甚至大企业内部都没有正式的研发部门、团队，从而使得我国服装创意设计、文化内涵不足，附加值相对较低，市场竞争力弱于国际品牌服装企业。随着竞争的加剧，若仍对营销投入过多资源而对设计研发投入不足，将不利于品牌服装企业的品牌价值及市场竞争力的提升。

三　中国服装设计的未来发展方向

（一）渠道销售模式的变革对服装设计的影响

对于服装行业来说，没有消费就没有未来。在电商的冲击下，传统销售渠道颓势依旧，而网上销售却保持着较高的增速，这引发了服装企业对销售渠道的重新思考。服装行业传统的销售模式一般包括百货商场、购物中心、专卖店、直营店等渠道模式，即实体店销售模式。但由于不同的经营成本和经营方式，以及品牌进驻商场所要缴纳的进场费、海报费等几十种名目费用等，都增加了服装的价格成本，在传统的销售模式上，中国制造所代表的物美价廉难以惠及国内消费者。此外，商场的联营折扣模式、服装市场以代理制为核心的大批发大流通的模式等，都是服装价格居高不下的重要原因。品牌企业丧失了渠道掌控能力，不能针对消费者反馈做出快速反应。因此，商场、品牌商、代理商、加盟商的合作模式都将变革。这是由市场提出的转型要求。

同时，服装零售市场“线下苦恼，线上却火爆”。据 CNNIC 发布的《2013 年中国网络购物市场研究报告》显示，2013 年，服装鞋帽仍是网络购物市场最热门的销售品类，其购买人群占 75.6%。购买比重远远高于位列二三的日用百货和电脑、通信数码产品及配件（该两项所占比例分别为 45.1% 和 43.3%）。基于服装鞋帽品类巨大的用户需求，预测未来垂直电商将纷纷拓展服装鞋帽品类产品，争夺购买潜力最大的品类市场。

据中国电子商务研究中心发布的《2013 年度中国服装电子商务运行报告》显示，2013 年，我国服装网购市场交易规模预计达 4349 亿元，同比 2012 年的 3050 亿元增长了 42.6%，占整个网购市场的 23.1%。该年服装行业网购渗透率达 21.7%，较 2012 年增长 5.8%。据该中心预测，2014 年，我国服装网购市场整体规模将达到 6153 亿元，同比增长 41.5%，占全国网购市场规模的 22.1%。根据易观智库的数据，2013 年，中国 B2C 服装品类交易规模达到 1996.5 亿元，同比增长 87.4%，增速大幅高于大型零售企业服装销售的增速。

因此，电商的渠道模式仍将是服装企业需要积极拓展的市场。在“互联网思维”的主导下，消费者将有更多的机会参与品牌的定义、形成、运营和营销当中，由用户共同决策来制造他们想要的产品。这方面的典型例子是小米手机的研发和推广。因此，在互联网时代，品牌如何能锁定消费者社群，并将社群的黏合能力转化为社群的运营能力，这一过程中，服装设计同样被要求快、专注、极致。当消费者成为一个个由海量的、碎片化的数据支撑起来的“整体”的人时，服装设计师要重视这些数据的力量，让自己的品牌设计更贴近消费者，深刻理解需求，并在此基础上继续专业技术的深挖

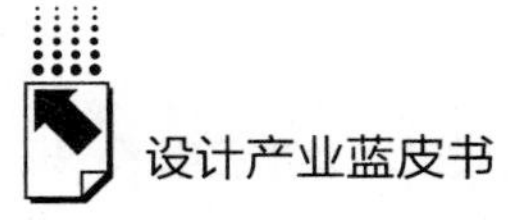

与美学的呈现，进而引领消费需求，让用户认可成为消费者，并培养其忠诚度、让其与品牌共成长。

除了以上两大类销售模式，O2O 模式则是线下服装行业的热词。它的出现是为了解决实体店客流量被线上分割，线下门店受空间限制难以满足消费者多样化需求，以及网上价格战对品牌价值的损害等棘手问题，将实体店的信任体验优势、网络的比价选择品类空间优势和直销的服务体验优势三者结合。

根据 2014 年 3 月三星鹏泰（Cheil Open Tide）对中国消费者网购服装消费所进行的一次问卷调查结果显示，通过网络购买服装时，消费者在产品选择的考虑因素上，关注前三位的是质量（85.6%）、产品的款式（72.2%）和价格（71.4%），对服装品牌的关注也高达 65%。因此开展 O2O，实行线上线下同价销售势在必行。这也进一步要求加强产品设计能力，丰富款式品类，加快新品上市频率，以商品制胜。

另外值得一提的是买手店对服装设计的影响。中国的市场已经从单一品牌购物过渡到了多品牌购物，与品牌直营店相比，买手店的优势在于多品牌，能给客户更多的选择；与商场、网店相比，买手店的优势在于其时尚导购的卓越能力。随着消费能力的进一步提高，消费者不仅满足于买到好看的东西，还想了解产品的相关背景，文化因素开始凸显。买手店的精髓在于营造风格，寻求“差异性”，它与单一品牌销售比起来，款式有时候凌驾于品牌之上。对于买手店来说，买手是挑选款式的关键。设计师通过买手店引导顾客，让他们了解真正的时尚，相应地，也要求设计师在设计时要更深入掌握本土消费者的消费细节和心态。买手店通过选择设计师品牌来展现自身的着装观念，设计师品牌也依靠买手店与商业对接，并实现小成本运营，这都有助于推动中国服装设计的原创之路。

综上，渠道销售模式的变革对服装设计的影响主要在于以下几点。

（1）随着体验式消费需求模式的增长，未来百货商场、购物中心、综合体的店铺仍将发展。体验经济的时代，是传统零售业未来的发展法宝，而服装设计也要重点考虑这个方面。根据不同的消费人群，设计的产品要能更好地满足消费者的体验需求，因为消费者更愿意为情感、环境、文化等埋单。同时，未来的服装企业将更注重直营店的建设，重新建立起与用户的直接沟通和交流。

（2）拥有移动终端的消费者不再是“去购物”，而是打破了时节、气候、地域的限制，随时随地“在购物”。因此面对快速移动的消费者，服装设计也需要快起来。

（3）大数据时代的核心是基于对消费者的理解。传统的线下模式无法掌握终端消费者的详细信息，要收集品牌的会员资料也很难，但在O2O的模式下，能够实现对所有消费者的数据掌控，运营者可以运用数据工具挖掘出目标客户群的真实需要，更好地进行客户分层，在设计环节就能做到因势而变，针对客户喜好来推送商品，做到与消费者真正的连接，甚至进入“云定制”时代。O2O模式的设计师品牌集成平台有望成为未来设计师品牌走近消费者的重要平台之一。20世纪后期设计实践中的互动理念、以用户为中心的理念，仍将占据主导地位。

总之，不管渠道销售模式进行怎样的变革和发展，其核心问题仍在于怎样更好地服务于消费者，关键在于提供“好产品”。服装设计师们要能设计出、做出让消费者更喜欢的商品，回归做服装的本质，以设计和产品为主，找准品牌自身的价值观和品牌文化。

（二）品牌战略对服装设计的影响

品牌文化有助于树立企业形象、提升企业竞争力。对于服装品牌而言，其品牌灵魂的缔造者是设计师。品牌打造应根据自身定位，面向目标客户群，进行设计开发、生产整合、营销传播等活动，从而强化消费群的品牌印象，演绎出认同感。随着国内消费市场的发展，国内的消费人群大致可以分为三类：即高端消费人群、中产阶级和大众消费人群。面对不同的目标客户群，品牌战略要求更细分市场，加强识别体系的个性定义，设计也要向目标群体传递出长期性的主要特征和价值，并不断改善和提升个性定义。总体而言，未来中国的服装品牌战略将沿着高级定制、轻奢品及大众型消费品的模式发展。

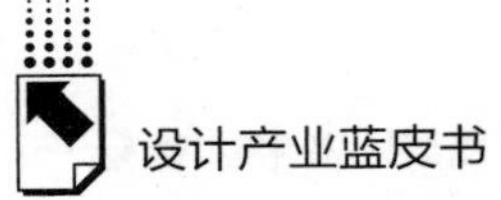

1. 高级定制的品牌战略对服装设计的影响

奢侈品作为时尚行业潮流的引导者，其每场发布会都对未来一个时间段的潮流走势有着非常大的影响。今天，奢侈品的概念特别突出了非生活必需品及独特、稀缺、珍奇的特点，其无形价值远远大于有形价值，是品味与身份的象征。就服装行业而言，奢侈品的代表就是高级服装定制了。根据相关数据，未来中国市场在奢侈品方面的消费力仍然令人瞩目。

国际市场调研机构 Euromonitor 发布的 2013 年度奢侈品研究报告指出，亚太、拉美和非洲中产阶级的崛起为奢侈品消费的增长提供了市场。预计至 2018 年，亚太地区将成为世界第一大奢侈品市场，其中，中国是消费主力军。报告甚至预测：2013 ~ 2018 年，中国奢侈品市场的增长预计为 72%。而根据胡润研究院发布的《2014 中国高净值人群心灵投资白皮书》中的数据显示，截至 2013 年末，中国高净值人群数量比上年增长 3.6%（10 万人），达到 290 万人。另据胡润研究院预测，未来三年，中国高净值人群数量有望达到 335 万人。

由于现代社会人际交往日益频繁，在不同的工作、社交场合，行业精英们都需要能明确展示其社会地位、身份特征和文化修养的服饰，可以说，这一人群对个性化着装的诉求就是高级定制在中国发展的支撑。虽然，按法国高级时装公会的标准，中国严格意义上来说，还未能达到高级时装定制的水准。目前国内所谓的高级定制时装大多可称为“定制”，还不足以称为“高级”。但是从打造服装强国的角度看，高级定制的某些要素显然有利于传统服装制造业转型升级的需求：高级定制的严苛要求，使得其团队极具竞争力，这有利于锻造优秀企业和团队。自 2013 年起，庄吉、红领、雷迪波尔、雅派朗迪等国内几大优秀男装品牌企业宣布进军高级定制业务。另一方面，中国高端品牌要从“服务驱动”向“价值创造”型企业转变，只有这样，才能在时尚界拥有话语权。这就要求设计师不仅能把握潮流，拥有审美时尚品位，同时要求他们在廓形、色彩、搭配、板型方面从中国文化层面更深入地寻找表达灵感，研究高品质生活期待的内涵，以超标准制作工艺和尊贵服务，在与国外大牌的博弈中，闯出自己的市场。尤其是高级成衣，今后更要直接传递文化的诉求和设计的理念，与国内接地气，真正成为为中国人创造美的服装，不仅要设计民族风格的服装，更需要设计中国人生活和情感表达所需要的服装。

虽然，目前困扰中国高级定制的最大问题是缺乏一个完善的产业链支持，如珠宝、鞋帽、箱包等配件、配饰。但随着个性化消费趋势的追捧，中国高净值人群的增长，高级定制在中国仍将是一个发展方向。而以设计师为核心的团队能否持续地创造出达到高级定制标准的作品，提供顶级的定制服务，是高级定制业务能够在中国健康发展，被世界接受的核心。

2. 轻奢品的品牌战略对服装设计的影响

相较于价格高昂的一线奢侈品牌，那些追求个性又具备一定消费实力的人群更青睐价格合理又不乏设计感的轻奢品牌。轻奢品的消费人群为社会中层，他们对时尚有强烈追求，但财富又相对有限，服装单款需求数量较大，流行要素也追随时尚。随着设计感、品牌内涵等因素逐渐得到重视，轻奢品牌将成为中层阶级消费者的新宠。而且轻奢品也让这一人群感受到脱离了高端消费人群的“大众趣味”。目前，在中国的服装设计和品牌打造中，轻奢品设计仍是一片蓝海，但也将是中国服装品牌未来分化的走向之一。轻奢品讲究性价比和利用率，它的设计要求将朝着脱离大众趣味、设计感、品牌内涵、有个性、适合日常穿着等方向发展。

3. 大众消费品的品牌战略对服装设计的影响

大众消费品，就是针对大众销售的商品。这类消费品更多的是在追随流行，并在一定限度内采纳流行元素。消费群体人数众多，地域差异也十分明显。中国目前大多数服装品牌处在这一等级水平。不太贵、有个性、穿得出去、有一定的时尚元素，是大众消费品的必备要素，同时随着品牌打造理念的发展，有两个方向将成为设计主流。

一是在国外快时尚品牌的冲击下，国内将有部分服装品牌开始追求速度与潮流，并重点打造以快速反应为核心的运营体系，从而提高市场竞争力。

目前美邦等休闲品牌正朝着这一方向转型。由于国内的快时尚仍处在借鉴与探索阶段，因此以国外四大快时尚品牌 ZARA、H&M、优衣库和 GAP 为代表进行分析。其成功共同点是满足不同的产品定位和不同消费人群的需求。它们的“快”在于上架及出货速度之快，将服装从耐用消费品变革为快速消费品，注重低成本及产品的更新速度。以 ZARA 为代表的快时尚品牌一年可以有 6 ~8 个时装季，而非以前传统的 2 ~4 个时装季。为了做到这一点，服装品牌需要不断缩短从设计到服装上架的周转时间，被称为“即时代”（Just in time）生产的新技术系统将各个产业链相连，ZARA 的新款从设计到上市仅需 7 ~30 天，将热卖款式补充上货架则仅需 5 天。ZARA 的核心是店铺，先由店铺提供销售数据，再由店面经理将整理结果交付设计部门，设计部门按照顾客需求设计出款式，接着由商业部门评估成本和价格，随后打板，制作样衣，交工厂生产，最后铺货上架。在这个流程中，单就设计而言，平均 20 分钟要设计出一件衣服，每年可以设计出 25000 种以上的新款，ZARA 的设计量甚至是 H&M 的 4 ~6 倍。这一模式的运作是基于顾客对于时尚的需求是变化的，收集的资料具有时效性，因此，“快”是这一模式最根本的也是最重要的法宝。

快时尚追随当季潮流，讲求设计速度和数量，并且上架速度快，变换频率高，通过快速周转，提高有效供给，从而提高销售率。来自国外快时尚品牌带来的竞争压力，也要求国内品牌要进一步加强产品设计能力，以快、精准为第一诉求，丰富款式品类，加快新品上市频率，以商品制胜。此外，国外快时尚品牌在中国市场上存在着有些设计太过张扬，甚至有浮夸之嫌，很多款型并不适合中国人的气质和身材特点等问题。因此，中国的快时尚品牌打造从设计方面来说仍具备一定的竞争优势。

二是无限贴近客户需求的极致——“慢设计”，这是扎根实用性需求及追求使用便利性的设计。这与快时尚品牌正好相反，其追求的是长久耐用、具有高度普遍性的设计以及恰当的价格，强调节制及反流行。

国内某些小众的设计师品牌开始探索此类设计，而将这一设计理念运用得最为成熟的当属无印良品。关于无印良品的理念，其设计总监原研哉在《设计中的设计》中曾这样描述：无印良品追求的不是“这个最好”“非它不可”，而是“这样就好”。它将价值赋予可接受的质量：节制、让步以及退一步海阔天空的理智态度，可称之为“全球理性价值”，一种以理性的态度使用资源和物体的哲学。无印良品的设计理念基于大众消费者，基于日常生活的“基础性”和“普遍性”。每件商品从企划、设计、制造到售卖均需层层把关，均有设计师参与。即使设计方案获得通过，产品还要交由日本顶尖设计师组成的外部咨询委员会评定其是否符合“无印良品的理念”。只有经过外部咨询委员的集体认可，产品才能最终上架。

无印良品的设计不追逐流行趋势，而是植根于“洞察消费需求”。其有名的“观察”开发计划，让开发团队直接深入消费者，观察其日常生活，甚至对消费者房间内的每一个角落、每件商品一一拍照，从而根据一手资料讨论分析，以此挖掘潜在消费需求。而每位无印良品的顾客只要有反馈意见，都被直接送至社长金井政明的邮箱。无印良品产品的使用者可在商品开发、试卖、正式售卖等阶段提供意见。无印良品还要求对产品进行定期检查更新设计。这两项任务分别由生活良品研究所和商品种类开发部承担。这一设计原则也使得无印良品注重本地化的商品开发，从而开发出符合本地生活习惯的精良设计。2010～2012年，其全球净销售额从1697亿日元增至1877亿日元。服装设计具有高知识性、高增值性的特征，好的服装设计能有力提升产品竞争力，无印良品的设计理念也是中国服装设计在品牌定位中的一个发展方向。服装企业也应向无印良品学习，无限贴近客户需求，不断提升设计开发和设计能力。

（三）新材料及新工艺对服装设计的影响

自1851年伦敦水晶宫展览开始，设计与材料及生产技术创新之间的重要关系在工业化进程中不断得到体现。对于服装设计而言，要追求美与功

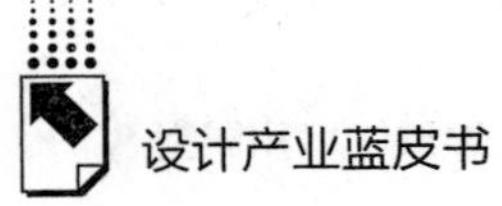

能，需要各方面的支持，尤其是材料（主要是面料）的完美以及工艺技术的精湛这两个方面。

服装的材料比较广泛，从原材料上分为天然纤维和人造纤维两类。无论什么材质，服装与面料之间是相互依附的关系。服装的款式、造型、色彩都通过材料来实现，服装面料是服装设计的基础。面料通常决定了视觉形态、构成结构、机能动态等形式，是服装设计的物质基础。科技的发展和社会的进步使人们对穿着日益挑剔，从对自身的关注发展到对所处环境的关心，要求服装除保留保暖、遮盖的基本功能外还须具备多种功能，如舒适、抗皱、抗菌、防污、美观、安全、保健、环保、方便穿着等。近十年来，全球化纤产量以年均3%的速度增长，消费级以上服装原料也日趋高档化和多样化。

伴随着激烈的全球化竞争，材料技术加速创新将成为新一轮服装行业科技进步的重要趋势，纤维材料的技术突破与运用开发，将成为各国纺织业竞相争夺的技术制高点，在特殊领域，高科技、高功能性纤维的开发和研制成为重点课题。目前，防辐射、阻燃、防熔滴、红外线、恒温调节、隐形、电磁波屏蔽、保健环保等功能陆续有所突破，成为领域亮点，高性能纤维的开发每年以接近30%的速度在增长。未来服装由功能服装设计转换成智能服装设计，由此促使高技术纤维的开发和研制，必定成为全球化纤的发展趋势。

新科技都要经历多次研发-开发-生产的环节，不会一蹴而就，在没有出现颠覆性的创造时，科技创新主要体现在对以往产品的改良上，即升级改进型产品。从服装设计师使用的角度来说，“以人为本”的理念已经深入人心，材料性能更卓越，价格更实惠，不仅能更好地帮助设计实现产品，而且能让更优质的产品惠及更广大的消费者。另外从消费者角度来分析，消费者即体验者，他们会从心理、生理上不断地适应或者融合环境，从而产生新的需求，这种需求将改变世界，有了这种原始欲望，设计才变得有意义。设计是为“懒人”服务的，许多设计助长了人的“懒惰”，如洗衣机、电饭锅的发明等。服装的需求也一样，对于现代化快节奏生活，易穿且易打理成为服装设计的出发点，从而 KEE 设计出秒脱拉链，杜邦的塔夫龙三防（防水、防油、防污）技术面料也应运而生。

总之，新材料、新科技让设计师对款式、造型更加随心所欲。材料的软硬、质感、纹理、色泽、厚重决定了设计的选择，但也让设计空间更为宽阔，功能呈现更为完美。

（四）绿色设计仍将是服装设计的必由之路

目前，中国正面临着资源约束趋紧、环境污染严重、生态系统退化的严峻形势。为了防治环境污染、创造良好的生产生活环境、实现可持续发展、承担国际减排责任，中国提出建设“资源节约型、环境友好型”社会和生态文明的发展战略。从党的十八大做出“大力推进生态文明建设”的战略决策开始，产业文明成为生态文明建设的三大发展方向之一。就服装设计而言，关键在于要坚持“绿色设计原则”，其重点尤其落实在对材料的选择与管理，对产品的可回收性的设计方面。

中国是世界水污染最严重的国家之一，70%的河流、湖泊和水库都受到了不同程度的污染。纺织业是全球水污染的主要源头之一，生产纺织品过程中的“湿法处理”工艺产生了大量含有有毒有害物质的废水，在纺织生产中，常被用作表面活性剂的壬基酚聚氧乙烯醚（NPE）在水体中会分解成有毒的壬基酚（NP），具有持久性和生物蓄积性，并通过食物链逐级放大。目前，NP 和 NPE 被列入《保护东北大西洋海洋环境公约》中第一批优先清除的化学物质，NP 还被列为欧盟水框架指令下的“首要有毒有害物质”，中国政府也将 NP 和 NPE 列入了《中国严格限制进出口的有毒化学品名录（2011）》中。中国纺织工业联合会还专门成立了“环境保护与资源节约促进委员会”，陆续关闭部分印染、污染严重的企业，但这远远不够。在服装产业全球采购及销售的今天，仍然因为各种法律漏洞，使得 NPE 在纺织行业中使用的现象在很多国家以及在某些国际服装品牌的生产过程中普遍存在，每个国家都有责任积极解决有毒有害物质的问题，而这一问题在中国显得尤为迫切。

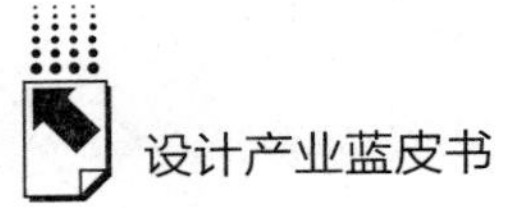

中国的服装企业、服装设计应做到以下几个方面，这是设计师的职业道德和社会责任心的回归。

（1）以保护环境为出发点，将防控污染与绿色干预措施纳入设计过程中，将环境影响控制到最小。

（2）在绿色材料的选择上，使用无污染的面料。

（3）节约设计，尽量摒弃无用的功能，不用奢华的设计。

（4）推动环境保护和提升生活质量，使服装产品既不破坏环境，对人无损害，产品又具备抗菌、抗静电、除臭、隔热、阻燃等多功能性。

（5）除了国家完善相关立法、监测和执行机制外，相关品牌也要完善对化学品进行全面管理的政策，从而确保掌控供应链中排放有毒有害物质的情况，并制订应急预案，同时能有效处理。

服装要为再利用而设计、为可持续而设计、为环保选购而设计，绿色环保衣必然是未来的产品发展趋势，相信未来，绿色环保衣将充满国人的衣柜。

（五）中国服装设计继续向国际化迈进

中国是一个服装大国。随着全球化进程的推进、互联网的发达和大数据时代的来临，全球采购、制造设备的升级换代、工艺技术的提高、服装设计学院的课程教授、代表全球时装潮流的秀场、传媒杂志的信息快递，都使得中国服装设计的信息获取已经“无时差”，而带有标志性的各种行业展览陆续来到中国，以及中国国际时装周的举办，都在推动着中国服装设计接轨国际舞台的脚步。

2013 年 6 月 23 日，“计文波舍得 2014 春夏高级成衣发布会”在米兰赛尔贝罗尼宫举行。相较于 2007 年，其本人以“兵马俑、武术、京剧”三大国粹元素融合为主题的米兰发布会，此次，他以首位中国设计师和设计师品牌的身份进入了米兰男装周官方活动日程，加上他之前踏足纽约时装周的经历，计文波已经成为中国设计师在国际舞台上的代表人物。同年的 7 月 4 日，在法国高级时装公会法新时尚国际机构的保举下，劳伦斯·许“绣球”发布会也登上了 2013 秋冬巴黎高级定制时装周的舞台，并成为第一个进入欧洲高端落地商业系统的中国高级定制作品。创办了“玫瑰坊”、最早涉足“高级定制”业务的设计师之一的郭培更是亚洲高级时装联盟里的唯一一位中国设计师。

这些设计师的成功无疑给急于迈向国际化的中国服装企业起到探路开拓的作用。同时，这也表明，在中国服装设计国际化的道路上，中国的设计师既需要具有东方审美观，又要掌握无国界的设计语言，同时还要具有对时尚设计的独到理解和个性表达。

目前，在中国服装设计国际化的道路上仍存在着一些问题。

第一，国内大多数服装企业还是围绕品牌推广与商业模式进行操作。企业虽然也极力向消费者传达品牌文化的核心理念，但却往往失去内涵。究其原因，是因为国内品牌向消费者传达的理念未以设计为中心，对设计师重视不够，没有从设计灵魂与人文美学出发，对消费者进行深入渗透。设计师在生产环节中的重要地位并没有保障。中国服装要想走向国际化，中国的服装设计必须进入设计师主导的品牌消费时代。

第二，中国服装设计的山寨抄袭情况普遍存在，要通过国家立法、行业立规来禁止“山寨”乱象。山寨产品可以在最短的时间里用最廉价的手段，直接翻版优秀设计师的精华之作，而其售价只有正品价格的一半甚至1/3，严重打击设计师的原创积极性，扰乱市场生态，不利于中国服装业的发展与成长。

第三，设计应立足于本土的华夏审美观念的设计理念，但不能将民族文化的现代表达停留在先锋艺术层面，民族文化在服饰中的表达不应只是简单的符号拼贴，更需要精神层面的诠释，比如说中山装、立领等，在现代服装的设计使用中，就要考虑到其背后的文化元素。对于一个民族的文化，要站在全球的视角去看，才能掌握全貌。中国元素的应用已不仅仅局限于中国红、刺绣、旗袍等人们所熟知的层面，而是要从文化层面更深入地去寻找表达的灵感。将五千年的纵向文化和民族的横向文化相结合，同时与对时尚的、对市场的理解结合在一起，用国际的眼光去诠释东方审美观，才是中国服装设计的“国际化”之路。

四 结语

未来五年，面对全球经济发展的不确定性和不稳定性，以及产业资源的全球化配置等大外部环境，中国服装业也将面临新的国际分工和资源配置模式的大挑战，但是，中国经济的持续稳定发展也将给中国服装业带来新的机遇。李克强同志在第七届夏季达沃斯论坛指出，中国工业化、城镇化远未完成，区域发展回旋余地和市场潜力巨大。产业、分配与消费结构的大规模调整，以及城镇化带来的投资结构的变化，将为中国经济带来新的动力，因此，服装行业大有可为，服装设计业大有可为。未来，中国的服装设计在信息技术的支持下，将加快服装领域标准化等基础研究，继续朝着产品差异化、个性化发展，改善同质化现象，精细研究消费需求，进一步锤炼消费价值主张，全面进行产品研发和设计创新，依托中国文化，深究品牌的内涵式发展，在多元文化中进行包容性创新，以设计影响、辐射和引导消费，创造价值增长点，落实社会责任，走绿色创新之路，从而全面提高中国服装品牌的国际竞争力。

B.15

勘察设计行业发展形势分析

张军英　冯晓硕　唐 科*

摘　要：随着国家加大“走出去”战略的步伐，我国部分大型勘察设计企业进行了国际化布局，特别是加大了对国际新兴市场的布局和开发力度。这类设计单位通常具有工程总承包资质，并且利用丰富的工程设计与工程管理经验来获得国际工程。

关键词：勘察设计　行业　发展形势　预测

一　勘察设计行业蓬勃发展

自1984年起，工程勘察设计行业的改革由起步到全面展开，至今已有30年的时间。多年来，以转型科技型企业、实行企业化经营为目标，政府部门和业内各界——包括行业协会、从业单位和企业——都做了大量的工作，付出了艰辛的努力，也取得了很好的效果。

工程设计，是工程建设的先导和灵魂。在我国国民经济快速发展和高速的城镇化过程中，我国工程勘察设计咨询业得到了较快的发展，具体体现为行业队伍数量快速增加、经济效益迅速增长，企业经营规模不断扩大、管理

* 张军英，中国建筑设计院有限公司高级建筑师，主任，研究方向为设计咨询；冯晓硕，中国建筑设计院有限公司工程师，硕士，研究方向为前期策划；唐科，中国建筑设计院有限公司助理工程师，研究方向为工程管理。

水平持续上升。在自身不断壮大的同时，也完成了大批固定资产投资项目的勘察和工程设计任务，促进了我国国民经济的持续、健康、快速发展，推动了城乡面貌改造提升，大大改善了人民居住条件，为国家经济社会稳中有进、稳中向好的发展做出了重大贡献。

二　推动国民经济持续增长

根据国家统计局数据统计，自1980年以来，工程设计推动我国完成固定资产投资总额累计2556651亿元，城镇固定资产投资总额累计2325960亿元（本数据统计日期截至2013年底）（图1）。[①]

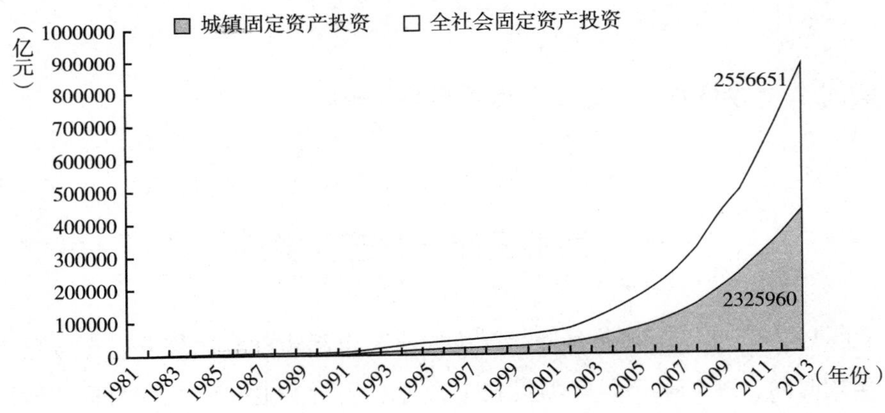

图1　1981～2013年我国固定资产投资额数据统计

根据国家统计局数据，2013年度全社会的固定资产投资总额为447074亿元，城镇固定资产投资总额达到436528亿元（图2）。根据2013年工程勘察设计统计年报数据，全年初步设计完成投资额超6万亿元，施工图完成投资额近9万亿元，为国民经济持续增长发挥了积极作用（图3）。[②]

① 国家统计局。

② 《2013年工程勘察设计统计年报》。

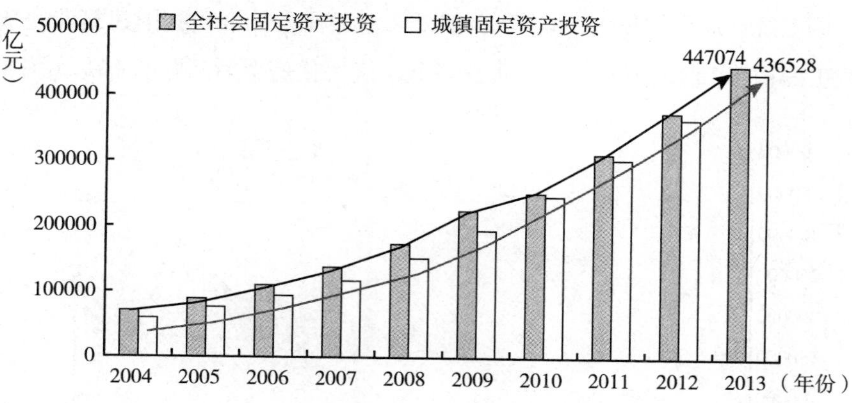

图 2　过去十年我国固定资产投资额数据统计

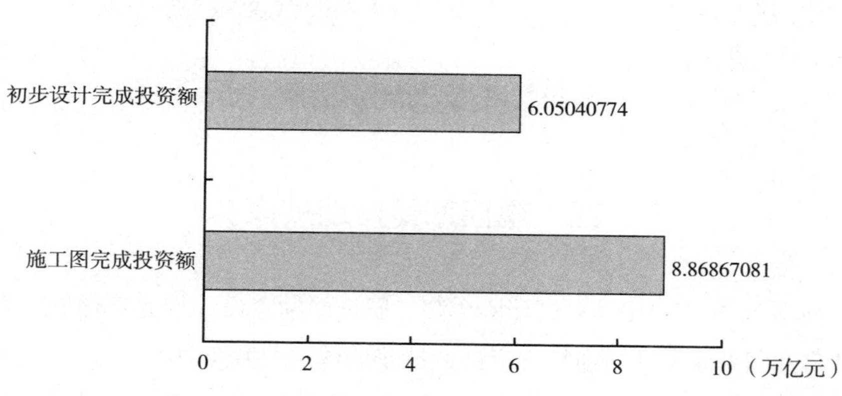

图 3　2013 年初步设计和施工图完成投资额

三　改善城乡居民住房水平

20 世纪 70 年代末，我国城镇人均住房面积不足 8 平方米，近一半的城镇居民家庭住房问题得不到妥善解决。

而截至 2011 年末，我国家庭平均每户拥有 116.4 平方米的住房面积，人均住房面积则达到了 36 平方米，人民群众的居住条件有了很大改善。

国家统计局数据显示，自1985年以来，工程设计推动我国建筑业完成房屋竣工面积5615228万平方米，促进了我国居民住房保障问题的解决（图4）。

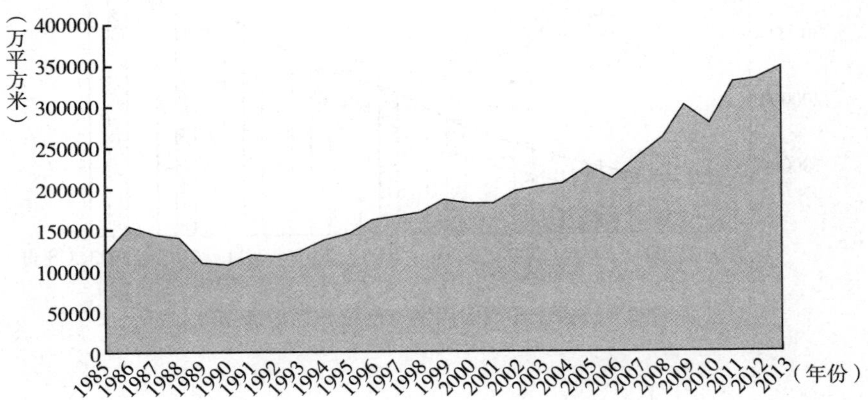

图4　全社会房屋竣工面积

四　规模效益持续扩大

根据2014年中国勘察设计协会第二届全国勘察设计行业管理创新大会上住房和城乡建设部副部长王宁讲话披露的数字，截至2013年末，全国范围内的工程勘察设计企业总数达1.9万家，勘察设计行业从业人员近245万人，注册执业人员则达到了26.2万人。行业规模的持续扩大在企业效益上则体现为经济效益的不断增长，2013年企业全年营收超2万亿元，企业利润总额接近800亿元。

五　业务领域不断拓展

随着改革开放的不断深化和市场经济的发展要求，许多勘察设计企业在维持原有业务类型的同时，不断积极探索新的工程建设运作模式和组织方式，加大内部配套改革，积极稳妥地推行“一业为主、两头延伸”的发展思路，加强企业业态创新，促进企业向项目前期咨询、工程咨询、工程总承包、项目管理等集技术咨询与管理咨询服务为一体的大型勘察设计企业发展。数据统计显示，截至2013年，全国范围内勘察设计工程总承包业务带来的收入超过8000亿元，占全行业营业收入的近四成。在业内一些领域，工程总承包已逐渐成了勘察设计行业主流的服务形式。

六 科技水平逐步提升

一些勘察设计企业注重专有技术，坚持自主创新，不断加大科技投入，创建技术研发中心，重点攻关核心技术、专利和专有技术及产品的开发。同时通过加强企业信息化建设，不断提升信息技术应用水平，初步形成现代管理信息化系统的雏形，增强企业规范化管理能力；在认真完成工程勘察设计任务的同时，注重创新技术的应用，认真落实节能减排的要求；搭建多种科技平台，如积极开展优秀工程项目评选活动，鼓励专业技术不断创新、不断进步，有效推进勘察设计企业创新驱动发展理念的树立。

2013年统计数据显示，全国工程勘察设计企业2013年全年科技成果转让收入近520亿元，企业累计拥有专利和专有技术超80000项，企业累计组织或参加编制国家、行业、地方技术标准近9800项。① 尤其在错综复杂的地质条件下的综合勘察技术、岩土工程环境治理等方面，获得了显著的进步，相关技术如大跨空间、超高层、复杂结构设计技术均达到或者接近世界领先水平。上述这些成绩的获得，有利于勘察设计行业进一步创新发展。

同时，国内一批企业成长为科技型企业，部分企业具备了较强国际竞争力，成了国际知名的工程公司和设计咨询公司。“据美国《工程新闻纪录》统计，2013年，我国内地19家企业入选ENR全球工程设计企业150强，18家企业入选国际（海外）工程设计225强。”②

---

① 2013年全国勘察设计统计年报。

② 王宁：《在中国勘察设计协会第二届全国勘察设计行业管理创新大会上的讲话》，《中国勘察设计》2014年第6期，第19~23页。

七　积极开拓国际市场

（一）勘察设计“走出去”是发展趋势

当前，在世界经济高速崛起的大环境下，各个国家的企业也在飞快地发展。中国作为全球最大的发展中国家，若要成为最具发展潜力的经济大国、经济强国，就必须走出国门进入日益激烈的国际竞争中，寻求更丰富的国际资源，开拓更广大的国际市场。

“走出去”是现在我国大力支持的海外投资战略，国内部分大型工程勘察设计企业具有较强国际竞争力，根据“走出去”战略推进国际化发展，在全球范围拓展业务，尤其重视挖掘国际新兴市场的潜力，加快了行业国际化发展进程。这些勘察设计企业通常具有工程总承包资质，并且利用深厚的工程设计与工程管理相关经验来赢得国际工程。

此类有实力、有信誉的企业在对外承包工程等经营活动方面会得到国家给予的政策支持，如政府对外经济合作、国家银行出口信贷等，并利用这些政策优势，推动企业掌握国际勘查设计市场通行规则，促进国外设计市场的拓展；与国际上的设计公司紧密合作，积极开拓工程设计、咨询等工程承包的前端服务领域；遵循有序、审慎、有利的原则，以实践经验为依据，积极拓展政治环境利好、经济蓬勃发展的海外市场。

（二）推进勘察设计企业海外并购

当前国际产业正面临分工调整，对中国企业来讲这是抢抓国际市场的新机遇。国内有国际竞争能力的勘察设计企业还可以通过海外并购、联合经营、设立分支机构等方式来开辟途径，以此融入国际市场。当前，国内已有发展较为成熟的勘察设计企业并购案例如下。

1. 中国建筑设计研究院收购新加坡 CPG 集团

2012 年，中国建筑设计研究院以全资控股的方式完成了对新加坡 CPG

集团的收购，收购价格为 1.47 亿澳元（约合人民币 9 亿元）。此次并购打响勘察设计行业海外收购的第一枪。

“CPG 集团是新加坡建国的主要发展咨询专业机构，是亚太地区基础设施及建筑工程领域领先的咨询与管理服务公司。”① 此次通过对新加坡 CPG 集团的收购，为中国建筑设计研究院的海外设计和咨询业务开辟了一个成熟的拓展平台，也使得中国建筑设计研究院的国际化水平有了很大程度的提升，拓宽了中国勘察设计企业在全球的业务范围，延伸完善了建筑设计市场产业链，推进中国本土建筑设计早日实现全球化。

2. 上海现代建筑设计集团收购威尔逊公司

上海现代建筑设计集团 2014 年也在海外收购方面有重大举措，于纽约以全资控股的方式完成了对威尔逊室内设计公司（Wilson & Associates Inc）的收购。本次并购意味着现代集团的海外业务渠道得以拓宽，集团的国际化进程大幅加快。

由此可见，为快速实现我国本土勘察设计行业在全球的战略布局，不断增强其在国际竞争中的优势，率先推进一批本土勘察设计企业跨国进行海外并购将是一个重要途径。

---

① 中国建筑设计研究院：《中国建筑设计研究院成功收购新加坡 CPG 集团》，国务院国资委网站，2012－05－28。

B.16

艺术衍生品产业发展现状及建议

张宜春*

摘　要：随着中国文化创意产业的发展，艺术衍生品市场正在形成。本文给出了艺术衍生品的定义和特征，确定了艺术衍生品的分类。接着从市场角度分析了艺术衍生品在中国的市场容量、商业模式和发展前景，分析了当前限制艺术衍生品发展的主要问题，并提出了相应的解决思路和建议。

关键词：艺术衍生品　文化创意　艺术品授权

一　艺术衍生品产业概述

（一）艺术衍生品概述

中国艺术衍生品行业的产生和发展主要伴随着文化创意经济在我国的大规模发展，受到了中国文化创意产业的推动。中国艺术衍生品产业发展初始阶段为2006～2008年，当时随着国际艺术品交易的发展，中国文化创意产业逐步认识到了成熟艺术品市场的构成、交易行为和发展规律，对于艺术品的副产品——艺术衍生品——的认识也随之展开，相应的产业实践也逐渐展开，但是这种中国艺术衍生品产品和市场的发展还处于自发性阶段，艺术衍生品的价值和潜在市场规模尚未得到完整的认识和挖掘。中国艺术衍生品发

* 张宜春，中国艺术科技研究所数字艺术中心主任、博士。

展的成型时期主要是2010～2011年，以国际艺术授权博览交易会、《富春山居图》的艺术授权和商业开发及中国首家艺术授权基金成立为主要标志，2011年的艺术授权产品规模较上一年成井喷态势，艺术授权得到广泛认可，从而艺术衍生品的行业市场前景和潜在价值得到了充分认识。

（二）艺术衍生品的定义和特征

根据目前艺术衍生品的主要发展形态和未来发展趋势，如果产品符合以下五个特征，就可以认定为艺术衍生品。

第一，艺术衍生品从本质上讲，首先是用于市场交易的商品，是一种“艺术化的商品”，满足和符合大众流通商品的各种商品属性和定价规律。

第二，艺术衍生品依托于某种艺术原品，是对原生艺术品的二次创造和利用，可视为原生艺术作品的派生物，不能剥离与原生艺术品直接的联系而单独存在。

第三，在艺术衍生品的合法开发过程中，存在显式或隐式的艺术授权行为。由于艺术衍生品并非原生性艺术品，它必须依托于某种原生艺术品而存在。

第四，艺术衍生品的价格相比于原生艺术品，有了较大幅度的降低。同样的，如果从艺术品投资收藏的角度看，艺术衍生品更多的是消费品的属性，而不能像原生艺术品一样，承担起投资品的角色。

第五，艺术衍生品具备将原生艺术品进行商业推广，将原生艺术品的人文精神、美学价值、符号意义进行大众传播的能力。艺术衍生品作为一种“普通大众消费得起的艺术品”，拉近了艺术与生活的距离，向普通大众传递了原生艺术品中无形文化价值。

（三）艺术衍生品的形式和类型

根据上文中艺术衍生品的定义，根据艺术衍生品的商品属性，将艺术衍生品分为以下几类。

（1）艺术复制品。这类艺术衍生品包含了：①高端复制品，比如1∶1

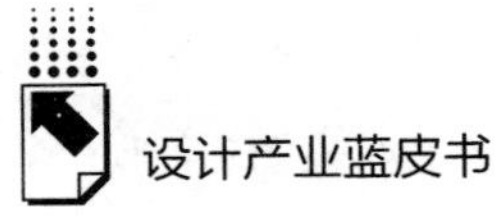

复制几乎以假乱真的复制画作。②限量复制，比如对于原生艺术品的限量复制，或者限量版版画等。③数字复制，比如将原生艺术品进行数字化采集和制作，将形成的数字文化资源加以销售。

（2）纪念品。这类产品主要包括在博物馆、美术馆、画廊中进行售卖的各种与原生艺术品有着人文联系的各种简单艺术创作产品。

（3）文化创意产品。这类产品包含各类工艺品、礼品、工业设计品、快速消费品等，涵盖了快速消费、日用百货、家居装饰等多个行业和领域。

（四）艺术衍生品的市场和产业链结构

艺术衍生品行业是一个具备超长产业链和复杂业务流程的行业，其上游是原生艺术品拥有者、创作者、著作权所有者，中游是各类艺术授权机构、艺术品产业中介机构、工作室、设计室、生产厂商，下游是各类面向终端消费者的门市、零售机构，同时还需要同传媒、金融、法律行业进行互动，依托各个行业的终端产品，形成艺术衍生品的完整产业链。

二　我国艺术衍生品产业现状分析

（一）我国艺术衍生品产业现状

根据上文对于艺术衍生品的分类，可以发现我国的艺术衍生品按照艺术加工和创意结合的程度，分为以下几种。

（1）简单复制品。这种复制方式创作门槛极低，设计者的二次艺术创作参与度不大，艺术衍生品单位产品价格较低，附加值也较低。

（2）高端复制。这类艺术衍生品充分释放了消费者对于原生艺术品的艺术欣赏需求，将消费者从独一无二的稀缺性中释放出来，通过改变产品的材料、尺寸、数量、空间关系等状态，实现了时空上的美学挪移，开拓适合艺术审美消费的新渠道，从而实现高端复制的商品。

（3）解读文化内涵后的创意产品。这类产品往往是依托相关的原生艺术品，对其文化内涵进行了重新解读，利用原始艺术品中的文化元素，转换到新的时空背景之中，以现代思维和设计方法加以重新诠释，利用定制化的器物加以呈现，从而实现原始艺术品的商业价值和定制化产品附加价值双方面的提升。在这种艺术衍生品设计过程中，要求衍生品设计人员对于原生艺术品的文化内涵有着相当深刻的认识理解，同时对于承托器件的工业设计和器用设计也有着极深的功力，每一件艺术衍生品的产生，都可以看成是一次古典与现代、艺术与商业的完美结合尝试。

目前，国内艺术衍生品的销售渠道主要有以下方式。

（1）依托原生艺术品展示场所。这类艺术衍生品一般是在博物馆、美术馆、画廊等原生艺术品展示的场所，利用作品展示所带来的人流和观众，从事相关艺术衍生产品的商业销售。

（2）依托创意产品零售门店。这类艺术衍生品往往通过艺术品超市、博览会等创意产品门店，进行文化衍生品的售卖。

（3）依托下游行业自营渠道。这类艺术衍生品并不通过艺术衍生品专业渠道进入大众消费，而是由文化产业中介联系好版权方、生产方、销售方，通过艺术衍生品发行方自有的销售渠道进行销售。

（二）我国艺术衍生品市场容量估计

随着2011年艺术衍生品得到井喷式发展，艺术衍生品行业的市场价值得到了公认。

以博物馆的艺术衍生品为例，进行博物馆行业的估算则可发现：台北故宫博物院一年的艺术衍生品营业额大约为5亿元人民币、英国TATE博物馆商品年销售额为3亿~5亿元人民币，美国大都会博物馆年销售额为5亿~7亿元人民币。根据文化部统计数据，我国博物馆数量3589个，其中国有博物馆3054个，具备丰富文物资源和参观人流资源的全国一级博物馆100个，年均接待能力为8.2亿人次。而根据人均消费估算，即使我国博物馆游客的人均消费能力仅有故宫博物院的30%（参照两岸人均GDP），整个国内博物馆艺术衍生品市场也将超过500亿元。而这个艺术衍生品市场尚未包含市场更为广阔的美术馆衍生品、艺术超市和工作室、创意产业的文化市场范围，由此可估计艺术衍生品的总体市场空间应该超过2000亿元。

而根据文化发展基金会国际艺术授权专项基金副理事长郭羿承一个较为折中的估算，以2010年我国艺术品拍卖总成交金额589亿元来推算，我国艺术授权所带来的生产总值应达到1767亿元的水平。

根据上述估算可以发现，中国艺术衍生品的总体市场空间在目前应该在2000亿元以上，而目前只开发了其中10%。艺术衍生品还处在一个高速成长期，参与的企业将面对一个具有广阔空间的市场蓝海。

（三）艺术衍生品产业的社会和经济影响

艺术衍生品产业的发展，有着以下积极意义和作用。

1. 艺术衍生品产业是文化创意产业的重要组成部分

艺术衍生品作为原生艺术品的二次开发和利用，凝结了设计者自身的文化创意思想和心血，是文化创意产业的重要组成部分。

2. 艺术衍生品具有“文化传承和美学教化”的良好社会价值

由于艺术衍生品折射出的原生艺术品的美学观念和人文精神，同时以消费者能够负担、能够接受的创新形式加以工业化、规模化生产，克服了原生艺术品的稀缺性所带来不可接触缺陷，使得艺术能够走进千万家，对于文化传承有着重要的推广作用，为社会大众带来了“消费得起的艺术品”，这对于文化发展和人文精神提升有着非常重要的作用和意义。

3. 艺术衍生品将有助于中国产业经济从“工业经济”向“美学经济”“创意经济”转型

我国经济经过多年发展，已经从商品相对短缺转变成了商品相对过剩，在激烈的市场竞争中，利用原生艺术品的人文精神和文化影响力，加之制造厂商自己的文化理解，是提升产品竞争力，提升产品附加值的重要路径。艺术衍生品产品将带动文化消费的发展

艺术衍生品产业的发展，将满足消费者在商品社会中各种人文需求，迎

合消费者的精神需要，结合多种商品形式，扩大传统艺术消费群体，让艺术消费进一步深入广大群众生活。

（四）艺术衍生品产业的发展机遇

1. 艺术衍生品市场广阔，尚处在开拓初级阶段

根据估测，艺术衍生品的极限市场容量大约为2000亿元左右，而实际已经开拓的市场空间只有100亿~200亿元。因此先进入市场的企业容易构建较高的竞争门槛，或者实现差异化市场竞争，有着较好的市场先发优势。

2. 中国有着丰富的原生艺术品资源优势

中国是一个具有悠久文明和文化资源的古国，源远流长的璀璨文化为后世留下了丰富的原生艺术作品，孕育了瀚如星海的知名艺术家，这种文化积淀为艺术衍生品的开发奠定了良好的基础。

3. 中国具备基础制造业的有力支撑

艺术衍生品作为一种“艺术化的商品”，依然需要满足商品竞争中的几个核心要求。中国大量的制造业资源投入艺术衍生品行业，将有效推动艺术衍生品产业向着国民经济的重要产业发展。

4. 人民群众日益增长的文化消费需求和文化购买力激发艺术衍生品市场的持续增长潜力

目前我国经济快速发展，国民消费日益从解决生存压力的温饱型消费，转变成提高生活品质的享受型消费。通过艺术衍生品大规模传播，高雅艺术能够方便快捷地进入广大人民群众中间，满足大众日益增长的文化消费需求，满足大众对于现实商品“精神性”和“差异性”的需求，提升大众幸福感和快乐感。

5. 文化大发展大繁荣的国家战略是艺术衍生品产业发展的政治机遇

文化的大发展大繁荣，离不开文化事业和文化产业的发展，离不开具备人文情怀和审美素养的中国公民。艺术衍生品产业的发展，能够同现阶段国家发展战略有机结合起来，为中国国家软实力的提升贡献自己的产业力量。

与此同时，政府国家战略与艺术衍生品产业的结合，也有助于构建良好的产业外部环境，保障产业的良性发展。

（五）我国艺术衍生品产业发展中存在的问题

艺术衍生品产业作为一个新兴的产业，机遇与风险并存，目前我国的艺术衍生品行业还存在着以下几个问题。

1. 我国艺术衍生品相关法律和制度建设软环境尚不完善

艺术衍生品产业从根本上讲，就是围绕原生艺术品的著作权、传播权等知识产权权利展开的经营行为。缺乏相应的知识产权法律体系和政府监管体制，对于艺术衍生品产业中的各类从业人员来说都是巨大的风险，严重损害了原生艺术品拥有者、管理者、中介、使用者、受益者各方的利益。法律制度的不健全，政府监管体制的滞后，将使得艺术衍生品产业的商业风险加大，提高艺术衍生品各方合作的机会成本，降低产业链各方之间的信任，进而制约了整个艺术衍生品产业的发展。

2. 艺术衍生品的营销渠道单一

目前，国内艺术衍生品的销售，大多采取实体店的方式，一般依附于各大博物馆、美术馆、艺术中心而存在，营销渠道较为单一，产品难以覆盖整个有需求的目标人群，而线上营销、多业态营销的创新方式还处在实验阶段。随着艺术衍生品产业的发展，这种单一的销售渠道已经难以满足市场的需求，制约了艺术衍生品产业的快速发展。

3. 艺术衍生品的生产交易销售链条尚未完全打通

由于艺术衍生品具有产业链条长、合作角色身份复杂、商业模式和合作模式较难形成固定统一模式、从业企业专业化程度仍然较低等问题，艺术衍生品上游、中游、下游之间的沟通合作较为困难，人为因素较多，尚未形成可复制可推广的艺术衍生品合作模式，相应的生产交易销售链条尚未完全打通，可靠的艺术衍生品价格和流通体系也尚未形成。

4. 当前艺术衍生品开发水平低，文化创意和设计水平较差

目前艺术衍生品多以复制品为主，产品附加值较低，甚至部分用于附加

艺术价值的“商品”本身，也存在着质量和品质问题，破坏了“商品”本身质优价廉的市场竞争属性，破坏了原生艺术品在人们心目中留下的美好形象。艺术衍生品的二次解读和重构设计，依然是我国艺术衍生品行业的行业短板。

三　我国未来艺术衍生品产业的发展建议

通过对于我国艺术衍生品产业的系统梳理和分析，针对目前所存在的问题，提出以下几条建议，以进一步促进我国艺术衍生品产业的发展。

1. 加强艺术衍生品相关知识产权法律法规建设，加强艺术衍生品行业的行业监管，建立起保障艺术衍生品发展的良性外部环境

艺术衍生品产业的发展，其核心是解决原生艺术品的权利问题，厘清原生艺术品与艺术衍生品之间的利益关系，防止由法律制度和监管制度的问题，导致盗版泛滥、谋取私利等有违产业发展的乱象产生。为我国艺术衍生品产业的发展构造一个各方信任、健康有序的良性产业环境。

2. 加快艺术衍生品中介组织的建设步伐，谋求建立全国范围的行业组织，从而逐步建立起完整的艺术衍生品产业链

由于我国的艺术衍生品产业链尚未建立起来，而艺术授权中介在目前的产业链条中，处于产业链中游核心地位，因此通过加强艺术衍生品中介组织的建设，将有助于拉动产业链上下游企业的建设。同时建立全国范围的行业组织，通过公立性、权威性的行业组织，为产业链上中下游企业提供一个平等对话、信息交流的场所，并依托本行业组织，逐步解决诚信评估、产权估值、风险评估、法律保护等行业重大操作性难题，整合和优化相关产业资源，从而逐步建成完整的艺术衍生品产业链，构造出健康和谐向上的艺术衍生品产业生态圈。

3. 拓宽艺术衍生品企业投融资渠道

由于艺术衍生品在我国发展尚处于初级阶段，其经营模式尚处于实验阶段，艺术衍生品相关从业单位规模小，抵御金融风险能力差，建议商业银行、金融机构、创投机构、中介机构、行业协会携起手来，构建适合无形资产和艺术品知识产权评估的估值体系，通过无形资产担保、证券化等形式，为艺术衍生品经营企业筹措启动运维资金，同时创立艺术衍生品相关产业发展基金，重点扶植和支持处于初创阶段、拥有高成长性的艺术衍生品经营企业。

4. 树立起“人人买得起”的艺术衍生品产业核心价值观

艺术衍生品具有“艺术品”和“商品”的双重属性，但是其核心仍然是工业化规模化的商品。作为工业时代的商品，就必须能够最大限度地提升产品规模、扩大产品市场、降低产品成本，走“集约化、产业化、规模化”的产业共同发展之路，让艺术衍生品成为“人人都买得起”的文化消费产品，把艺术和人文传播视为产业的社会责任，让艺术消费成为人们一种自然而然的生活方式，这样才能在扩大市场规模的条件下，达到经济效益和社会效益的长久双赢。

5. 提升艺术衍生产品的设计水平，整合业界设计资源，建立起从事艺术衍生品设计的专业化队伍

要提升艺术衍生品的市场发展潜力，充分释放消费者购买艺术衍生品的需求，首先需要解决艺术衍生品中设计能力低下的根本性难题，“让产品自己去说话”。因此，急需积聚在文博界、艺术界、工美界、工业界、文化界、传媒界、广告界、科技界中的相关设计资源，整合出业务弹性、思想融汇、链条完整的设计资源平台，实现艺术衍生品产业内部和外部、产业链上中下游的资源合理配置和优化，逐步建立起从事艺术衍生品设计的正规化、长期化、专业化队伍，提升整个艺术衍生品产业的艺术设计水平。

四　结语

我国是一个有着丰富文化资源的文明古国，既留下了浩如烟海的传统艺术宝藏，也有着层出不穷的当代艺术明珠，这是艺术衍生品产业发展取之不

竭的源头活水。加快中国艺术衍生品产业的发展，既是对历史和传统的守望和传承，也是满足人民文化消费需求的客观需要，更是适应市场经济大潮，推动中国经济转型的重要方式和手段。

中国艺术衍生品产业的发展，有赖于完善的知识产权法律保障体系，有赖于政府对于无形资产的有效监管和对产业的呵护培育，有赖于构造完整的产业链和自循环的产业生态圈，有赖于从业单位形成共识建立互信。

中国艺术衍生品产业的发展，需要政府、企业、民间组织多方携起手来，尊重原生艺术品的人文关怀和美学价值，承认原生艺术品对于艺术衍生品发展不可替代的意义，保障相关权利人的合法权益，充分认识到艺术衍生品产品开发和推广中的特殊性，认可艺术衍生品应有的情感互动、美学教化等社会职责，为艺术衍生品创新产品种类、商业模式创造相关平台和条件。

B.17
互联网时代动漫设计行业发展趋势

邓丽丽*

摘　要：本文从动漫产业的自身发展规律与大动漫观的角度分析动漫设计的重要性。在动漫产业如火如荼的今天，需要冷静分析动漫卡通形象设计在作品中所起的关键作用。在互联网时代，在跨界融合的市场条件下，动漫设计有更广阔的空间，也面临更大的竞争与挑战。动漫产业也将在动漫设计者和经营者的努力下发展壮大。

关键词：动漫设计　卡通形象　大动漫观　跨界融合

目前中国文化创意产业蓬勃发展，大家越来越关注文化产业的重要组成部分——动漫产业——的发展。在中国政府各类动漫产业扶持政策的推动下，在动漫从业者的共同努力下，中国动漫产业得到了迅猛发展。产业规模不断扩大，企业实力壮大，动漫产品质量提升。文化部产业司副司长吴江波在2014年中国（天津）动漫品牌峰会上讲到，“2013年全国动漫产业产值已经达到870亿元，已经成为文化产业最具增长实力和发展潜力的行业之一”。中国电视动画片产量从2004年之前的平均年产量不足4200分钟，逐年增加，最高峰2011年产量达到26万分钟，居世界动画片产量的首位。2011～2013年，完成动画作品450部左右。国产动画电影2013年制作完成

* 北京大学光华管理学院MBA硕士，北京大学文化产业研究院研究员，动漫游戏中心主任，主要研究方向为动漫产业商业模式、动漫产业与金融资本融合、文化产业项目策划与控制。

并取得公映许可证的有 29 部，其中 26 部登上了大银幕，产出票房 6.6 亿元。2013 年游戏产业总收入（包括衍生品）约为 1230 亿元，整体用户规模持续扩大，已达 4.9 亿人，同比增长 20.6%。①

在我们谈论动漫产值、动画片产量、动画电影数量的同时，必须要关注形成动漫作品以及动漫产业的重要因素之一——动漫设计。

一　动漫设计是中国动漫产业发展的重要环节

（一）动漫设计是动漫产业的重要组成部分

动漫产业是由动画、漫画、游戏三个产业主体与以“动漫形象”为核心的相关衍生产业结合，所构成的产业整体。动漫产业之所以被青少年喜爱，被投资人追捧，很大程度上取决于动漫产业的商业模式特色，具有产业链开发的价值。

所谓动漫产业链，是指以“创意”为核心，以动画、漫画为表现形式，以电影电视传播为拉动效应，带动系列产品的“开发－生产－出版－演出－播出－销售”的营销行为。按照文化部《动漫企业认定管理办法（试行）》中的规定，从动漫产业链的角度来说动漫产品包括“漫画”“动画”“网络动漫（含手机动漫）”“动漫舞台剧（节）目”“动漫软件”“动漫衍生产品”六个层面。

动漫设计可分为三种，第一种是根据动漫作品所需要的设计，包括：漫画、动画片、动画电影中角色设计、动漫卡通形象设计。

第二种是动漫衍生品设计。包括玩具、服装、礼品、文具、家居饰品、运动用品、动漫音像等多种周边、Cosplay（角色扮演）的设计。动漫广告、动漫商场、动漫主题乐园（公园）等实体工业动漫化设计。

① 《2013 年中国游戏行业生产经营总收入约 1230 亿元》，新华网，2013 年 12 月 9 日，http://news.xinhuanet.com/local/2013-12/09/c_118480562.htm。

第三种是使用动漫设计的技术及能力，为其他产业与企业的品牌打造，广告宣传，市场营销提供创意、设计、制作、传播。

（二）动漫设计是动漫作品及衍生产品成功的主要环节

动漫设计的成功与否是动漫产品能否成功的重要因素，是动漫衍生品能否创造效益的关键，也是能否塑造品牌，成功授权的关键。具体而言，卡通形象的设计是作品与产品的成功关键。

卡通形象（Character）一词最早出现在1953年由迪士尼公司在授权手册合同上，是为其动画主人公（Fanciful Character）而来。从商业角度上来看，它是“为满足及达到目的为手段而穿凿出的具有特性的主题”，它没有固定的颜色、线条、文字、指示，由设计师根据特定对象的性质而制作出来的。①

迪士尼动漫产业的产业链，尤其是主题公园开发的各种产品、娱乐项目均与米老鼠这个可爱的卡通形象有关。全球最赚钱的小狗史奴比，寿命超过了半个世纪，走遍75个国家，漫画书达到1.8万套，每年开发产品2万种以上，年创造价值11万美元。全球最受追捧的机器人——变形金刚，玩具畅销了20多年，在中国玩具市场上销售累计达到50亿元。全球最有女人缘的猫Hello Kitty，品牌创建近40年，先期没有动画作品，只有一个“猫”形象，衍生产品有5万多种，产品销售60多个国家，全球品牌形象年授权收益达到40亿美元。中国的著名动画卡通形象喜羊羊与灰太狼，开发了七大类上百种产品。作为动画片的主角，既是中国小朋友喜爱追逐的对象，也是衍生产品开发的成功案例。

（三）动漫设计越来越成为企业营销的重要手段

动漫产品之所以长盛不衰，与人们追求快乐、追求自由的心理有很大关系，卡通形象是快乐、时尚的载体。如果企业运用动漫手段进行产品营销，

---

① 迪士尼授权手册。

会让产品多一些轻松、愉快的文化内涵，更容易被消费者接受。无论是对高科技企业还是传统企业而言，使用动漫形式营销都是一种有效的营销方式，它让人们与产品亲密接触，使得营销更有成效。

动漫设计中卡通形象的设计，在相当程度上是一种“娱乐营销”的表现形式。娱乐营销，通常的解释是借助娱乐的元素或形式与整合营销的精神和规则结合起来，让消费者在娱乐的体验中与产品建立情感的联系和沟通，感化消费者的情感，感动消费者的心灵，从而达到销售产品，建立忠诚客户的目的。

迪士尼有众多的娱乐化卡通形象，迪士尼把旗下的卡通形象视为内容产品，每年都有大量的形象推广活动，这包括动画片的播出、主推形象的Cosplay 秀等，娱乐化的推广带给大家快乐的体验。同时，迪士尼通过授权，将旗下的众多卡通形象与全球数千家企业结合，既传播了迪士尼的品牌，创造了收益，又为众多企业产品营销带来了娱乐化的体验。

伊利 2008 年度通过天络行公司授权“哆啦 A 梦”用于产品包装上，2008 年度伊利 QQ 星销售额 2 亿元，2009 年度销售额 5 亿元，2010 年度销售额 10 亿元。美特斯邦威结合变形金刚，2009 年 7 月随着电影《变形金刚1》在中国热播期间上市产品，美邦店铺的产品销售额同比增长 30%。

所以，无论是产品推广的娱乐化，还是产品本身的娱乐化，都会与消费者产生共鸣，带动企业销售。这就是卡通形象的成功魅力，也是动漫设计在企业营销中的作用体现。

二　动漫设计的发展现状

（一）动漫作品中的卡通形象设计

本文仅以动画形象设计为例，分析中国动漫设计的现状与特点。

1. 动画作品创作中动画形象的不同来源

目前中国动画形象设计出现在电视动画片与动画电影中的形象基本分为

原创动画形象、动画电视片与动画电影互相改编、网络益智社区形象改编、卡通频道形象改编、引进国外动画形象等几大类。

原创动画形象，是指动画制作机构或动画创作者根据故事和剧本需要，全新创作的动画形象，此类形象开发者拥有完全的品牌自主权，在后期开发的产业链中以此为基础，进行衍生品的二度创作及授权开发，为原创者（企业）带来可观收益。喜羊羊、灰太狼的创作属于这一类。

网络益智社区改编形象，是利用已有的网络益智社区形象进行电影化改造而成的动画形象，此类形象基本属于授权类的形象开发，设计者（企业）获得部分收益。例如2013年的动画电影《赛尔号3战神联盟》《洛克王国2圣龙的心愿》属于这一类。

2. 动画形象不同类型分析

目前在动画作品中，动画形象主要有动物类形象、人物类形象、机器或工业类形象、神话类形象、奇幻类形象、真人实拍类泛动画形象（见表1）。一般意义上说，动物类的卡通形象比较容易受到好评。

表1　2013年国产动画电影形象来源与分类

序号	片名	形象来源	形象分类
1	喜羊羊与灰太狼5	电视动画	动物类
2	赛尔号3	游　戏	机器或工业类
3	我爱灰太狼2	电视动画	真人实拍
4	洛克王国2	游　戏	奇幻类
5	潜艇总动员3	外国引进	机器或工业类
6	巴啦啦小魔仙	电视动画	真人实拍、奇幻类
7	辛巴达历险记	原　创	人物类
8	开心超人	电视动画	人物类
9	魁拔2	原　创	人物类
10	81号农场之保卫麦咭	电视动画频道形象	动物类
11	昆塔·盒子总动员	游　戏	机械或工业类
12	波鲁鲁冰雪大冒险	外国引进	动物类
13	绿林大冒险	原　创	人物类

续表

序号	片名	形象来源	形象分类
14	火焰山冒险记	原　创	神话类
15	圣龙奇兵大冒险	原　创	人物类
16	终极大冒险	原　创	动物类
17	我的老婆是只猫	原　创	动物类
18	高铁英雄	原　创	机械或工业类
19	西柏坡 2	原　创	人物类
20	梦幻飞琴	原　创	真人实拍
21	冲锋号	原　创	人物类
22	乐乐熊奇幻追踪	原　创	动物、人物类
23	少年岳飞	原　创	人物类
24	郑和 1405	原　创	人物类
25	太空熊猫历险记	原　创	动物类
26	青蛙王国	原　创	动物类

资料来源：谷淞主编《中国动画电影发展报告（2013）》，中国广播电视出版社，2014，第 34 页。

3. 卡通形象的设计越来越受到人们的重视

为鼓励优秀原创动画形象创作，促进中国动画产业发展，打造中国原创动漫领域的年度风向标，由原国家广播电影电视总局宣传司、中国动画学会、深圳广播电影电视集团主办的“中国十大卡通形象评选活动”是一项由政府、业界共同推动产业、促进发展的评选活动。活动以“创新、交易、促进”为指导理念，鼓励优秀原创动画形象，促进中国动画产业发展。

至今，评选活动已经进行了四届。每届都在中国（深圳）文博会上进行隆重的颁奖活动及获奖形象展示。几年的运营与传播，使得评选活动越来越受到业界的专注与积极参与，除了传统的，极具代表性的美猴王、喜羊羊、麦兜、山猫、猪猪侠等经典卡通形象，还涌现了许多新秀作品（见表 2、表 3）。成功的动画形象，结合优秀的动画故事，必然会产生感人的动画作品。

表 2　首届中国十大卡通形象评选获奖名单

序号	单位名称	形象出处	参赛作品形象名称
1	广东原创动力文化传播有限公司	系列动画《喜羊羊与灰太狼》	喜羊羊
2	央视动画有限公司	影视动画《美猴王》	美猴王
3	广东咏声文化传播有限公司	影视动画《猪猪侠之积木世界的童话》	猪猪侠
4	江通动画股份有限公司	影视动画《天上掉下个猪八戒》	福星八戒
5	青岛普达海动漫影视有限责任公司	系列动画片《小牛向前冲》	大角牛
6	黑龙江新洋科技有限公司	3D 动画片《雪娃》	雪娃
7	深圳华强文化科技集团股份有限公司	主题公园——方特欢乐世界的吉祥物	嘟噜嘟比
8	上海小破孩文化传播有限公司	网络卡通形象“小破孩”	小破孩
9	深圳市华夏动漫科技有限公司	影视动画《憨八龟的故事》	憨八龟
10	湖南蓝猫动漫传媒有限公司	系列动画《蓝猫淘气 3000 问》	蓝猫

资料来源：中国动画学会。

表 3　第四届中国十大卡通形象评选获奖名单

序号	单位名称	形象出处	参赛作品形象名称
1	央视动画有限公司	《新版大头儿子和小头爸爸》	大头儿子和小头爸爸
2	熊小米（北京）文化传播有限公司	《我们的朋友熊小米》	熊小米
3	上海炫动传播股份有限公司	《京剧猫》	大飞
4	深圳方块动漫画文化发展有限公司	《正义红师》	雷鸣
5	福建神画时代数码动画有限公司	《逗逗虎系列》	逗逗虎
6	杭州阿优文化创意有限公司	《阿 U》	阿 U
7	杭州天雷动漫有限公司	《小鸡彩虹》	小鸡彩虹
8	深圳市时代科腾文化传媒有限公司	《琪琪的秘密日记》	琪琪
9	上海淘米动画有限公司	《电影赛尔号》	阿铁打
10	广州盒成动漫科技有限公司	《张小盒上班族》	张小盒

资料来源：中国动画学会。

（二）大动漫产业中的动漫设计

1. 大动漫概念的提出

2009 年 10 月，文化部在中国美术馆举办了首届中国动漫艺术大展，并举办了高峰论坛“动漫：艺术与产业”。紧接着，文化部首次基于蓝海战略提出了“大动漫”产业观。这是对传统动漫发展观的一次颠覆和创新。

大动漫产业观具体体现在：首先，动漫不再仅仅是艺术，还是产业——横跨出版、影视、演出、新媒体、玩具、服装、游戏、主题公园等衍生产品，是以动漫形象和品牌串联成一个整体产业链。其次，动漫不再仅仅是孩子的专利，凡是喜欢幽默、搞笑、夸张等卡通手法创作的动漫产品均是受众，播出不仅限于少儿、卡通频道，可以扩展到所有频道。最后，动漫不仅仅是内容产品，具有教育和娱乐功能，还是“产品 + 服务”，特别是动漫的创意和思维、内容和技术在现代社会有着广阔的应用空间，从建筑、设计到展览展示，从医药卫生、国防航天到教育科普、广告营销等多行业多领域。一方面，动漫为各行业甘当绿叶，为其增光添彩，推动其转型升级；与此同时，动漫产业在与其他产业交流融合中不断发展壮大，动漫技术、动漫创意还以生产要素的形式参与了新兴产业的孵化。①

笔者理解的大动漫概念是相对于传统动漫产业而言的更为开阔和深入的动漫视野与角度。目前中国动漫产业的发展充分证明了动漫产业的广阔空间，动漫设计的广泛应用。

2. 大动漫产业中的动漫设计无处不在

一个成功的动画形象，不论是经典的还是流行的，不管是原创的还是改编的。一旦引起公众情感的共鸣，就会带来美好体验，这种体验不仅会引起观看者的亲近感，也会带来消费欲望和冲动，动画形象将产生与众不同的价值。在当今的生活中，动漫设计无处不在。

---

① 宋奇慧：《大动漫观与中国动漫的未来》，《中国文化报》2012 年 11 月 23 日，http：//epaper. ccdy. cn/html/2012 - 11/23/content_ 85147. htm。

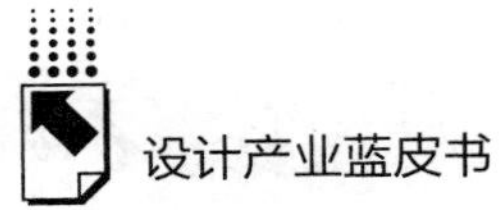

第一，动漫设计已经成为媒体传播的手段与方法。从习近平主席与夫人彭丽媛的多种动漫形象传播《习主席的时间都去哪里儿了》，到中国主要领导人的漫画形象集体亮相；从交通民警指挥交通的系列动画形象，到片警可爱的敬礼形象；从中央电视台直播神八卫星对接画面的动画表现，到上海世博会的动态清明上河图等。动漫设计用幽默、夸张、可爱的形象达到了宣传的良好效果。

第二，动漫设计应用在各个行业。在人民生活中，动漫设计的技术及形式应用在各个方面。在建筑设计中，在医生进行心理治疗中，连作战的战机也有了可爱的卡通形象——战机宝宝。

第三，动漫设计成为企业品牌宣传的新手段。越来越多的企业用卡通形象作为企业标识，一种方法是通过成熟的有影响的动漫形象授权给企业，作为企业的形象代言；另一种就是根据企业品牌战略、企业文化、企业产品特点原创卡通形象，扩大影响。海尔公司多年前的一对卡通形象，面向社会征集改版，扩大企业品牌认知度。互联网企业更是用动漫形象来拉近与用户的距离，腾讯的 QQ 形象、小米的系列卡通形象、中国移动也推出了自己的卡通形象等，几乎中国知名电商和网络公司均有自己的卡通形象，动漫设计已经成为一种社会时尚潮流。

（三）大动漫产业中需解决动漫设计的相关人才

中国动漫产业发展过程中，不可避免地存在着不少问题。本文研究的是动漫设计，就会想到在中国动画产业中，老百姓除了记得广东原创动力文化传播有限公司创作的《喜羊羊与灰太狼》系列中的形象喜羊羊与灰太狼，和深圳华强数字动漫有限公司创作的《熊出没》系列中的光头强，还有什么呢？

首先，动漫设计中缺少创意设计人才。目前在形象设计及动漫设计与其他行业结合时，出现的最大问题是卡通形象似曾相识，经常出现题材雷同，形象相似的情况。中国目前开设动漫专业的高等大专院校达 1500 所以上，学生人数超过 50 万。但是卡通形象设计、衍生品开发的产品设计人才不是仅靠学校就能培养出来的，需要设计者在学习技法的同时，解放思想，创新设计观念，与市场接轨，与需求对接。

其次，动漫设计中缺乏动漫衍生品的设计人才。动漫衍生产品种类繁多，从形式上有平面、立体、三维、圆形、方形、特形；从材质上，有布料、塑料、纸质、皮制等。不是一个卡通形象设计完成就可以解决的。动漫衍生品的设计制作实际上是卡通形象的二度创作。中国内地玩具企业众多，海关出口额达到十万美元以上的企业总共有 5000 家，全国进出口总额为 260 亿美元左右。在这方面，与市场需求相对应，存在很大人才缺口。

最后，动漫设计中缺少懂得授权专业知识的人才。动漫品牌是指，以动漫原创作品中的经典形象、歌曲、情节等符号系统为表征，以其动漫核心价值观为内涵，以价值体验为手段，能够满足消费者文化及心理需求的系统总和。①

动漫品牌授权是指授权者将自己拥有的品牌形象以合同的方式授予被授权者使用，在合作过程中取得双赢。在品牌形象授权过程中，需要授权业务团队具有综合的业务知识与能力，包括策划、产品研发、品牌设计、市场营销、法律知识、财务管理能力等。在中国目前的动漫产业中，这方面的人才极为缺乏。

三　动漫设计的发展趋势

（一）动漫消费群体的扩大

大量调查数据显示，素有“动漫好莱坞”之称的日本有 87% 的人喜欢漫画，84% 的人拥有与漫画人物形象相关的物品。绝大多数的成年人和未成年人都是动漫文化的忠实拥护者。在我国动漫市场受众当中，80 后、90 后群体约占 70%；70 后群体约占 20%；从事动漫行业、专业和动漫爱好者群体约占 10%。随着大量 00 后、90 后群体的长大，80 后群体走上重要工作

① 吴创宇：《品牌授权：动漫发展之道》，电子工业出版社，2011。

岗位，他们正日益成为动漫市场主力消费群，自然也成了动漫产业的市场基础。动漫作品与品牌形象已经融入这些年轻受众的日常生活中，是必不可少的休闲方式和兴趣爱好。因此，将动漫形象成功应用在动漫作品中，无疑将带动整体动漫产业的发展。

（二）互联网时代给动漫设计提出了更高的要求

互联网时代的到来，尤其是移动互联网的冲击，对政府观念、企业经营、人们生活形成了质的改变。大量动漫作品与产品通过无处不在的终端，通过各种渠道推送给消费者。其影响力以几何级数增长。2013 年中国移动的动漫运营中心收入达 10 亿元，是 2012 年的 3 倍，预计 2014 年达 15 亿 ~ 20 亿元。2013 年中国电信的动漫运营中心收入超过 1.5 亿元，较 2012 年增长 2 倍，预计 2014 年超过 20 亿元。在爱奇艺、优酷、腾讯、土豆等网络视频点击中，超过亿次的动画有《秦时明月》《喜羊羊与灰太狼》《熊出没》《甜心格格》，新媒体购买动画片的价格已大大超过电视媒体。

这样的时代给动漫设计从业人员提出了更高的要求。今后的动漫产业会形成平台化、数字化、娱乐化、资本化的状况。动漫与科技的融合，资源的整合是必然趋势。消费者的选择更加广泛与挑剔。动漫产业将与其他文化产业一样，进入市场化的轨道。设计者的竞争将更加激烈。这就要求从业者不断地学习、不断地思考、不断地创新，才能适应这个变化快的环境。

（三）动漫设计的跨界融合趋势

动漫设计“跨界”融合将是未来发展趋势。一些看似毫不相干的产品通过跨界的方式实现了双赢，得到强强联合的品牌协同效应。跨界的范围也逐渐涉及产品跨界、渠道跨界、文化跨界、营销跨界、交叉跨界等各领域。各领域被逐渐拉近，界限变得日益模糊，融合成了一种大众喜爱的文化形式——“商品动漫化”。随着市场化程度的日益提升及新媒体的日益发展，动漫与各类商品间的合作愈加密切，成了业界新的关注焦点及发展趋势。正因为动漫产品具有庞大的消费市场和巨大的发展空间。而动漫设计所创造的庞大市场与潜力，正是传统商品运用动漫设计方式来进行创意和营销的基础。

动漫元素将在广告创意中发挥作用，可以丰富广告的视觉效果，增加广告的形象语言。以其独特的艺术性、夸张性和表现力为广告创意提供了崭新的创作路径，可以预测，不远的将来，将会有越来越多的广告创意与动漫设计结合，形成情节性、趣味性、交互性集于一身的动漫广告。

21 世纪的经济是眼球经济。在如今这个以“十倍速”飞速发展的信息社会中，注意力是最为稀缺的资源，也是最有价值的东西。因此，如何迅速、有效地吸引尽可能多的“注意力”，从千万种同质化的商品中脱颖而出，争夺到足够数量的“眼球”就成为关系企业生死存亡的大事。动漫设计的排他性优势是独一无二的，每一个动漫形象都是独特的这一个，不可复制。拟人化形象、情感化形象正是动漫的特点。可以预计，将会有越来越多的企业采用动漫形象来为企业品牌服务，为企业营销服务。

由此可见，跨界融合的大趋势为动漫设计行业提供了多样的机会，是否能成功靠的仍然是好的创意。

（四）动漫品牌授权正在形成新模式

随着中国原创动漫产业的高速发展，动漫品牌授权因其蕴涵的巨大经济效益，已逐渐成为上下游厂商关注的“香饽饽”。越来越多的企业开始将视线聚焦到品牌授权领域，以多样化的授权合作模式取代以往单一的售片盈利模式，探索中国原创动漫的新发展格局。

动漫品牌的授权双方开始探索新颖的合作模式和产品形式。从最初文具、玩具、图书、音像制品、服装等实体产品的简单授权，到如今新媒体、互联网虚拟产品、消费终端等新渠道、新模式的复合式、多元化授权合作，大大丰富了动漫衍生产品的种类，令授权市场越来越活跃。不少原创动画公司开始探索，并取得了不小成就。例如一家玩具企业，原来生产汽车玩具模型，为了取得行业竞争中的主动权，打开国际市场，与世界知名汽车路虎达成品牌授权合作。带有路虎品牌的玩具儿童车一举打开欧美市场，不仅提高了产品的利润，也使企业告别了廉价加工的生存路线。

B.18

集成电路设计业政策环境分析

李艺铭*

摘　要： 集成电路设计产业是集成电路产业的重要组成部分，具有较高技术含量和创新实力，而集成电路设计一直是产业技术实力、创新能力和引领性的重要象征。全球集成电路产业的发展总体表现出稳定增长态势。我国集成电路设计产业保持良好的发展态势，产业规模保持高速增长、设计业占集成电路产业比重不断提升、行业结构趋于合理化。

关键词： 集成电路　设计业　特点　政策环境

集成电路设计产业是我国设计产业的重要组成部分，具有技术引领性强、基础支撑作用强和辐射范围广等特点。作为最重要的高技术攻坚领域之一，自20世纪60年代以来，集成电路产业一直受到美国、日本、欧洲等国家和地区的密切关注。而集成电路设计产业比制造、封装产业有更高的技术要求和更重要的引领性，由于对计算机和通信设备行业的关键基础性作用，集成电路设计的发展将在一定程度上决定未来我国信息技术产业的国际竞争力，以及由大变强的战略目标的实现与否。

随着《国家集成电路产业发展推进纲要》的出台，集成电路产业正式上升为新时期国家战略的支撑点，集成电路设计业也受到前所未有的重

* 李艺铭，经济学博士，中国电子信息产业发展研究院工程师，主要研究方向为电子信息产业（集成电路产业）。

视，政策效果的持续拉动为我国集成电路设计产业的发展提供了良好前景。

一　集成电路产业概况

集成电路设计产业是集成电路产业的重要组成部分，因此，集成电路产业链的构成、产业发展现状与问题，对于设计业的发展具有十分重要的意义。

（一）集成电路产业链

自20世纪60年代半导体产业出现以来，集成电路产业发展较为成熟，形成了上游的集成电路设计、中游的集成电路制造和下游的集成电路封装和测试等三部分主要环节，共同构成了集成电路产业链（图1）。集成电路产业链的最上游环节是集成电路设计业，属于高端科技领域，具有较高技术含量，对自主创新具有较高的要求；集成电路制造就是生产不同尺寸的晶圆，当前主流技术是8英寸/12英寸。

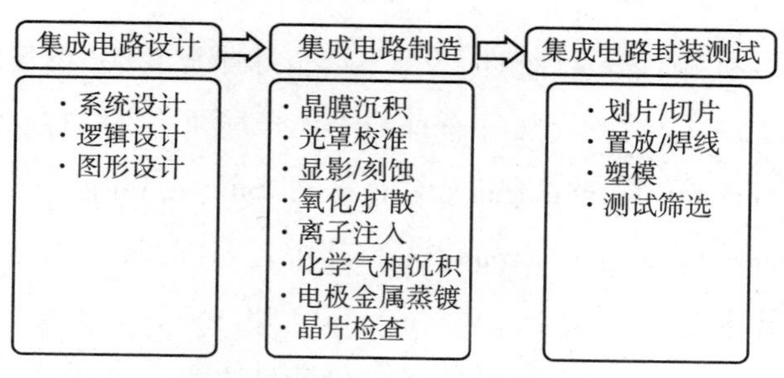

图1　集成电路产业链示意

（二）全球集成电路产业发展现状

自2009年以来，全球半导体产业受到全球信息技术产业迅速衰退的负面影响，迅速进入低速发展时期。但是，这种趋势到2011年后开始转化，

2013年全球集成电路产业销售收入达812亿美元。可以说，近年来，全球集成电路产业呈现平稳发展势头，近几年增长率保持在5%左右。

2013年全球集成电路设计业、晶圆代工业和封装测试业的营收规模如下：集成电路设计业营收规模为812亿美元，比2012年增长5.8%（见图2）；晶圆代工业营收规模为428.4亿美元，比2012年增长14%；封装测试业营收规模为521.5亿美元，比2012年增长7.0%。

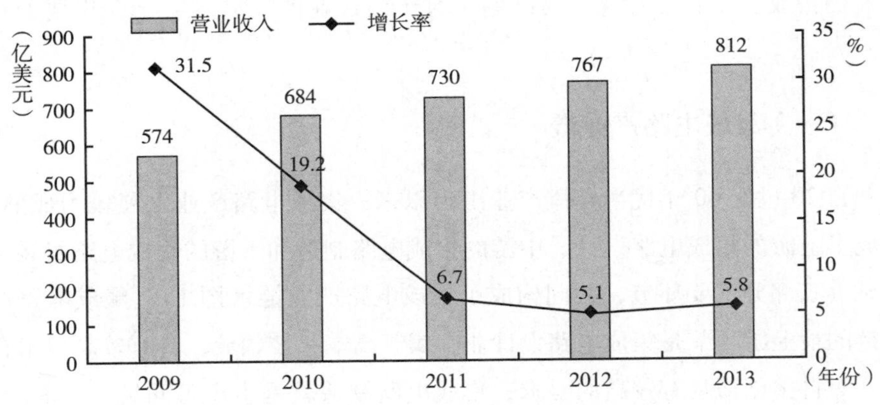

图2　2009～2013年全球集成电路设计业营业收入及增长率

据权威市场机构Gartner统计，2013年全球半导体IP市场规模为24.5亿美元，比2012年增长11.5%。全球前十大半导体IP供应商分别是ARM、Synopsys、Imagination Technologies、Cadence、Silicon Image、Ceva、Sonics、Rambus、eMemory、Vivante Corporation。其中，ARM以43.2%的市场份额占据绝对的霸主地位，其次是Synopsys（13.9%），再次是Imagination Technologies（13.9%）。按照增速来看，发展最快的是Cadence（163.7%），其次是Sonics（44.8%），最后是eMemory（32.2%）。

2013年，全球晶圆代工的前十位厂商为：台积电（TSMC）、Global Foundries、UMC、Samsung、中芯国际（SMIC）、Powerchip、Vanguard、HHGR、Dangbu、Tower Jazz。其中中国台湾的台积电占据了46.8%的市场份额，占据绝对优势，我国的中芯国际排名第五，占比4.6%。

2013年，全球半导体封装测试市场规模为508亿美元，比2012年增长7.2%。其中半导体封装测试代工市场的产值为250.8亿美元，仅比2012年增长2%左右；IDM封装测试市场产值为257.2亿美元，比2012年增长5%。

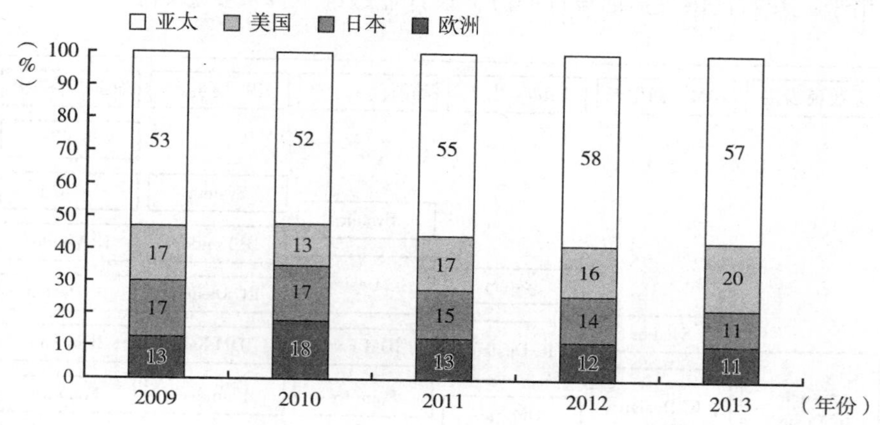

图3　2009～2013年全球半导体市场区域分布情况

从全球半导体市场区域分布看，我国集成电路产业的迅猛发展，对世界半导体的空间分布构成了重要影响。2008～2013年，我国的市场占有率从18%提升至26%，提升幅度达8个百分点，成为全球半导体市场最快的崛起者；随着中国市场的崛起，亚太市场的份额不断提升。美国依旧保持半导体市场的重要引领者，全球市场占有率为20%，上升了5个百分点。随着美国和亚太市场的崛起，日本和欧洲市场份额不断下降，均为11%。

（三）集成电路设计业发展历程

集成电路设计产业可以划分为四个阶段（见图4）。

1980年以前，集成电路产业处于系统公司时代，此时集成电路还未真正从电子产业中独立出来，系统公司从事所有制造和设计业务。

1980～1990年，集成电路产业进入IDM时期，即Integrated Device Manufacturer。IC产业走上了独立发展道路。具体来说，IDM（集成设备制造商）开始兴起，IC制造商充当主要角色，IC设计此时降格至附属部门。

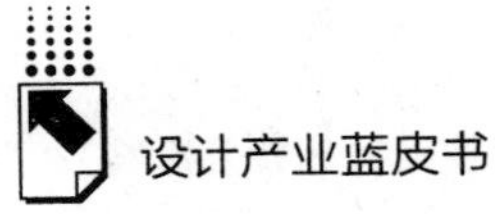

1990～2000 年，集成电路产业进入代工时代（Foundry）。首先，在制造领域，代工企业崛起，专门从事 IC 生产。现有 IDM 企业逐步将越来越多的生产外包给 Foundry 厂商；其次，在设计领域，IC 设计企业（Fabless）分离出来，开始提供灵活的设计服务，设计业继续发挥重要影响。

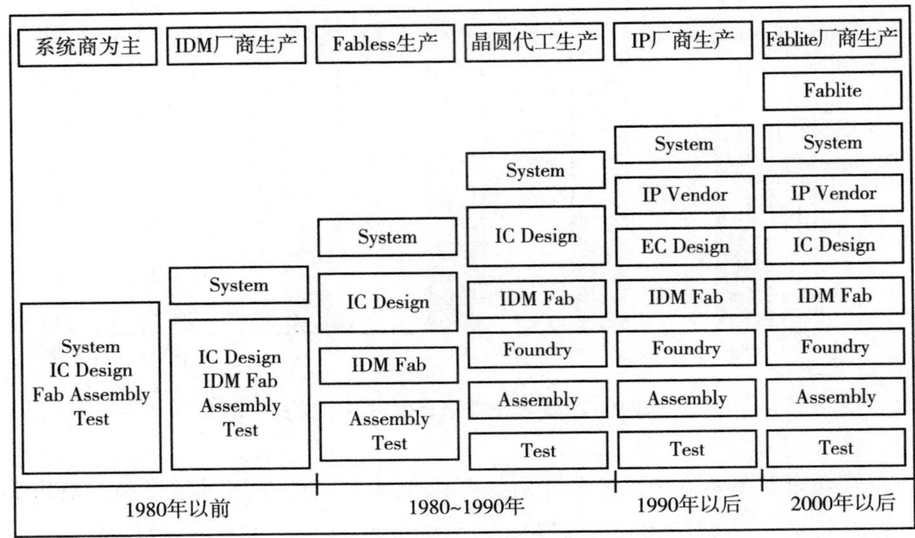

图 4　集成电路产业的发展阶段

进入 21 世纪以来，集成电路产业进入后代工时代。在制造领域，生产技术提供者（往往是大型的 IDM 企业）与生产者进一步相互独立，前者提供已验证的生产技术，后者则将之用于大规模生产；在设计领域，知识产权供应商（IP）和设计代工企业（Design Foundry）出现并迅速成长。

二　我国集成电路设计业发展现状

在我国信息产业欣欣向荣的增长态势带动下，我国集成电路设计产业呈现出更快的增长态势，设计业在集成电路产业中的比例不断提升、行业结构不断趋于合理化。

（一）产业规模保持高速增长

2013 年，我国集成电路设计产业呈现加速增长的势头。2012～2013 年我国集成电路设计业、芯片制造业和封装测试业的销售规模及增长率如图 5 所示。集成电路设计业的销售收入为 809 亿元，集成电路制造 601 亿元，集成电路封装测试业 1099 亿元，分别比上一年增长 30.1%、19.9% 和 6.1%。

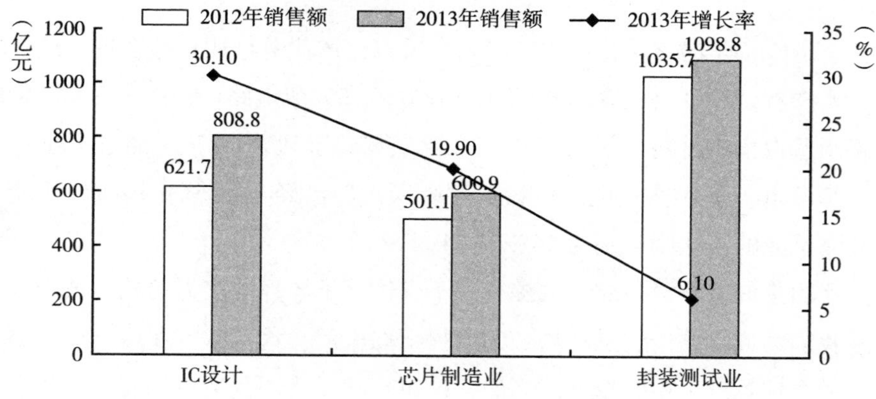

图 5　2012～2013 年我国集成电路产业结构

可见，进入集成电路产业的新阶段以来，芯片设计和设计服务产业的发展带动了设计业产值的加速增长。我国设计业的销售收入已经超过芯片制造业，并且增速远高于制造业、封测业的增速，预计未来几年还将延续高速增长态势。

（二）设计业在集成电路产业中的占比不断提升

我国集成电路设计业增长率优于世界 Fabless 业的良好发展态势。从年均增长率看，2001～2011 年我国集成电路设计高于 50%，高于全球平均水平近 40 个百分点。

我国集成电路设计业抓住全球金融危机的格局调整契机，以高速增长赢得市场份额。集成电路设计业受全球次贷危机的重要影响，2008 年增长率仅为 2%，同期集成电路产业的增速仅为 1%。而同期我国集成电路设计却保持着高速增长，设计业增速高达 30%，集成电路则保持 5% 的高速增长。可见，我国集成电路设计业拥有强大的抗危机能力，在金融危机期间保持了比全球增速高 30 个百分点的超高速增长，也为后续产业的发展打下了良好基础。

（三）行业结构趋向合理化

经历十几年的市场化进程，我国集成电路产业链结构日趋合理。从各环节占比来看，2001 年，集成电路设计业收入在集成电路产值中占 7%，集成电路制造占集成电路产值的 22%，而封装测试业则占 71%。经过十余年发展，2013 年，我国集成电路设计业的收入占比已经达到 32%，而制造业和封装测试业的占比则分别为 24% 和 44%。

我国集成电路设计能力的提升，不仅体现了各环节实力的此消彼长，更是在我国集成电路产值迅速增长的前提下取得的，这意味着我国集成电路设计业的全球竞争力不断提升。当然，这也意味着我国制造业仍有很大的发展潜力。

三　集成电路设计业发展特点

我国集成电路设计业经过多年发展，已经形成了一批具有国际影响力的全球知名企业，同时也涌现出几百家具有创新活力的初创型企业，技术实力不断提升，产业的空间布局不断优化，跨界并购的规模和领域不断延伸，对产业竞争格局产生重大影响。

（一）我国集成电路设计业企业具有不同阶层特征

按照中国半导体行业协会的分类标准，我国集成电路设计业集群可分为四个阶层。第一阶层：销售额超过亿元的企业集群；第二阶层：销售额小于

1亿元大于等于5000万元的企业集群；第三阶层：销售额小于5000万元大于等于1000万元的企业集群；第四阶层：销售额小于1000万元的企业集群。

（二）集成电路设计领域技术发展迅猛

1. 技术快速进步

从1975年到现在，每隔十年集成电路的主要技术就发生一次重大的变革，包括光刻技术、CPU产品、晶片尺寸、设计工具和主要封装形式。光刻技术从最早的G线436nm的源波长水平，向着EUV技术的13.5nm波长发展；CPU产品从单核低频率发展到现在的多核高频率；晶片尺寸从最早的4英寸到现在的18英寸；设计工具随着技术同步发展，现在主流的为SoC的设计方法；封装技术也由早期的双列直插式（DIP）演变为现在的系统级封装（SiP）。

2. 3D集成电路技术

在半导体设备商、晶圆代工厂大幅度改善硅通孔（TSV）和硅通孔露出（Via-Reveal）工艺后，三维硅片（3D IC）生产质量已经更加可靠，助力半导体厂商在2013年正式启动量产。受到网络带宽与移动装置设计需求的驱动，半导体产业必须不断追求高性能、小型化硅片工艺，从而促进3D IC、2.5D硅片的研究热潮。

3. 技术发展趋势

随着物理、数学、化学、生物学等领域新的发现和技术突破，集成电路设计业有可能另辟蹊径，从而创建全新形态的信息科学技术及产业。预计到2030年，上述各种创新途径将产生碰撞的火花，为集成电路技术带来革命性的突破。

（三）集成电路设计业产业布局不断优化

1. 我国集成电路区域集群基本形成

当前我国集成电路产业已经形成了京津环渤海湾、珠三角、长三角三片主要集聚区。其中，长三角集聚区2013年销售收入达1387.8亿元，增速为64.3%，排名第一；京津环渤海湾以380.7亿元收入排名第二，增速为17.6%；珠三角地区销售收入为236.7亿元，增速为12.4%，排名第三。此外，中西部地区的销售收入合计153.3亿元，增速为7.1%。可见，长三角是我国规模最大、活跃度最高的集成电路集群区。

2. 我国集成电路设计业区域结构不断优化

与我国集成电路产业集群类似，我国集成电路设计业已经形成了较为合理的区域结构，产业聚集区的拉动作用不断凸显。随着国家集成电路设计产业化（ICC）基地的批准，我国集成电路设计业的空间分布更加确定和优化，基地对于拉动全国集成电路设计业的发展起到了产业集聚和示范效应。

长三角地区是我国集成电路设计业当仁不让的龙头。“十二五”期间，长三角地区实现了由大变强的转变，虽然当前国内设计业十大龙头只有3家在长三角地区，但是销售额占据全国总销售额的约40%，展讯通信、锐迪科的先进技术和国际背景都为企业的发展提供了良好的根基，上海自贸区的建立和规则完善将为长三角地区带来新的国际契机。

珠三角地区拥有强大的芯片产销生态体系。深圳被《经济学人》誉为崛起的全球硬件创新之都，集成电路设计业的发展是深圳从全球代工厂向硬件创新之都转变的缩影。近年来，华为海思的芯片设计能力急剧提升，可以与苹果iPhone6和三星Galaxy S5相媲美的华为旗舰机Mate 7已经搭载海思麒麟系列芯片，并得到了国内外业界和用户的一致好评，这代表珠三角地区在芯片自主设计研发领域有重大突破。而珠三角地区集聚的华为、中兴、宇龙通信等全球十大智能手机制造商已经形成了良好的智能硬件生态系统，为芯片设计提供了良好的配套环境。

京津冀地区是集成电路设计的另一个重镇，但增速低于前两个区域。可以预计，随着清华紫光对展讯通信和锐迪科的收购完成，并完成公司内部业务整合，形成清晰的集成电路设计业发展思路，该地区能够充分调动北京、天津等地区的教育人才优势，实现设计业的较快发展。

（四）跨界并购与整合不断加剧竞争格局变化

2013 年被誉为“中国并购元年”，而信息产业向来是资本市场的宠儿，也保持着最活跃的并购和整合势态。如果说澜起科技在纳斯达克的上市和同方国际的并购做了良好表率，那么清华紫光对国内两家顶尖设计公司展讯通信和锐迪科微电子的并购及其与英特尔的合作（见表 1），更将改变我国乃至世界的集成电路设计业格局，对集成电路产业的发展具有深远影响。

表 1　2013～2014 年清华紫光在芯片行业的并购案例

并购公司	并购时间	并购资金
英特尔	2014 年 9 月 26 日	英特尔向紫光旗下持有展讯通信和锐迪科微电子的控股公司投资人民币 90 亿元（约 15 亿美元），并获得 20% 的股权
锐迪科微电子	2014 年 7 月 19 日	9.07 亿美元
展讯通信	2013 年 7 月 12 日	17.8 亿美元

资料来源：赛迪智库整理。

一是通过并购快速实现跨界转型并确立行业领先地位。中国半导体行业协会发布的《中国半导体产业发展状况报告（2013）》显示，2012 年中国前十大芯片设计企业销售额总计 226.4 亿元，而高通 2012 年的营收为 131.77 亿美元（折合 830 亿元）。由此可知，中国前十大芯片设计企业的销售总额还不到高通公司的 1/3。企业规模小、行业发展分散无益于企业的快速成长和核心地位的确立。谷歌、苹果、阿里等国内外企业的成功经验表明并购是快速进军新领域并在短时间内占据行业主导地位的捷径。紫光集团以前的主营业务集中在生物医药、地产开发、IT 分销、仿真科技等产业，对芯片产业并无涉猎。出于产业布局考虑，紫光集团于 2013 年开始大举进军芯片行业。主要发展思路就是通过并购迅速确立行业龙头企业的主导地位。紫光集团通过对国内芯片龙头企业展讯通信和锐迪科的并购，在短时间内跻身全球芯片设计企业前 20 名，并一举成为内地芯片设计行业的龙头企业。这种并购思路和方式对于提升紫光在芯片行业的话语权至关重要，紫光也可能成为我国集成电路设计企业的代表，进军世界芯片行业第一梯队，对于改变目前我国芯片设计业过于分散、企业规模过小的发展困局具有极其重要的示范效应。

二是通过并购掌握产业链核心环节，助力企业核心竞争力提升。《国家集成电路产业发展推进纲要》中明确表示，设计、封装、测试、工艺以及制造是芯片产业链中的重要环节。设计环节由于关系全产业链的创新能力和技术水平，居于产业链的核心地位。全球芯片制造先进企业都把设计环节放在优先发展的关键位置。英特尔可以向全球合作伙伴开放它的芯片生产制造工艺和资源，可以去世界各地建立生产线，甚至可以把生产线的技术与当地合作伙伴去分享，但它的核心设计技术保证是在国内完成的。紫光对展讯和锐迪科的并购也主要是看重二者的设计优势。并购完成后依托紫光集团背靠清华大学的科研优势，结合展讯和锐迪科在行业领域精耕细作积累的经验和优势，形成发展合力，迅速缩小与国际领先企业的技术差距，对于不具备先发优势的紫光集团实现弯道超车产生极大的推动作用。

三是通过并购建立与国际先进企业合作机制，提升产业链国际话语权。2014 年 9 月 26 日，英特尔与紫光共同宣布战略合作，英特尔入股紫光下属通讯公司 20% 股份，投入资金 90 亿元。这次合作涵盖了从设计开发到市场营销以及资本运作多个层面。由于紫光并购的展讯和锐迪科在手机芯片领域虽然具有一定优势，但在 4G 芯片的研发上与高通还是具有一定差距。此次双方合作的重点就在于智能手机芯片的研发，通过合作，紫光下属企业展讯及锐迪科可以丰富产品组合，缩小与高通在 4G 芯片方面的技术差距，提升在系统芯片领域的竞争力，对于打破高通在智能手机芯片的国际垄断具有积极意义。

综上，紫光集团对展讯和锐迪科的并购不仅对公司业务有着跨界转型的重要意义，并且对我国半导体产业也具有里程碑式的意义。锐迪科和展讯通信在技术和产品上的有效协同，将显著提高中国企业在全球移动通信芯片领域的市场地位，这对于培养我国集成电路设计领域的国家队有着深远意义。

四 我国集成电路设计产业发展的政策环境

近年来，国家对集成电路的支持政策密集发布，推动集成电路设计能力提升，有效促进产业链的完善和延伸，加强提升协同创新能力。当前，推进我国集成电路产业发展的纲要文件已经发布，将发展集成电路产业上升至国家战略，将对我国集成电路产业的持续发展起到关键的引导和支撑作用。

集成电路产业一直是各国政策重点，随着我国工业基础的提升和信息产业整体实力的提升，集成电路设计产业的基础性逐渐显现，政策支持力度不断提升。进入21世纪以来，我国高度重视集成电路的发展。先后两次出台了鼓励集成电路设计产业发展的文件，而2014年出台的国家集成电路发展纲要，则首次提出集成电路设计与制造、封测等环节共同提升的思路，明确了集成电路设计业的能力与制造能力、封装测试能力之间的相互关系。

我国集成电路设计领域的主要政策见图6。

展望未来，要充分发挥我国集成电路基金对集成电路设计业的支撑引领作用，需要加强统筹布局。当前，规模为1250亿元的国家集成电路发展基金管理公司已经成立。配合国际集成电路基金管理，北京、天津、安徽、山东、甘肃、四川等地方政府相继出台地方集成电路扶持政策。当前基金管理模式可能出现以下四点问题：一是国家集成电路基金与地方集成电路基金同时对大型企业集中支持，不利于中小微企业和初创企业的发展；二是集成电路行业高投资、长周期的产业发展特点要求基金着眼于长期收益，但存在投资短期收益性低的阶段性问题；三是集成电路行业竞争格局要求布局相对集中，这与多个地方投资热情高涨之间也存在一定矛盾；四是产业扶持与市场脱节的风险，集成电路产业不是独立产业，其设计与市场应用需求密不可分，基金应该充分贯彻“设计为龙头、制造为基础、设备和材料为支撑”的意见，统筹拉动设计、制造、封装测试全产业链发展。综上，由于集成电路设计业是资金密集型的产

《鼓励软件产业和集成电路产业发展若干政策》（国发〔2000〕18号）	《进一步鼓励软件产业和集成电路产业发展若干政策》（国发〔2011〕4号）	《国家集成电路产业发展推进纲要》
（1）进一步落实和完善相关营业税优惠政策，对符合条件的软件企业和集成电路设计企业从事软件开发与测试，信息系统集成、咨询和运营维护，集成电路设计等业务，免征营业税，并简化相关程序。具体办法由财政部、税务总局会同有关部门制定。 （2）对我国境内新办集成电路设计企业和符合条件的软件企业，经认定后，自获利年度起，享受企业所得税"两免三减半"优惠政策。经认定的集成电路设计企业和符合条件的软件企业的进口料件，符合现行法律法规规定的，可享受保税政策。 （3）国家规划布局内的集成电路设计企业符合相关条件的，可比照国发18号文件享受国家规划布局内重点软件企业所得税优惠政策。具体办法由发展改革委会同有关部门制定。 （4）对软件企业和集成电路设计企业需要临时进口的自用设备，经地市级商务主管部门确认，可以向海关申请按暂时进境货物监管，其进口税收按照现行法规执行。对符合条件的集成电路企业，质检部门可提供提前预约报检服务，海关根据企业要求提供提前预约海关服务。	延续了18号文件，继续完善激励措施，明确政策导向，对于优化产业发展环境、增强科技创新能力、提高产业发展质量和水平，具有重要作用。具体措施如下： （1）进一步落实和完善相关营业税优惠政策，对符合条件的软件企业和集成电路设计企业从事软件开发与测试，信息系统集成、咨询和运营维护，集成电路设计等业务，免征营业税，并简化相关程序。具体办法由财政部、税务总局会同有关部门制定。 （2）对我国境内新办集成电路设计企业和符合条件的软件企业，经认定后，自获利年度起，享受企业所得税"两免三减半"优惠政策。经认定的集成电路设计企业和符合条件的软件企业的进口料件，符合现行法律法规规定的，可享受保税政策。 （3）国家规划布局内的集成电路设计企业符合相关条件的，可比照国发18号文件享受国家规划布局内重点软件企业所得税优惠政策。具体办法由发展改革委会同有关部门制定。	（1）着力发展集成电路设计业，即围绕重点领域产业链，强化集成电路设计、软件开发、系统集成、内容与服务协同创新，以设计业的快速增长带动制造业的发展。近期聚焦移动智能终端和网络通信领域，开发量大而广的移动智能终端芯片、数字电视芯片、网络通信芯片、智能穿戴设备芯片及操作系统，提升信息技术产业整体竞争力。 （2）发挥市场机制作用，引导和推动集成电路设计企业兼并重组。加快云计算、物联网、大数据等新兴领域核心技术研发，开发基于新业态、新应用的信息处理、传感器、新型存储等关键芯片及云操作系统等基础软件，抢占未来产业发展制高点。 （3）设立国家产业投资基金，基金将主要吸引大型企业、金融机构以及社会资金。基金实行市场化运作，重点支持集成电路制造领域，兼顾设计、封装测试、装备、材料环节，推动企业提升产能水平和实行兼并重组、规范企业治理，形成良性自我发展能力。

图6　集成电路设计领域主要政策

业领域，且具有较高的技术门槛和市场容载力，因此只有加强国家集成电路基金与地方集成电路基金的对接，才能推动产业格局的科学发展，提升设计业的国际竞争力。

参考文献

包智杰：《上海集成电路产业发展研究》，复旦大学硕士论文，2007。

赛迪智库：《2014 年中国集成电路产业发展形势展望》，《电子工业专用设备》2013 年第 12 期。

赵建忠：《集成电路产业是现代制造业最具投资效应和基础性作用的行业》，《中国集成电路》2012 年第 8 期。

赵建忠：《我国集成电路设计业发展十年回顾及其发展对策和展望》，《中国集成电路》2012 年第 12 期。

张倩倩：《新时期我国集成电路设计业跨越式发展研究》，复旦大学硕士论文，2011。

《国家集成电路产业发展推进纲要》，工业和信息化部网站。

《2014 年中国半导体市场投资分析报告》，电子产品世界网站，2014 年 8 月 19 日。

《中国在全球生产价值链条中的现状与机遇》，商务部网站，2005 年 2 月。

《中国集成电路设计业报告》，中国开关网，2013 年 10 月 29 日。

《我国集成电路封装测试业现状调查报告》，沃工网，2013 年 1 月 7 日。

《集成电路设计业还需新长征》，《中国电子报》，2013 年 10 月。

杨天行、朱鹏举：《中国计算机工业 50 年》，北京信息技术产业协会，2006 年 9 月。

《国务院：成立国家集成电路产业发展领导小组》，新华社，2014 年 6 月 24 日。

《2013 年第十二期简报》，上海市集成电路行业协会，2013 年 12 月。

《国务院关于印发进一步鼓励软件产业和集成电路产业发展若干政策的通知》（国发〔2011〕4 号），中华人民共和国中央人民政府网站，2011 年 2 月。

B.19

商业地产设计规律探析

刘 鹏　尹文超*

摘　要：当今的商业地产市场充满竞争，发展速度极快。要想做好商业综合体设计，首先要密切关注、深入了解商业与商业地产。本文从回顾2013年商业地产领域发生的若干重大事件入手，分析了商业地产发展趋势，进而指出商业盈利模式对商业综合体设计的主要影响。笔者结合自己多年的设计经验，阐述了当前形势下设计者应关注的问题和需要突破的节点，以期通过设计方面的改进来提升商业地产的附加价值。

关键词：商业地产　设计　特点

按传统角度，商业业态可大致分为六类：购物中心、百货商店、超市、专业店、专卖店、便利店。商业角度称做“购物中心”的，从建筑角度称做“商业综合体”。“商业综合体”是将城市中商业、办公、居住、酒店、展览、餐饮、会议、文娱等城市生活空间的三项以上功能进行组合，并在各部分间建立一种相互依存、相互裨益的能动关系，从而形成一个多功能、高效率、复杂而统一的综合体。即便是“商业综合体”中的商业，通常也是多种业态的组合，呈现“主力店是恒星，围绕主力店周边运行是小行星般的次主力店、品牌独立店”的布局。“商业综合体”不同于传统意义上的

* 刘鹏，中国建筑设计院有限公司绿色设计研究中心主任；尹文超，中国建筑设计院有限公司绿色设计研究中心高级工程师。

"商业建筑"，比后者复杂得多；与开发角度讲的"商业地产"概念也不一样，大致相当于商业地产的一个子集。当今，业内对商业地产边界的定义并未达成一致，但在"商业综合体是商业地产的一部分"这一点上已达成了共识。

商业是世界上最古老的事物之一，商业规则也是主宰世界的基本规则之一。当今的商业世界充满竞争，其发展速度极快。要想做好商业综合体设计，就要关注、了解商业与商业地产。与此同时，因为设计院也面临着市场竞争，所以在一定程度上也可以理解为某种"商业"，因此我们可以借鉴商业领域的经验来发展设计院。

一 2013年商业地产设计发展形势

对商业地产领域而言，2013 年是事件频发、跌宕起伏的一年。在这一年中，购物中心世界通行的只租不售的经营模式没有变，房企秉持的开放式开发思路没有变，然而除此以外，似乎一切都在变。

商业地产设计领域，从总体上看是中外龙头设计企业角逐的战场，国内老牌设计企业如上海现代建筑设计（集团）有限公司和中国建筑设计研究院在项目数量上有明显优势；另外有国际背景的新型设计企业在商业地产设计上投入和产出显著；国外设计师事务所结合自身优势，也投入精力开展国内商业地产的策划、方案设计。

（一）商业地产疯狂上马，购物中心大跃进年

"新国五条"对商品住房价格的进一步调控，使房企加码商业地产。原因其实很简单——避免主业下滑。

龙头房企高调挺进。万科做起"城市综合配套服务商"，旗下北京金隅万科广场（昌平，14 万平方米）、深圳龙岗万科广场（深圳，15 万平方米）已经开业；招商地产将未来 5 年商业地产投资比重调高至 15% ~20%；龙湖地产宣布用 15 年将商业利润占比提升至 30%；奥园也加大力度推动"商

住双线发展”策略。

二线房企野心勃勃。泰禾集团高调模仿“万达模式”，规划未来3～5年布局20～30座泰禾广场，未来商业地产占比将超50%。宝能集团将加速投入商业地产，未来5年规划投资1200亿元建40座购物中心。

传统意义上的专业店也要成为地产商。红星美凯龙以八代产品为基础，目前以“卖场+酒店+办公+X”模式快速进军商业地产，完成“百MALL时代”，还计划以“院线+高尔夫会所+X”模式，力争到2020年开业100个“爱琴海”购物中心。苏宁置地计划到2020年，完成全国300个苏宁生活广场、50个苏宁广场的开发建设，目标就是超越商业地产大佬万达。

德勤与中国连锁经营协会的报告显示，目前我国已开业的购物中心有3100家，到2015年将达到4000家。据媒体报道，我国主要一线城市的人均商业面积已超过香港特区、美国。这种大跃进式发展导致了同质化严重、空置率高、业绩低迷等现象，行业中的主流观点认为这是一种“阶段性过剩”。

由此引发一种思考：一哄而上也是需求，设计团队应该如何跟进这种需求。

（二）继续遭受电商折磨，商业地产注重O2O

说到底，体验式购物这种零售业态模式就是被电商逼出来的——因为没有足够的有效客流。尽管线上消费占比还不到社会消费品交易总额的10%，尽管大家都知道体验消费是电商替代不了的，但面对电商的蓬勃发展大潮，没有任何商家可以忽视它或拒绝参与其中。利用线上反哺线下的模式也可以认为是电商与实体结合这种趋势的一种表现。所以目前开发商都将目光投向了会员“大数据”，打造O2O平台。经过一年的筹备，万达“万汇网”在12月上线，在此之前，宝龙、绿景、海印等开发商的电商平台也已上线。中粮朝阳大悦城利用大数据增加了销售额，得到业内的好评。

开发商怎样利用大数据引导消费、挖掘市场需求、发现市场空间、进行精准营销——这一可以称做“软基础设施”领域的研究成果肯定会形成市场需求，设计院如何整合资源，是否向这一领域延伸，仍值得我们期待。不过在商业中预留合适的带宽与接口数量、足够的网络机房空间及供电能力，这些设计内容应该是必须考虑的了。

（三）黄金比例已被打破，体验式业态正在泛滥

谈起购物中心业态配比，业内一般认为购物、餐饮、娱乐的最佳分布比例是52∶18∶30，这是对欧美发达国家比较典型的购物中心业态分布进行总结后得到的，称为黄金比例。国内最早的一批购物中心大多是按照这个比例去做的。有研究认为，由于竞争加剧及电商对百货业的冲击，国内这个黄金比例在2013年已经被打破。如今零售占比不断减小，餐饮、娱乐占比不断增大，三者的比例逐渐变成1∶1∶1，甚至形成餐饮占到40%的格局。

在万达集团2013年度上半年工作总结会上，王健林提出万达广场要减少零售业态占比，特别是减少服饰类零售业态占比，增加生活类业态占比，比如美发、美甲、书吧、教育培训等。2013年四季度以后开业的万达广场，二楼将全面取消服饰业态，力争不招零售业态，2015年之前把已经开业的72个万达广场二楼业态调整完毕。

2013年，重庆日月光中心以服装为主打的零售业态与餐饮、娱乐业态比例从原来的5∶5调整为3∶7。南坪百联上海城购物中心餐饮和娱乐两大业态及新引入的服务功能业态占比共计提升到60%，而零售业态占比缩减至40%。

根据戴德梁行统计，在广州，天河城、正佳广场、太古汇、中华广场在休闲娱乐、餐饮方面的业态占比分别为48%、53%、43%、48%。

深圳欢乐海岸13.5万平方米的商业面积中，餐饮部分达5.7万平方米，分为休闲餐饮区、特色餐饮区、西餐区和酒吧区四大主题区域，再加上电影院等设施，欢乐海岸餐饮娱乐体量约占50%以上。

杭州银泰城在业态上，服饰、名品、主力店的比例约占42%，餐饮和配套的比例则调整到58%。

金鹰商贸的研究认为：一个客人只有在商场内停留3小时以上，其购物的可能性才最大，因此必须延长客人停留时间以促进消费，餐饮和娱乐业态也就变得很重要。其实为了吸引客源，购物中心对新娱乐业态的引入绝对煞

费苦心，浙江金华银泰百货和常州武进的一家商场为吸引人气，都曾将猩猩、小老虎等动物引进商场，结果由于动物的卫生难以清理和胆小的孩子被吓哭等原因，成了不注意分寸胡乱吸引人气的典型。

上海 K11 和北京芳草地是目前在体验方面做得比较好的项目，其艺术、文化元素以及设计和细节方面都体现着对消费者的体贴和尊重，并从视觉、触觉、听觉、嗅觉等多方面考虑消费者感受。不过笔者认为，体验式业态做得最好的是家居卖场。2013 年，经营普通商品零售的购物中心还没有找出以增强体验来增加消费的合理方法。需要注意的是，商业中的餐饮业对设备的专业程度要求很高：用水、空调、排风、用电都会不同。

（四）“三公消费禁令”出台，奢侈品、高端餐饮遭遇速冻

面对奢侈品消费下滑，奢侈品牌巨头已经开始调整在华策略，暂停拓展计划，展开去 LOGO 行动，拓展副品牌等以实施“自救”。不过 Gucci、Burberry 等的这些行动在 2013 年内还没有明显收效。业内人士认为，中国奢侈品市场的严冬还会持续一段时间。这让购物中心高端主力店布局突然间变成了一个问题。

高端餐饮不约而同地向大众餐饮转型，湘鄂情在连续关闭八家高端门店之后，转投快餐、团餐市场，全聚德推出不含烤鸭的商务午餐。不过 2013 年最火的大众餐饮得说庆丰包子铺，其 2013 年销售同比增长超过 90%。其中，月坛店、新奥店、白塔寺店同比都超过 100%。据新闻报道，庆丰包子铺月坛店在春节期间日接待游客约 2500 人，其中外地游客占 80%，外地游客中有 20% 跟随旅游团而来。该店生意最火的一天从早 9 点到晚 7 点，包子的销量达到 3 万多个，平均每分钟就卖出 50 多个。

（五）商业风险陡然升高，各路英雄忙找出路

商业综合体多为开发商自持模式，然而综合体的开发是最为复杂、链条最长、环节最多的开发领域，与复合地产开发最大的区别在于：首要的任务不是赢利，而是控制风险。

2013年，房地产业整体面临两极分化。“新国五条”旨在抑制房价，但年终我们看到的结果却是量价齐升。一些专家认为北京房价未来将冲向每平方米80万元，另一些专家则坚称马上崩盘。造成不同看法的原因很多，笔者认为最主要的原因是各地情况并不相同。一线城市房价由刚需驱动，三四线城市则是供大于求——市场并不是统一的市场，而是在剧烈分化。从各线城市布局，海外布局，全年销售业绩与多元化经营等方面来看，2013年也是龙头房企大获全胜的一年。整体来看，31家各市的上市房企从总量到获利都很多，中小型房企赶超龙头的希望更加渺茫——显著的马太效应说明房企也在剧烈分化。分化的背景从另一面看就是产业集中度在提升，房产大鳄将变得越来越强，风险控制能力随之提高。商业地产不可能例外，商业地产的核心是租金，然而同质化严重、空置率高（图1），甚至MALL变“鬼城”现象可以说比比皆是，过剩的商业必然带来高企的风险和求变的盲动。

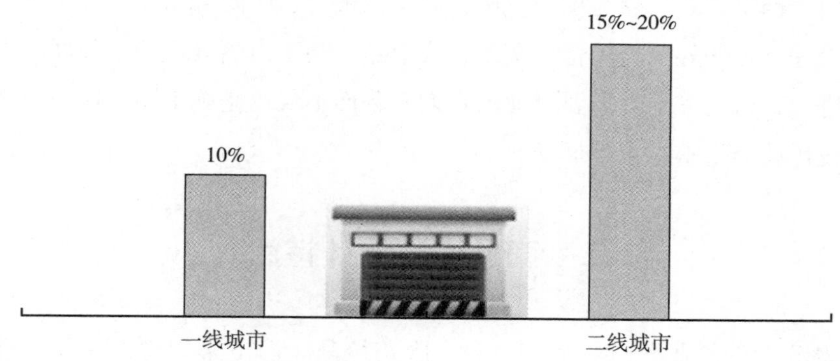

图1　国内购物中心空置率

在物美商业收购卜蜂莲花交易“告吹”、百佳停止出售之后，华润和Tesco成功成立合资公司。对内资企业而言，“蛇吞象”合作模式有助实现自身战略转变，学习外资的全球零售经验，学习供应链能力等精细化管理；对在华发展受挫的外资零售而言，则是找到一种隐性存在模式。

李嘉诚“长河系”采用的方式是抛售内地商业物业，而不是收购。不管抛售与撤资内地有没有关联，都凸显商业地产风险已经较高。

万达集团已经调整策略，弱化纯房地产业务，加强商业零售和文化产业板块，布局旅游文化产业，打造青岛东方影都，进入游艇、旅行社行业。

2013年，更多房企选择多元化布局转型创业。万科在购物中心布局以外，其商业地产显现了一整套战略：经营万科儿童医院、第五食堂等配套，入股徽商银行；恒大不仅在这一年夺得“亚冠”，还推出“恒大冰泉”，成立哈佛医院，恒大音乐也做得风生水起，已形成一条以房地产、体育运动、文化娱乐、快速消费品为主轴的产业链；花样年推出“彩生活”品牌，成立酒店房产信托基金，还进军餐饮业。

一面积极转型，另一面增厚资本。绿地、万达积极准备在港股借壳上市，房企渴望更充足、更廉价的融资渠道，毕竟财力是抵抗风险的终极法宝。2013年3月，绿地集团借壳金丰投资的计划已经实施。

多元化经营就是“跨界”，方式是“做加法”。多元化经营对任何一个企业而言都隐藏着风险与挑战。房企除了在银行、医院、物业、食堂等传统产业链进行延伸外，连体育、文化、快消品，甚至白酒等没什么关联的行业也要进入，这就表示其需要全面的咨询服务而不仅仅是施工图，因而死守着传统设计就会变得越来越低端。

二　商业地产设计特点

2013年的商业和商业地产，令人眼花缭乱。静下来想想，又似乎能找到一个竞争演化的脉络：住宅调控→力保主业加大商业地产→过剩+电商→强化体验→同质化+奢侈品遇冷→风险增大→找出路。

透过这些令人眼花缭乱的现象，单从建筑设计角度来看，一个好的建筑设计应该具有帮助客户获利的能力，所以我们还得回过头来看看为商业地产获利方法这个核心问题。购物中心，或者叫大型商业还是要在这三方面赚钱：租金、物业升值和与下游的利润分享。租金就是商业地产的命，没有租金就不能升值也没有下游。有效客流是租金的关键。好的商业地产有个属性——让周边土地和空间价值升值。在我国整体经济持续增长的背景下，物业价值的升值往往成为地产获利最多的方面。与下游分享利润，就要梳理各种大店小店，对商铺进行有效管理，整合物流链等。商业的核心在于流通，资本流、客流和物流作为三大主要流动要素，构成了购物中心的命脉。因此，核心商圈与城市周边的商业地产相比，业态配备有显著不同。天津河东区红星国际广场项目不在城市中心，其先期总建筑面积91万平方米，规划有15万平方米家具建材 Mall（一期）和15万平方米 Shopping Mall（二期）、两条 Block 商业休闲步行街、高档酒店、5A 级写字楼、20万平方米铂金公寓，据报道后期还将建造住宅。该项目通过大手笔资本运作，核心目的在于先期吸引人气，提升土地价值，后期则卖房攫取升值收益。为了吸引客流，大型商业内部则把“一站式”“体验”高高捧起，扎堆竞争，加上电商冲击，购物中心将“体验式商业”视做救命稻草，希望通过打造体验商业破解同质化、实现差异化经营。不过，只是简单地提高餐饮、休闲、娱乐、儿童等业态比重，也未必是个长久之计。餐饮业态聚客能力强的特点是毋庸置疑的，但也存在承租能力低的短板。

购物中心属于长线投资，与长线持有的耐心相比，更重要的是雄厚的资本支持。因而融资成本高低是开发者利益的另一方面。

大型商业卖场与商户间是博弈共赢关系。卖场“招租式”的商业模式，使卖场对外要处理和顾客的关系，对内还要处理与商户的关系。卖场靠收取租金过日子，基于利益最大化，倾向于简单地认为只要把卖场环境做好、把自身的品牌形象做好，吸引顾客上门便万事大吉，因此卖场关注的重点是整体品牌形象；而商户则要通过实打实的销售获取一分一厘的利润缴纳租金、支付开支，以谋求生存和发展，关注的重点自然是自家的销量。不同的商业模式、不同的工作重心、不同的市场地位以及在租金上的利益对立状态必然引发摩擦和分歧，使得卖场与商户间的博弈成为常态。由于卖场和商户之间存在这种管理和被管理的关系，赢利模式也不相同，双方的冲突往往难于回避。就笔者看来，这一矛盾在家具建材卖场最为突出，而在相对单一化的超市形态中，由于大型超市压倒性的品牌优势，博弈关系反而不明显。

三 设计发展趋势

市场永远在变化，重要的是企业能否在变化发生后以最快速度调整战略，奢侈品牌、高端餐饮业如此，设计院也如此。找问题就是找机会，问题越多机会也越多。总体来看，传统的几大专业已经很难满足商业地产客户的需求，面向商业地产的设计院也要及时转型。如果要做商业地产，就必须重新配置或者整合资源，强化商业咨询和风险管理能力，努力向前延伸。

（一）10～30分钟路程区内消费能力分析

商业定位涉及方面很多，我们在概念设计中通常会给出不少涉及定位的内容，例如周边环境、地理位置、交通状况、规划控制这些与立地建设有关的定位，或者还可能包括商业形象定位、档次定位等。上述定位虽然都很重要，但通常缺少商业发展模式定位，也就是项目建成后将如何赚钱的定位。具体来讲要明确以下几方面。

首先是目标客户定位。解决的问题是：赚谁的钱和如何长久地赚钱。这需要对两方面进行分析。一是区域消费能力。诸如地区生产总值、区域消费品零售总额、居民储蓄余额、平均年龄、平均收入、有关商业位置的基础数据应作为重要的基础条件来分析。二是10～30分钟路程区内消费能力分析。如果不是专业类卖场，长期来看，周边区域的客流就会是最主要的有效客流，特别是大型商业综合体，对客流有明显的切分作用，对10～30分钟路程区内消费意向、消费能力的针对性分析，有助于决定商业业态及其比重。如果这一区域内消费能力不足，则应考虑配建公寓、住宅等居住类型，重新配置消费能力。现代商战竞争激烈，谁的钱都赚是不可能了，目标客户分析的目的就是业态收窄，使定位精准，通过业态决定建筑功能布局。

其次是跟随战略还是引领战略。每个商业地产都会遇到这个问题，大型外资商业，例如沃尔玛这种级别的卖场，都会做仔细的市场分析。如果新投入的商业在选址和业态配置方面跟随和复制大型商业的特征，就是跟随战略。在现阶段没有能力做行业领导者的商业就适合采用这种战略。跟随战略的益处是不用重新做市场分析，难处在于要不断地在多方面向引领者发起挑战，业态更有针对性、价格更低等。跟随战略的最终目的还是引领。

最后是规模化、特色化和差异化。这显然是核心竞争力的一部分。解决的问题是：为什么顾客愿意反复和长时间滞留下来。适度的规模、商业特色以及与周边商业的差异，要在商业发展模式定位中给出明确分析。这些分析有助于建筑设计概念的确立。

（二）多方利益平衡分析

商道精髓是利益平衡。对于发展商来说，开发的模式、规模、配套甚至建筑布局，都要力求体现发展商、卖场、政府、商户、消费者的利益。这是一组复杂的利益相关方，各方的关注点并不相同。政府更关注人气提升带来的地价提升、地方税收增加，并且希望不用投资——发展商持有是常见的模式，更希望项目“高大上”。发展商的目的是吸引人流进入室内商业空间来购物，而商户一心想把自己的品牌做大，并不十分在意卖场的品牌营造。不同类型的消费者利益关注点并不完全相同，因而目标客户的消费意愿和消费习惯就尤为重要。发展商的利益诉求已在前文明确，为了充分获取利益，通常还要了解项目所在地的各种投资政策以顺应天时，对当地商业地产开发政策的前置了解是必需的，设计上能避免被动。商业地产投资巨大，回收期长，在各利益相关方的诉求平衡上，迅速提升周边土地价值通常是首选利益目标。总之，概念方案设计中对多方利益平衡应做一个专门的分析。

（三）设计要直接针对增大客流

客流是商业的命。设计中要有针对性地做两件事：客流引入、客流量分布的设计。客流引入就是人们方便来、愿意来、下次还想来；客流量分布就是内部空间布局和动线设计。为了方便表述，把客流引入的一些要点以列表的形式列出。

<table>
<tr><th>客流引入</th><th>要点</th><th>举例</th></tr>
<tr><td rowspan="13">愿意来</td><td rowspan="4">提高建筑的曝光率</td><td>面向交通要道的立面效果</td></tr>
<tr><td>数码屏</td></tr>
<tr><td>周边有酒店、住宅，商业屋顶有观景平台，更容易让人们看到购物中心有咖啡厅，有餐饮</td></tr>
<tr><td>GUCCI这样的精品店，要离写字楼近，这样能够提高他们在消费者心中的地位，同时能让更多人看到</td></tr>
<tr><td rowspan="3">有一定透明度</td><td>幕墙</td></tr>
<tr><td>通往综合体其他建筑的盘旋车道</td></tr>
<tr><td>屋顶最好是透光</td></tr>
<tr><td>非购物者也被吸引</td><td>男士休息区。男士可以在休息区里喝啤酒，或者看足球，可以好好地休息一下</td></tr>
<tr><td rowspan="4">停车场设计</td><td>停车位不可只按《停车场规划设计规则》“商业场所每100平方米营业面积0.3个车位”标准，应引入停车场周转率进行计算</td></tr>
<tr><td>停车场如何与综合体各功能区相连？让它和主要的购物中心有非常顺畅的连接，使它成为一个主通道，能够增大人流量</td></tr>
<tr><td>利用垂直的空间进行多层次停车</td></tr>
<tr><td>“女士停车场”，车位在标准车位基础上加宽30%</td></tr>
<tr><td rowspan="6">方便来：交通和入口要体现出价值最大化</td><td rowspan="2">交通设计</td><td>就是不管你用何种交通方式，都很方便。公交车、地铁、出租车、私家车、步行等都有专用的道路和泊位，并且非常容易进入商场</td></tr>
<tr><td>可以穿过到达别处的道路。综合体多种功能交通的重叠，使购物中心人流能够更多</td></tr>
<tr><td rowspan="4">入口设计</td><td>入口门最好同时是地铁的出口</td></tr>
<tr><td>入口要非常便利，不见得都在一层，不同方法到来的可以在不同楼层进入；对于行人，步行到达的顾客有两种进入的方式，地下一个通道，地面一个通道</td></tr>
<tr><td>停车场要设主要入口通往购物中心，因为这里能聚集比较多的人群</td></tr>
<tr><td>从外面走过的话，就能够对里面的情况有一个大致的了解</td></tr>
</table>

续表

客流引入	要点	举例
还想来:愉悦的购物体验	有规模	让顾客感受到,这个购物中心是大规模的,有很多层,产品非常丰富,同时他们也很容易找到想买的东西,商场里面的指示标识都非常清晰,可以给顾客带来比较愉悦的购物体验
	内部交通便捷	很多不同的扶梯,可以到达不同的楼层
	让顾客感觉对商场整体有把握	主力店分布:要非常清晰。容易让顾客对商场有整体了解
		不同产品的区域分布要非常清晰。让顾客能有一个比较清晰的方向。产品分布也可以按年龄段,对11~18岁的青少年和对18~25岁的青年人用颜色区分
		指示系统:要有一个非常明显的标识,使顾客很容易找到要去的地方,而不要迷惑。比较好的指示系统,或许是三维动画指示
		视线:购物区域的梁柱客观上是阻碍视线的障碍,尽量减少
		感觉有把握:通过曲线的方式,让顾客能够看到比较远的地方是卖什么的;或者通过垂直的方式,比如顾客在二层,通过标识就可以知道三层、四层是卖什么的
	卫生间设计	要有比较好的环境和条件。卫生间的位置尽量和整个商场设计无缝衔接,让人感觉去卫生间是很自然到了一个地方,而不是强调一个独立的区域,让人有不良的感觉
		估算保安员、保洁员等后台人员人数,设计专用的卫生间和更衣间
	核心筒设计	商业在声音、味道,以及卫生方面的污染大,所以载客、运货、垃圾清运,如能分开,体验更好,更具销售价值
	其他	容纳国际会议、艺术博物馆、图书馆、学校、游乐场

关于动线引导客流量分布，设计上已经有很多原则，通则是考虑如何拉近顾客和他们想买的商品之间的距离。路径分布设计上，要特别重视考虑主力店的分布，包括电影院、重要的餐厅，让到这些地方去的顾客，能够路过其他更多的商店。

愉悦的购物体验，加上餐饮业的大量进入，使得顾客的组成从流动的购物者向家庭化、聚会化转移。在概念设计中，对体验的设计应有必要的章节和效果图。

（四）商业内的学校，配套住宅和仓储

在商业综合体概念设计中，必须关注卖场以外的配套功能。虽然综合体是商业、办公、居住、酒店、展览、餐饮、会议、文娱等几个业态中的组合，但不同的综合体由于整体定位不同，具体配套功能安排也不同。为吸引客流，仅仅提高餐饮比重的方法显得盲目，在未来业态布置中，在商场里面开比较大型的培训学校将成为可能，让家长们可以在等候期间去听课。

在商业地产的设计中，不能忽视配套住宅的重要性。当今社会，房子是家庭财产中最重要的部分，是房子在引领社会消费！在商业综合体的布局中，配比居住建筑的目的不是迅速回收资金，而是扩大商业目标客户。发展商在地价提升之后再卖房子才能更多获利。住宅的配置面向什么人群？除引入目标消费者的年龄结构、消费承受能力这些居住建筑常用的分析手法以外，还要设计居者对商业的长远支撑。

大型商业的物流方式是个需要深度关注的话题。物流方式决定不同类型商业的仓储空间和物流交通配套设施需要的面积。

（五）布局灵活性

尽管平面功能的灵活性是设计的基本要求，但是现今国内国际商业环境的发展速度之快是前所未有的，商场只有在不断求变中才能得以生存，所以没有什么是能确定的，设计的灵活性和适应性还要再强。餐饮比重甚至迅速攀升至70%，大量的排烟需要处理，空调负荷、用电负荷、用水量很可能会在商业运营期间发生巨大变化。黄金比例的打破与控制建造成本这一对天然矛盾如何处理，对设计的各个专业都是个难题，我们必须探索新的平衡。原则上，以突出商业价值取代获得营业面积为导向的设计将成为一个方向。谁在适应性上有所突破，谁的设计就能获得更多的卖点。

在灵活性设计部分，设备专业工程师和建筑师一样，面临大量的市场调研，如采集水耗、电耗、热耗信息。特别注意的是：商业综合体通常室外空间狭小，很难安排大量的设备管线，应考虑在室内安排综合管廊，以获取更多的营业面积和更大的布局灵活性。

（六）商业的钱不是赚出来的，是省出来的

商业综合体种种性能和舒适度提升的需求，使它们成为民用建筑里能耗最大的一类，通常单位平方米年能耗都在 100 千瓦时以上。运营成本中，能源与水耗的比重也很高。例如距离我们不远的金融街购物中心，每年光是花在电费上的支出就要 2000 万元以上。另外，调查显示，商场用电增容的现象非常普遍，说明原设计的电量预估有不同程度的不足。如今空气污染已成为全国性灾难，对室内环境的管理必须提上日程。卖场与电商不会仅仅停留在目前的简单竞争关系上，未来一定会相互渗透与融合。为此，水、空气、热量等必需品的建筑内循环系统、卖场到商户的资源能源消耗计量管理系统、商户信息网络带宽等，都要作为建筑概念方案设计中的必要部分在前期的规划中考虑到。

四　结语

以上方面归纳起来，更像是客户风险应对的预期规划。风险是什么？风险就是不确定性。

近年来国际、国内金融形势不断恶化，跨国企业特别是外资企业流动资金短缺，严重制约着企业投资与扩张。整个地产业 2013 年度过了强烈分化、集中度提升的一年，很多机构的研究成果显示，2014 年不同城市、不同地区不同政策的情景会更加明显，三四线城市地产将更加惨淡。城镇化对商业地产的影响还不明了。如今的概念方案，在内容宽度和深度方面都远远超越了数年前。我们都知道需要增加内容，但增加什么，如何把握住重点，是个值得长期研究的问题。不确定的事物也有内在规律，商业要

抓住利益平衡的本质，了解核心获利模式，注重针对核心要素和基本要素的设计，注重节约降低成本，有能够防微杜渐的措施。这些有的是根本，有的是细节，把握住商业吸引客流的DNA，做好了、做对了，就不容易发生大的偏差。毕竟，现代商业的设计，重点已经从增加营业面积转向了提升单位面积价值。

B.20 展示设计行业发展趋势研究

殷正声　周　敏*

摘　要：随着中国展览业的快速发展，展示设计作为现代服务平台也进入快速发展期。本文以展示设计最近两年发展的现状分析作为切入点，分别从展示设计的系统化、数字化、可持续化以及体验性的角度，归纳总结出了展示设计的发展趋势，并对展示设计的未来进行了预测。

关键词：展示设计　现状　发展趋势

随着中国社会快速发展，整个国家的物质文明和精神文明水平得到显著提高，博物馆、美术馆、纪念馆、展览馆和科技馆等作为展现人类精神文明和物质文明的平台在人们生活中扮演越来越重要的角色。博览会、展览会和交易会是市场贸易的需求，为国家经济发展提供了贸易的平台，这些都为现代展示行业的发展带来了重要的契机，使其在全世界得到了空前的重视和发展。

展示设计是采用某种形式将信息进行编码和传播的行为，在一定程度上促进了人类思想、文化、艺术和贸易的沟通交流，为新技术、新材料的应用、呈现和传播提供了平台。同时，展示设计通过采用多种手段和方式，满

* 殷正声，同济大学建筑与城市规划学院、同济大学设计创意学院教授、博士生导师，长期从事工业设计、环境艺术设计的教学、理论研究与设计实践；周敏，同济大学建筑与城市规划学院博士生。

足公共空间、商业空间、宣传活动等不同环境对传递信息的要求，使展商、展品以及观众三者完成良好的沟通。

一　展示设计现状分析

（一）展示设计需求增加

展示设计的主体行业——展览业（会展业）——主要是为国民、企业或政府搭建信息交流和交易的现代服务平台，它与市场有着密不可分的关系。伴随着中国市场化的进程，近两年展览行业也深化改革，加大对外开放的步伐，展览行业进一步扩大，对展示设计的需求也进一步增多。

据商务部2013年有关中国展览行业数据汇总表中对规模、效益、贡献度等方面的不完全统计、亚太会展研究评估中心定向会展城市数据统计，以及对比中国贸促会2014年1月发布的《中国展览经济发展报告（2013）》与中国会展经济研究会2014年4月发布的《2013年中国展览数据统计报告》，2013年全国共举办展览7851场，比2012年增加0.5%；展出面积为10344万平方米，比2012年增长13.7%；50人以上专业会议76.5万场，比2012年增加5.4%；提供社会就业岗位1960万人次，比2012年增长0.5%；直接产值3796亿元，比2012年增长5.8%，占全国国内生产总值的0.67%，占全国第三产业产值的1.45%，拉动效应3.4万亿元，比2012年增长6.3%。

作为中国经济和贸易中心的上海，正在面对世界经济发展缓慢、国内经济结构调整转型的局面。2013年是上海实施会展业“十二五”发展规划的关键一年，是全面贯彻落实党的十八大精神的开局年。据统计，2013年在上海举办各类展会798个，总展出面积1200.8万平方米，同比增长8.25%，举办国际会议614个，参会代表19.9万人，同比增长2.6%。

（二）展示设计关联行业众多

当面对不同行业和企业的展示时，展示设计服务于所展示的行业和企业，以及具体产品，与展会的主题息息相关。展示设计已经发展成为综合性的设计产业链，包括空间设计、结构设计、室内设计、工业设计、视觉传达设计和广告设计等，综合文化、旅游、建筑、材料、装潢、广告、住宿、餐饮、物流、商业销售等行业需求的系统化设计。

从中国展览会的类型分析看，2013 年的展览会涵盖了经贸类、消费类、文化类、机械类等不同类型，产品的类别有机械类产品、设备类产品、电子信息产品、轻工和纺织类产品、交通运输产品、家具类产品、家居类产品以及建筑和材料等多种行业的产品。以上海为例，2013 年举办的国际展览会项目 247 个，总展出面积 874. 5 万平方米，展出的产品涵盖了十六个大类行业（见表 1）。其中办展项目数最多的为机械设备项目，共有 40 个，占国际展览会项目总数的 16. 19%。其次分别为轻工纺织、旅游休闲娱乐、建筑材料、化工医疗橡塑、仪表电子信息类等。展览中有形式高端的上海百文会展公司的国际美容展，贴近生活的上海协生展览有限公司的国际自行车展和上海环球展览有限公司的厨卫展，贴近国际时尚前沿的上海博华国际展览有限公司的家具展和游艇展，上海市国际展览有限公司的汽车展，以及展示国内高端科技的上海东浩兰生国际服务贸易（集团）有限公司组织的中国国际工业博览会。这些展览涵盖的行业众多，展出的展品种类繁多，展示设计的主题和形式多样。

表 1　2013 年上海国际展览会项目行业分类

序号	项目名称	数量(个)	占比(%)	规模(万平方米)	占比(%)
1	轻工、纺织类	38	15. 38	168. 0	19. 22
2	机械、设备类	40	16. 19	144. 8	16. 56
3	建筑、材料类	24	9. 72	106. 2	12. 15
4	食品及食品加工类	13	5. 26	40. 3	4. 61
5	交通运输工具类	9	3. 64	60. 3	6. 89

续表

序号	项目名称	数量(个)	占比(%)	规模(万平方米)	占比(%)
6	广告、印刷、包装类	7	2.83	33.8	3.87
7	五金、工具类	5	2.02	40.7	4.65
8	家具、家居类	12	4.86	46.3	5.30
9	仪表、电子信息类	15	6.07	46.3	5.30
10	旅游、休闲、娱乐类	27	10.93	60.4	6.91
11	化工、医疗、橡塑类	20	8.10	78.1	8.93
12	房地产类	5	2.02	3.5	0.40
13	科教类	4	1.62	4.4	0.51
14	农业类	6	2.43	6.1	0.70
15	能源类	7	2.83	23.4	2.67
16	服务类	15	6.07	11.7	1.34
合　计		247	—	874.5	—

资料来源：《上海会展业发展报告（2014）》，内部资料，未刊印。

（三）专业展示设计增多

在过去相当长一段时期，中国展览会追求的都是综合性，结果造成展览会缺乏主题和特色，展商及其品牌对展示设计认识不足，缺乏个性和创新。在对北京、上海、广州、深圳、成都等中国主要会展城市展示设计市场的调研中发现，目前，中国展示设计市场在展示设计的系统化和可持续化的理解和实施上存在较大问题，展示设计的形式也缺乏专业性和创新性，甚至有一些设计作品出现抄袭现象。

随着各种展会主题由综合性趋于专业性，专业性展览会数量不断攀升，展商及其品牌对专业的展示设计的需求也不断提高。今天的展示设计已经从一种设计的形式，或是销售产品的形式，进一步成为传递企业和品牌文化的形式。展示设计的专业性不断提高，艺术性不断变化，创新性不断加强。

（四）展览行业日趋规范

中国展览业是新兴行业，发展速度较快，但是起步晚、门槛低、缺乏规范，仍然采用传统的展览审批制，展览公司资格认定制，尚未形成完善的市场经济下的竞争机制，缺乏各项规范行业的政策措施。近两年，为了改善这种情况，相关部门和行业协会相继出台了一些相关规定和管理办法。例如：上海在“关于上海会展业发展”课题研讨的基础上，提交了《上海展览业风险管理条例暂行规定》《上海展览业实施统计工作的意见》《场馆规范合同示范文本》等一系列文本。根据上海展览业发展需要，分别于2012年、2013年向市质监局申报了《展览经营与服务规范》系列标准中的展览承办机构、展示工程企业、场馆经营单位的服务规范、展览项目等级评估，获市质监局发文批复立项。这四个标准的制订和启动，意味着上海展览业步入了讲质量、守规范阶段。

（五）展览从业人员专业化

展览行业在中国的发展时间较短，无论是展览组织者、展览管理者、设计人员还是施工人员和相关服务人员，整体专业性都不是很高，与展览业发达的国家相比存在较大差距。未来展览从业人员必须接受正规的会展教育培训，提高整体从业人员的素质，特别是展览组织者和管理者，需要具备服务和创新精神，熟悉现代国际展览的业务，更好地参与到国际展览业中。

目前，从事展示设计的设计人员缺乏创新，较多的是承袭前人经验或简单地引进外国展览的经验。展示设计师普遍缺乏应对信息社会展示设计快速变化的能力，缺乏对展示设计系统的认知和理解。为了培养展示行业的人才，上海协会开发了初级《会展管理》系列的网上教育平台，聘请一批院校教授在网上授课，2013年基本完成了《会展管理》《会展设计》的网上开播工作。这一平台的建设，为一大批热爱展览的社会人才、大专院校展示设计专业的学生步入展览行业工作提供了机会。同时，推出了高级展示设计师的培训和认证，在展示设计人才的培养方面迈出了新的一步。

二　展示设计发展趋势

展示设计以向观众传播信息为目的，依存于空间场所，借助视觉传达，应用多种技术，综合多种材料和媒介的系统的设计行为，它融合了信息的设计与氛围的营造，在未来展示设计发展中必然要考虑其系统化、可持续性、数字化以及体验性。

（一）展示设计系统化

无论是博物馆、展览会的展示，还是商业店铺的橱窗展示，展示设计都不是一个单独的设计对象，而是一个综合的、复杂的环境和系统。展示活动从展览会的组织，到展示公司的合作和展示设计的实施，是一个由多个子系统并存的系统化工程。

从展览会组织的子系统来看，展览会的定期化组织有利于形成品牌化优势。形成品牌的展览会能够留住专业买家，提供较好的、稳定的供应商，形成良好的供销展示系统。上海汽车工业展览会、中国国际工业博览会、中国国际家具展等在上海举办的大型展览会，因其具有鲜明的主题、良好的组织和管理、优秀的服务和设施、丰富的活动内容，以及专业的观众和买家，而成为买家多、影响大、成效好的自办展览品牌。

从展示公司的生存子系统来看，大型展览活动组织的均衡化有利于展示公司的生存和健康发展。大型的展览活动需要从时间间隔、空间布局、产品类别和展示风格等方面进行系统的规划，避免出现大年、小年，同类展览过于集中，有利于展示行业的可持续性发展，有利于保持展览的吸引力和展示行业内各类公司的健康发展。上海的展示设计行业在上海世博会举办的时候，发展是最迅速的。然而，世博会结束之后，大型展览活动缺乏，使得较大规模的展示设计公司不得不面临项目缺乏的窘境，很多公司裁员，一些公司甚至倒闭。我国的展览业整体发展是向上的，积极的，较小规模的展示设计公司比较容易生存。然而，较小的展示设计公司相对来说功能和业务比较单一，如何使这些功能不同的展示设计公司，组成一个大的系统，在需要协调合作的工作中，系统化地完成任务，需要政府部门或行业协会创造较好的平台。

从展示设计管理子系统来看，现代展示设计从构思过程到创作过程，再到实施过程，与经济、技术、社会、文化、审美和功能等多因素相关，必须依靠系统的方法、艺术的创造、科学的规划和合理的实施，集中力量，协调合作，才能完成整个展示设计系统。尤其是在数字信息技术发达的今天，以声、光、电、影像为代表的新技术、新材料和新媒介的运用，使人们对展示设计中的感官、感知和体验要求越来越高，展示设计逐步向多学科、多门类、多功能和多手段交叉融合，表现出高度的复杂化和系统化。

（二）展示设计的可持续化

不可否认，中国展览业的繁荣，为经济和社会的发展带来了正能量。但是，据统计，作为中国会展龙头的中国进出口商品交易会（简称广交会），每期闭幕后都要清理出装修垃圾超过2500吨，这样一个惊人的数据，展示设计行业要如何应对？虽然中国的传统文化一直教导国民勤俭节约，事实上，在展示设计中，企业为了加强宣传的力度，增强展示的效果，常常不考虑节约，造成大量的人力、物力和财力的浪费，对国家的可持续发展很不利。在大气污染、都市雾霾等现象凸显的今天，设计的可持续化已成为设计界人士关注的焦点。展示设计的理念已经从追求商业化和艺术化逐渐让位于“可持续发展”。展示设计的可持续化理念，既能够满足当代人们的需求，又能够使后代子孙的生活得到满足，不使其生存受到威胁。

展示设计的可持续化主要体现在设计中统筹、协调、处理和控制“人－机－环境”的系统，实现经济、生态和效益的统一，坚持3R设计原则——节约（Reduce）、再利用（Reuse）、循环（Recycle），设计创意拥有绿色环保的理念，设计材料的环保、节约和再利用，展示道具的循环使用和标准化。

设计师的设计创意秉持绿色环保的理念，尽量避免过度夸张的设计形式和商业化，深入思考展示商品活动的初衷，避免设计的浪费。在展示设计中，尽量利用自然能源、展馆的自然优势和展示地区的自然环境。比如在公共文化空间展示活动或者大型展示活动中，要尽量充分利用日光作为白天馆内的基础照明，以节约能源。

在设计材料的选择上，尽可能地做到环保、节约和再利用。在制造过程中，使用可回收和再利用的材料，减少材料的一次性浪费；在设计和加工过程中，选择环保材料，最大限度地有效使用材料，能减少材料的不必要浪费；在维修过程中，满足易更换、易拆装，使展示的材料能够得到多次使用；在运输过程中，尽可能就地选材和取材，减少不必要的运输过程，避免带来能源的消耗，给环境带来负担。

围绕可持续设计的理念，展示道具要尽可能地保证多次循环使用和标准化设计及加工制造。在展示设计中，除了标准化的展示道具外，大部分材料都只能使用一次，然后被作为垃圾处理掉，造成了极大的材料浪费和环境污染。在临时展览中，这种现象尤其突出。应尽量避免非标准化的展示道具的使用，尽可能地多设计一些可反复使用的拆装式和便携式展示道具，可以延长展示道具的使用生命周期，便于展览结束后回收和再利用，使这些展示道具在其他临时展览中可以继续使用。

（三）展示设计数字化

数字时代的到来改变了人们工作形式、生活方式和消费模式，并为各行各业的发展带来新的机遇和挑战。伴随着科学技术的快速发展，计算机、多媒体技术、云计算、物联网、4G 等新技术在展示设计行业迅速得到普及和应用。数字技术以前所未有的速度在展示设计活动中扩张，使展示设计师不再满足对展示空间的简单的装饰设计，给设计师提供了更加广阔的创作思维空间。

多媒体技术与展示设计全面融合。自 1889 年巴黎世博会第一次将夜间奇观灯光秀展示在世人面前，光、电和计算机技术综合应用逐步发展，1958 年布鲁塞尔世博会的美国馆出现了 360°旋转的巨大全景画图像。现代复合屏幕技术、计算机和网络技术的成熟使得声音、图像和视频成为展示最重要的表达方式之一。2010 年上海世博会是设计创意与高新技术结合的展示平台，不同国家的场馆从创意构想到技术实施，精心策划每一个展示环节和内容，3D、4D 影片，全息影像、LED、灯光和各种屏幕技术等一切可以用于展示的科技手段和形式都被发挥得淋漓尽致，让观者在体验视觉盛宴的同时感受到技术的震撼。

虚拟技术与展示设计全接触。展示的主题曾以实物展示为主，到数字信息技术发达的今天，虚拟展示成为展示的主要手段和方式。虚拟成境的展示方式可以进行创造性的模拟展示，打破了传统空间设计的模式，在一定程度上可以减少资源消耗和浪费。以博物馆为例，现代博物馆的展示由原来的以"物"为中心的模式已经转向以"人"为中心的模式，利用虚拟展示手段使人更容易、更清晰地接受展示的内容，是更为行之有效的展示手段，是未来展示设计发展的趋势。互联网技术的发展也使虚拟展示设计应用更加广阔。世博会很难通过电视等传统媒体达到最全面的传播，网上世博会弥补了这一缺憾，通过综合运用互联网、WEB 3D、富媒体等技术，使得全球超过 10 亿的网民直接成为世博会的参与者，身临其境地在网上园区和展馆内进行畅游，打破了时间和空间的界限，同时世博会组织者也打破了通过电视转播时遇到的时差、播放权、无法选择等方面的限制。智能化展示设计是未来的趋势。数字信息技术的发展使得展示设计能够超越传统展示范畴，人的活动与空间的变化保持智能化的实时交互。人的活动带动空间的变化，空间的变化反作用于人的活动，人与空间共同感受着彼此的存在和变化。伴随着空间形状的变化，参观者自身也成为展示的一部分，展示空间内部的传感器用以探测参观者的活动状态，当感应到人经过时，传感器便会发出信号，使得声音系统、实时投射系统以及光系统同时运作，此时空间的展示设计由光、声、人构成。

在计算机技术、多媒体技术、虚拟技术、全息技术、互联网技术等数字信息技术的冲击下，展示设计的数字化发展有利有弊。数字信息技术的发展和应用一方面突破了传统展示设计的模式，为客户提供了较好的信息交互体验平台；另一方面技术的泛滥导致受众心智同化现象严重，忽略了人们对多元文化的诉求和向往。

（四）展示设计的体验性

伴随着体验经济的兴起，在展示设计中对展示环节的体验性、互动性的设计诉求也将越来越多。体验经济被描述为继农业经济、工业经济和服务经济之后的一种主导型经济形态，在这种大环境下，一方面，越来越多的消费者渴望得到更多的体验，另一方面，越来越多的企业精心设计、营销体验。《体验经济》的作者在书中将体验定义为“企业以服务为舞台，以商品为道具，以消费者为中心，创造能够使消费者参与、值得消费者回忆的活动”，体验经济是通过满足人们各种体验的一种全新的经济形态。展示设计的体验性一方面是体验经济时代的社会特征，另一方面是人类工业、科技发展推动的必然结果，尤其是近年来飞速发展的互联网技术、多媒体媒介、移动通信技术等。

虽然展示（exhibit）词意上是由陈列（display）演变而来的，但从传播的意义来讲，在体验经济时代，展示设计早已超越了传统的单一的陈列的目的，展示设计更应该关注观众在展示环境中被感动的程度，注重通过对展示环境系统化的设计作用于观众所传达的信息的效能。

因此，展示设计中的体验性尤为重要，体验是一个人达到体力、情绪、精神的某一特定水平，在其意识里触发的一种积极美好印象，任何一次美好的体验都会给体验者打上深刻的烙印。在体验性的展示设计中，除了过去传统的对于展示空间的构成、陈列展架的形式、色彩与材质的表达的创作以外，更加强调设计以“人”为中心，设计师需要通过对传播目标人群的研究分析，针对需要传播的特定信息，将其进行合理的解构重构，并通过采取目标观众接受度最高且最有效的传播媒介进行编码，让观众能够在短时间内获得快速、高效的“意义理解”。因此，体验性的展示设计更多地基于叙事主题、展示传播对象心理等层面进行信息的整合与编码，尤其重视展示空间环境中观众与媒介之间的互动体验，从而达到有效地传播信息的目的。观众在参与体验互动的过程中，受感官的刺激，应该更加理解展示的主题，同时，在互动体验环节，观众的参与程度越广，参与内容越深，互动性越强，越令人难忘，就越能实现展示的目的。观众通过自己的亲身参与，在实践中得到真实的感知效果，既留下了深刻的感官印象，也加深了记忆的程度，从而达到展示设计信息传播的目的。

以博物馆为例，过去的博物馆展示大多以货柜陈列，采用静态的单向输出模式，并在空间上将展品与观众进行生硬的分隔，观众在欣赏过程中没有互动，信息传播的效果不好。而现在的许多博物馆都在展览的过程中增加了更多的体验性设计，通过声、光、电等多媒体信息技术，二维、三维空间的转换，将观众纳入整个展示环境中，加强了观众的参与性、互动性和娱乐性，增加了博物馆参观的体验性，使博物馆的功效得到更好地发挥。

三　结语

中国未来的展示设计应在政策法规和行业规范的制订上更加详细和完善；在展示设计人才的培训和应用上更加专业化；在面对不同展览主题时，展示设计更加专业化和系统化，采用更多数字化的手段，实现展品、观众、展示空间和设计师的多维体验，应用 3R 设计原则，凸显展示设计的可持续化，实现展示设计服务社会，展商、观众、展馆和设计师多方共赢的局面。

参考文献

龚维刚、杨顺勇主编《上海会展业发展报告 2014》，内部资料。

王祖君：《浅析现代展示设计中的可持续发展趋势》，《中国建筑装饰装修》2014 年第 3 期。

朱航：《世博会与我国公共外交》，《亚非纵横》2010 年第 3 期。

〔美〕派恩（Joseph，Pine，B.），〔美〕吉尔摩（Gilmore，J. H.）著，《体验经济》，夏业良等译，机械工业出版社，2002。

孙丹丽：《互动与体验在展示信息传播过程中的作用》，《包装工程》2014 年第 10 期。

B.21

3D 打印发展存在问题及对策

李向前 李 飞*

摘 要： 3D 打印技术的发展深刻影响着制造业的生产模式和人们的生活方式。主要发达国家纷纷部署3D 打印战略，3D 新技术、新材料、新产品不断涌现，应用效果显著提升，产业规模不断壮大。未来，3D 打印设备将更加通用化和智能化，材料种类和性能更加多元化，生产方式向分布式和敏捷化方向发展，3D 打印制造模式与传统制造模式长期并存，融合发展。我国在3D 打印技术基础理论、工艺技术、材料研发、核心元器件等方面与国外相比还存在较大差距，整体产业规模偏小。迫切需要构建和完善3D 打印产业生态系统，以互联网为契机推动创新升级，积极推进工业级3D 打印技术研发和应用，支持发展面向3D 打印的产品设计软件，鼓励发展个性化定制服务，推动产业快速发展。

关键词： 3D 打印 个性化定制 对策

一 3D 打印发展历程及技术特点

（一）3D 打印发展历程

3D 打印技术（Three Dimensions Printing Technology）依据产品三维 CAD

---

* 李向前，博士，工业和信息化部电子科学技术情报研究所高级分析师；李飞，工业和信息化部电子科学技术情报研究所高级分析师。

（Computer Aided Design）模型，通过软件将三维数字模型分解成若干层平面切片，然后由 3D 打印机把粉末状、液状或丝状塑料、金属、陶瓷或砂等可黏合材料按切片图形逐层叠加，最终堆积成完整物体的技术。

3D 打印的概念萌芽于 20 世纪 50 年代，但是，直到 80 年代美国才出现第一台商用 3D 打印设备。到目前为止，3D 打印的发展历程可以分为四个阶段，如图 1 所示。

- 1984年，美国人Charlcs Hull发明立体光刻技术，可打印3D模型。
- 1986年，3D Systems公司成立，专注发展增材制造技术。
- 1988年，3D Systems公司推出SLA-250成型机，标志着快速原型技术诞生。
- 1988年，Stratasys公司成立，可以用蜡、ABS、PC、尼龙等热塑性材料制作物体。
- 1989年，C. R. Dcchard发明Selective Laser Sintering，利用高强度激光将材料粉末烤结，直至成形。

- 1992年，Helisysv发明Laminatcd Object Manufacturing，利用薄片材料、激光、热熔胶来制作物体。
- 1993年，麻省理工Emanual Sachs教授发明Three-Dimensional技术，通过黏结在一起成形。
- 1995年，Z Corporation公司获得麻省理工大学许可，生产3D打印机。
- 1996年，3D Systems、Stratasys Z Corporation分别推出Actua 2100、Genisys、Z402，第一次使用“3D打印机”的称谓。

- 2005年，Z Corporation发布Spectrum Z510，是世界上第一台高精度彩色增材制造机；英国巴恩大学Adrian Bowyer发起开源3D打印机项目RepRap。
- 2008年，美国一家公司通过增材制造首次为客户定制了假肢的全部部件。
- 2009年，首次使用增材制造技术造出人造血管。
- 2009年，美国ASTM成立F42专委会，将各种快速成型技术统称为“增材制造”技术。

- 2011年，英国工程师用3D打印机造出世界首架无人驾驶飞机，成本5000英镑。
- 2011年，I Matcrialisc公司提供以14K金和纯银为原材料的3D打印服务，可能改变珠宝制造业。
- 2012年，Defense Distributed创始人Cody Wilson决定开发全球首款利用3D打印技术制造的手枪。
- 2013年，英国伦敦Softkill Design 建筑设计工作室首次建立一个3D技术打印房屋概念。
- 2014年，本地汽车公司打造世界首款3D打印汽车——斯特拉迪，成本约3500美元，制造周期44个小时，该车最高时速每小时80公里。

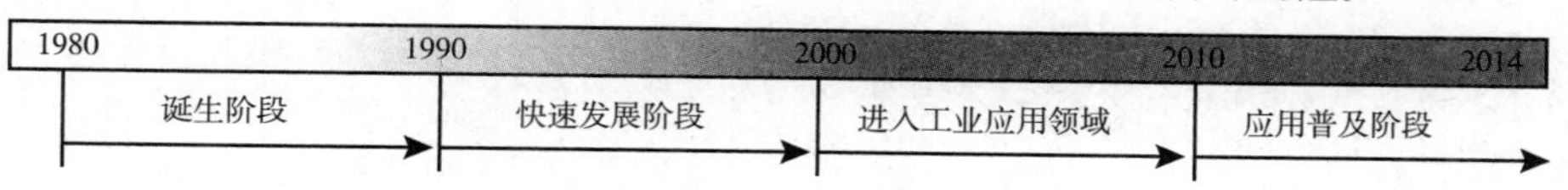

图 1　3D 打印技术发展历程

（二）3D 打印技术特点

自 20 世纪 80 年代美国出现第一台商用 3D 打印设备后，3D 打印技术在近 30 年时间内得到了快速发展，较成熟的技术主要有四种方法，如表 1 所示。第一是光固化成型（Stereolithography，SLA），该方法的优点是制造精度高、表面质量好，并且可以制造形状复杂的零件，但是，制造成本高、后处理复杂。第二是叠层实体制造（Laminated Object Manufacturing，LOM），该方法只需要加工轮廓信息，加工速度快、强度高，但是精度较低。第三是电子束熔化成型（Electron beam melting，EBM），该方法的特点是成形材料广泛，理论上只要将材料制成粉末即可成形。另外，EBM 成形过程中，粉床充当自然支撑，可成形悬臂、内空等其他工艺难成形结构。但是，EBM 技术需要价格较为昂贵的电子束发射器，成本较其他方法高，一定程度上限制了该技术的应用范围。第四是熔丝沉积成型（Fused Deposition Modeling，FDM），该方法无须价格昂贵的激光器和光路系统，成本较低，易于推广。但是，该方法成形材料限制较大，并且成形精度相对较低，是限制该技术发展的主要问题。

表1　3D 打印主要技术分类

类型	技术名称	基本材料	优点	缺点	代表公司	市场
光聚合成型	光固化成型(SLA)	光敏聚合物	精度高、表面质量好	成本高、易变性、后处理较复杂	3D Systems(美国)、Envisiontec(德国)	成型制造
层压型	叠层实体制造(LOM)	纸、金属箔、塑料薄膜	速度快、强度较高	精度低、后处理非常复杂	Fabrisonic（美国)、Mcor(爱尔兰)	成型制造,直接零部件制造
粒状物料成型	电子束熔化成型(EBM)	钛合金	高致密、高强度、可使用任意金属材料	成本高、精度低、表面质量差、后处理复杂	EOS(德国)、3D Systems(美国)、Arcam(瑞典)	成型制造,直接零部件制造
挤出成型	熔丝沉积成型(FDM)	热塑性塑料、共融金属、可食用材料	后处理简单、成本低、易推广	强度较低、精度较低	Stratasys(美国)	成型制造

相对于传统大批量和规模化制造模式，3D 打印具有传统制造模式不具备的优势，可以实现大规模的个性化生产，可以制造出传统生产技术无法制造的结构。3D 打印技术的主要特点如下。

周期短：3D 打印技术不需要模具制造过程，大大缩短了生产制造周期，避免了委外加工的数据泄密和时间跨度。数小时至数十小时就能完成一件个性化定制的模型（零件、产品）。

成本低：虽然目前3D 打印设备和材料价格偏高，但是由于3D 打印流程短、人力成本低以及其个性化生产等特点，在简化生产过程的同时，其生产成本将逐渐降低。此外，随着技术的发展和材料的创新，势必可以进一步降低生产成本。

柔性高：3D 打印技术不再拘泥于传统的产品制造工艺和生产流程，只要拥有产品 3D 模型，就可以完成生产制造，从而使生产制造的柔性更高。

设计开放：3D 打印可以进一步缩短产品用户和产品设计者之间的距离，用户可以直接参与产品设计，也可以通过众包、众筹等模式进行产品设计，从而使产品的设计模式更加开放。

二　国内外3D 打印发展状况

（一）主要发达国家部署3D 打印战略

主要发达国家纷纷部署 3D 打印战略，如表 2 所示。

表 2　部分国家支持 3D 打印技术发展采取的措施

国别	时间	名称	内容
美国	2011	先进制造伙伴关系计划(AMP)	将 3D 打印技术作为未来美国最关键的制造技术之一
	2012	先进制造国家战略计划	重点发展 3D 打印技术
	2012	国家级 3D 打印添加剂工业研究中心	拨款 3000 万美元，计划累计投入 5 亿美元用于 3D 打印技术，确保制造业不再转移到中国和印度
	2011	MENTOR 计划	2012 年为 20 所高中提供 3D 打印机、开源硬件等；2013 ~ 2015 年，为 1000 所高中提供 3D 打印机、开源硬件等，让这些学生在高中阶段就得以参与协同设计，分享物理与数字车间的制造经验
欧盟	2013	大型航空航天部件快速生产计划	专注航空航天领域的快速成型技术
	2009	自定制(Custom Fit)计划	旨在研究和开发出面向 21 世纪的新的制造技术

续表

国别	时间	名称	内容
德国	2008	直接制造研究中心	主要研究和推动3D打印技术在航空航天领域中结构轻量化方面的应用
日本	2014	制造业白皮书	将3D打印作为今后制造业发展的重点
澳大利亚	2012	"微型发动机增材制造技术"项目	使用3D打印技术制造航空航天领域微型发动机零部件
中国	2012	中国3D打印技术产业联盟	中国3D打印技术联盟是全球首家3D打印产业联盟，有利于尽快建立行业标准，推动我国3D打印技术产业化、市场化进程
	2013	"863"计划、国家科技支撑计划	将3D打印关键技术、装备研制列为重大支持方向，要求聚焦航空航天、模具领域的需求，突破3D打印制造技术中的核心关键技术，研制重点装备产品
	2013	世界3D打印技术产业联盟	联合美国、德国、英国、比利时、新加坡、加拿大、澳大利亚等3D打印行业的企业和专家

美国已经成为世界上3D打印技术最先进的国家，为了夺回制造业霸主地位，美国设立多个项目和相关机构支持3D打印技术的发展。欧美等发达国家和新兴经济国家将3D打印作为战略性新兴产业，纷纷制定发展战略，投入资金，加大研发力量和推进产业化。目前，中国也已经从战略高度部署3D打印技术发展。工业和信息化部正在牵头制订《国家增材制造产业发展推进计划（2014～2016年）》，该计划由工信部、卫计委、国家食药监总局和科技部等联合制定，征求意见稿已经完成，这将是国内首部3D打印产业规划。

（二）3D打印产业不断壮大

随着主要发达国家对3D打印的重视和支持，3D打印技术取得较快进展，应用领域不断扩大，已经逐渐融入生产和生活各个领域，在食品、服装、家具、医疗、建筑、教育等领域大量应用，并不断催生许多新的产业，产业规模不断壮大。

2013年，全球3D打印市场增长超过了1/3，越来越多的公司开始采用

3D 打印技术。分析公司 Wohlers Associates 称，2013 年全球 3D 打印产品和服务市场增长 34.9%，达到 30.7 亿美元，这是 3D 打印行业最近 17 年来增长速度最快的一年。而过去 26 年的平均年增长率为 27%，最近三年的年复合增长率为 32.3%。未来 3D 打印产业销售规模预测如图 2 所示。

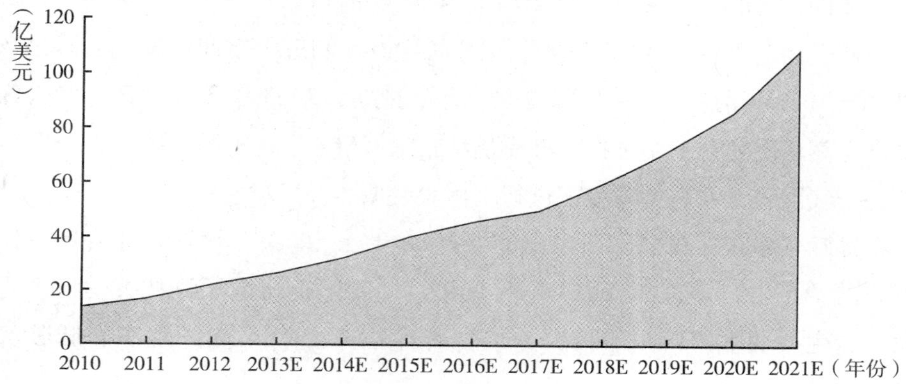

图 2　3D 打印产业销售额预测

资料来源：Wohlers Associates。

另据国际研究顾问机构 Gartner 发布的最新预测指出，2015 年全球 3D 打印机出货量将达 21.735 万台，高于 2014 年的 10.8151 万台，2015～2018 年，3D 打印机出货量每年皆呈倍增，预计 2018 年将超过 230 万台。

目前，3D 打印机市场正处于转折点，自 30 年前 3D 打印机发明以来，单位出货量每年增长率始终维持在个位数到十位数之间的较低水平，但 2015 年起即可望大幅增加，主要原因包括价格逐步低廉、性能稳步提升，且在全球各地都买得到。

（三）3D 打印应用效果显著

在欧美发达国家，已经形成了基于 3D 打印技术的商业模式。在民用生活、消费电子、航空航天、汽车制造等领域，可以通过 3D 打印实现小批量定制零部件的生产制造，完成复杂而精细的造型。

生活领域：目前，3D 打印在民用领域应用广泛，已经打印出了服装、鞋、灯罩、珠宝、小提琴等多种类型的产品。美国 Quirky 公司通过众包、众筹的模式，在线征集用户的设计方案，通过 3D 打印和网络销售，每年可以实现 100 万美元的营收。

军事领域：波音公司已经利用 3D 打印技术制造了大约 300 种不同的飞机零部件，目前，正在研究打印出机翼等大型零部件。空客 A380 使用 3D 打印技术制造了行李架，“台风”战斗机中打印制造了空调系统，其概念客机将于 2050 年前后由 3D 打印机“打印”制造。2013 年 3 月 7 日，美国普惠洛 - 克达因公司采用选择性激光烧结技术（SLS）制造了 J - 2X 火箭发动机的排气孔盖，在恶劣环境下进行了试验并取得了成功。

医疗领域：美国已经研发出能够打印牙齿、皮肤、软骨、骨头和身体器官的“生物打印机”。2013 年 8 月 7 日，我国杭州电子科技大学自主研发一台生物材料 3D 打印机，并成功打印出人类耳朵软骨组织、肝脏等器官。

工业领域：2014 年 10 月 10 日，全球首款 3D 打印汽车——斯特拉迪亮相，由“本地汽车”公司打造，整辆汽车成本约为 3500 美元，制造周期为 44 个小时，该车最高时速可以达到 80 公里/小时。

国外一些大型的制造公司将 3D 打印技术实现了工程化应用，3D 打印应用模式也在不断创新。美国 Shapeways 公司的 3D 打印和在线商店服务已经催生了 16000 家在线商店，其中 94% 生产和销售其首批产品的成本不到 1000 美元。一场由创客、玩客和发明家推动的全国运动正在酝酿，通过网络和 Etsy、Tindie、Indeigogo、Quirky、Grommet、Kickstarter 等平台，他们正在把“自己动手”提升为“美国制造”。

（四）新技术、新产品不断涌现

在 3D 打印技术工艺和设备逐渐成熟的同时，新材料、新工艺、新产品不断涌现。3D 打印技术由快速原型阶段进入快速制造和普及化新阶段，最显著地体现在金属零件直接快速制造、3D 打印材料、3D 打印设备、3D 打印软件等方面。

1. 金属零件3D 打印技术

目前，真正直接制造金属零件的3D 打印技术有基于同轴送粉的激光近形制造（Laser Engineering Net Shaping，LENS）技术、基于粉末床的选择性激光熔化（Selective Laser Melting，SLM）技术及电子束熔融（Electron Beam Melting，EBM）技术。LENS 技术能直接制造出大尺寸的金属零件毛坯；SLM 和 EBM 可制造复杂精细金属零件。部分金属零件 3D 打印技术如表 3 所示。

表 3　部分金属零件 3D 打印技术对比

序号	技术	优点	缺点
1	LENS	该方法得到的制件组织致密，具有明显的快速熔凝特征，力学性能很高，并可实现非均质和梯度材料制件的制造	难以成形复杂和精细结构，主要用于毛坯成形，且粉末材料利用率偏低
2	SLM	制造的金属零件接近全致密，强度达锻件水平，精度可达 0.1mm/100mm	主要缺陷有金属球化、翘曲变形及裂纹等，还面临成形效率低、可重复性及可靠性有待优化等问题
3	EBM	成形室必须为高真空，以保证设备正常运行，这使得 EBM 整机复杂度增大	真空抽气过程中粉末容易被气流带走，造成系统污染；在电子束作用下粉末容易溃散，因此需预热到 800℃以上，使粉末预先烧结固化

2. 3D 打印材料

部分 3D 打印新材料如表 4 所示。

表 4　部分 3D 打印新材料特点

序号	材料名称	企业名称	材料特点
1	Verc Clear	Objet 公司	透明材料
2	Accura CastPro	3D Systems 公司	可用于制作熔模铸造模型
3	Plus CAST	Solidscape 公司	可使蜡模铸造铸模更耐用的新型材料
4	聚醚醚酮(PEEK)	Kelyniam Global	用于制作的光固化头骨模型

3. 3D 打印设备

目前，在桌面机型方面，由于众筹网站提供了更低的生产门槛，多种 3D 打印设备层出不穷；在工业机型方面，传统巨头惠普的加入将会对这一行业产生重大影响。未来精度更高、技术更成熟的产品将更快推向市场。

2014 年已经有 20 多种不同类型的 3D 打印机问世，其中廉价 3D 打印机已经低至 499 美元，工业级设备也逐渐进入大众视野。美国的 3D Systems、Stratasys、RepRap 以及德国的 EOS、以色列的 Object 都是 3D 打印设备领域著名的公司。2014 年 11 月，3D Hubs 发布的 3D 打印趋势报告显示，Stratasys、RepRap、Ultimaker 和 3D Systems 分别占据市场前四位。近年来，部分公司上市的产品特点如表 5 和表 6 所示。

表 5　美国 3D systems 公司的 SLS/SLM 装备参数

设备型号	sPro60 SD	sPro60 HD Base	sPro60 HD HS	sPro140 Base	sPro140 HS
成型空间	381 × 330 × 457mm			550 × 550 × 460mm	
单层厚度	0.08 ~ 0.15mm			0.08 ~ 0.15mm	
扫描系统	High torque scanning motors)	Proscan™ CX	Proscan™ CX dual mode, high speed	Proscan standard, digital imaging system	Proscan™ GX dual mode, high speed imaging system
最大扫描速度	5m/s	6m/s	6m/s 和 12m/s	10m/s	15m/s
激光器	CO_2, 30W	CO_2, 30W	CO_2, 70W	CO_2, 70W	CO_2, 200W
成型速度	0.9L/h	1.0L/h	1.8L/h	3L/h	5L/h
设备型号	sPro230 Base	sPro230 HS	sPro™ 125	sPro™ 250	
成型空间	550 × 550 × 750mm		125 × 125 × 125mm	250 × 250 × 320mm	
单层厚度	0.08 ~ 0.15mm		0.02 ~ 0.1mm		
扫描系统	Proscan standard, digital imaging system	Proscan™ GX dual mode, high speed imaging system	Proscan standard, digital imaging system	Proscan standard, digital imaging system	
最大扫描速度	10m/s	15m/s	1m/s		
激光器	CO_2, 70W	CO_2, 200W	Fiberlaser 100W or 200W		
成型速度	3L/h	5L/h	5 ~ 20mm^3/h		

表 6　德国 EOS 公司的 SLS/SLM 装备参数

产品型号	P100	P395	P760	P800
成型空间	200×250×330mm	340×340×620mm	700×380×580mm	700×380×580mm
单层厚度	0. 1mm	0. 06/0. 10/0. 12/ 0. 15/0. 18mm	0. 12mm	0. 12mm
激光器	CO_2,30W	CO_2,50W	CO_2,2*50W	CO_2,2*50W
光学系统	F-theta-lens			
最大扫描速度	5m/s	8m/s	2*6m/s	2*6m/s
氮发生装置	标准配置			
软件	EOS RP Tools, Magics RP (Materialise)			
CAD 数据	STL 或其他可转换的数据			
PC	Windows 操作系统			
成型空间	720×720×380mm		250×250×325mm	
单层厚度	0. 2mm		0. 02-0. 1mm	
激光器	CO_2,2*100W		Yb-fibre 激光发射器 200W;400W	
光学系统	2×F-theta lens,2×high speed scanner		F-theta-lens, high speed scanner	
最大扫描速度	3m/s		7m/s	
氮发生装置	无		标准配置	

4. 3D 打印软件

在 3D 打印软件方面，美国、德国、法国、比利时等国家具有雄厚的基础。国外已经有专业化的软件公司，其产品功能多、专业化程度高，并且提供了丰富的定制化接口，可与多系列装备有机结合，如表 7 所示。而我国还缺乏 3D 打印方面的专业软件公司，大部分 3D 打印装备配套了 Materialise 公司的软件系统，并开发了与各自设备相关的功能模块。也有少数装备采用了完全自主研发的系统软件，为工艺优化及材料拓展创造了有利的条件。

表 7　部分 3D 打印软件产品和特点

序号	公司	国别	产品	特点
1	Autodesk	美国	AutoCAD	123Dcatch, 可以把图片转换为 3D 模型，Autodesk 123D 里面所有的应用程序都可以通过各种在线服务以 *. STL 格式 3D 输出

续表

序号	公司	国别	产品	特点
2	Trimble Navigation	美国	SketchUp	技术上和经济上都容易接受，专业版售价495美元，标准版免费。不能本地创建*.STL文件，可以在线学习
3	3D systems	美国	Cubify Sculpt	最大特色是简易使用，且能够立即编辑STL文件格式，轻松制作各种3D打印模型
4	Dassault Systemes	法国	SolidWorks CAD	可以直接输出*.STL文件，可以直接从程序中控制3D打印机
5	Materialise	比利时	3D打印软件平台“Magics Streamics”	此软件平台可以整合各个不同3D文件来源，如来源于扫描、CAD、照片等各种格式的文件，方便普通用户使用3D打印机

（五）中国发展迅速但挑战严峻

我国基本上与国外同步启动、同步发展。地方政府对3D打印非常重视，青岛、南京、武汉、成都、珠海等地出台政策发展3D打印中心、研究院、工业园区。部分省市地区主要措施如表8所示。

表8　我国部分地区发展3D打印技术主要措施

省市区域	时间	主要措施
东莞市	2013年	扶持3D打印产业等战略性新兴产业发展——《2013年政府工作报告》
天津市	2013年	已有数百家企业在产品设计、模型开发中应用3D打印技术，在三维信息获取、高功率固态激光器、超精密机构、智能控制技术等交叉学科领域，具有较强的研发实力
上海市	2014年	上海国际3D打印智造展览会
青岛市	2013年	将3D打印作为战略性新兴产业，编制3D打印产业行动计划，设立了3D打印产业园区，设立3D打印产业创新发展基金

此外，国内的众多企业也越来越重视3D打印技术，涌现了一批3D打印企业。目前，国内从事3D打印生产、服务、工艺等业务的企业有近100家。部分企业如表9所示。

表9　我国部分3D打印企业

单位名称	成立时间	主营业务
中航激光成形制造有限公司	2011年	主要发展激光快速成型技术,以钛合金等金属粉末为原料,通过激光熔化逐层沉积("生长制造"),直接由零件CAD模型一步完成高性能大型整体结构件的成型
湖南华曙高科技有限责任公司	2009年	从事基于激光技术的塑胶、金属、陶瓷产品无模具智能制造等领域的经营
北京太尔时代科技有限公司	2003年	主要从事快速成型系统、快速制模设备以及专用耗材的开发、设计、生产和销售
深圳市维示泰克技术有限公司	2011年	国内首家专业从事个人3D打印机、3D教学仪器、3D打印耗材、三维成型产品的开发、生产、销售的高科技企业
海尔集团	1984年	建设一系列相关项目,推进基于3D打印的家电产品个性化定制服务。在全国3D大赛"海尔智慧生活奖"中专设3D打印大奖。

综上所述，我国近些年在3D打印领域取得了较大的进展。但是，近5年国内3D打印市场发展不大，主要限于工业领域应用以及3D人像、小物件等材料成本低、技术工艺粗糙的产品，在消费品领域尚未形成快速发展的市场。另外，研发方面投入不足，在产业化技术发展和应用方面落后于美国和欧洲。与其他发达国家相比，我国创新和科技实力弱，3D打印产业化发展面临严峻挑战。

3D打印的基础理论与成型微观机理研究亟待强化。3D打印的基础理论与成型机理等科学问题是实现工艺控制、装备研发、产品性能调控与大规模应用的关键，是国内外公认的难点，目前还有大量问题有待突破。例如，LS/SLM工艺中粉末致密化、制件变形规律以及材料形态与成分演变等；LENS工艺中金属零件内应力及变形开裂问题；SLA工艺中树脂相变收缩与变形、树脂固化强度来源及影响因素等；3DP工艺中高速液滴运动学机理、液滴与基材反应、喷印系统与材料匹配性等。

3D打印工艺装备与国外先进水平相比还有差距。特别是在有关核心性能指标、运行可靠性及成型质量上差距较大。例如，国外SLS设备的成型精度能够达到0.15mm，国内精度只能达到0.2mm；国外SLS装备能直接成型尼龙和高强度塑料（PEEK）零件，且性能接近注塑水平，而我国则主要用于成型低强度的铸造用熔模和砂型；国外 LENS 成型特征尺寸小于 1mm 以下，而我国同类产品则偏重成型效率，尺寸精度较国外技术低。

大部分 3D 打印装备核心元器件还主要依靠进口。我国 LENS、SLS、SLM 及 SLA 等设备所需要的高性能、高功率激光器以及高速扫描振镜系统、喷墨沉积所需的工业喷头以及高精度导轨、电机、控制器等运动与控制系统，均从美国、德国和日本等发达国家进口，导致我国的相关装备“空心化”。

我国 3D 打印产业规模较小。我国开展了主流 3D 打印技术的研究与开发工作，在汽车和航空领域进行了卓有成效的局部应用，自主研制的商品化 3D 打印装备也获得了应用。但是，我国在 3D 打印领域并没有形成产业规模，没有形成像 Stratasys、Zcorp、EOS 同等规模的专业 3D 打印装备生产商。设备研制大多依托于高校和研究所，技术主要应用于国内，装备产能及市场规模极其有限。同时，我国还没有形成 3D 打印材料、工艺软件及服务等构成的产业链，极大地限制了装备的应用范围。

三 全球3D 打印发展趋势

随着互联网、移动互联网、物联网、工业大数据、工业 4.0 等信息技术的发展和材料技术的不断进步和应用，未来 3D 打印技术将向通用化、智能化、敏捷化等方向发展，3D 打印将与传统制造模式长期并存、融合发展。

（一）设备通用化和智能化

随着 3D 打印技术的逐渐成熟，低价 3D 打印机市场将快速扩张。3D 打印机将会变成家庭或企业的普及产品，成为通用化的必需品。所以，未来结合大数据、人工智能等技术，使 3D 打印机具备智能识别和反馈功能，让 3D 打印机变得更聪明、更智能将成为必然趋势。

（二）材料种类和性能多元化

随着3D打印在不同领域应用范围的扩展以及多元材料同时打印工艺的发展，用户对打印材料种类和性能有了更高的要求。在军事领域，需要发展面向3D打印的特殊合金、钒合金、铝合金、记忆合金、阻尼合金等具有特殊用途的材料。

（三）生产分布式和敏捷化

云计算、移动互联网、大数据等新一代信息技术的发展，催生了众包、众筹等新型制造模式。3D打印由于其适合个性化定制，将对传统大批量制造模式产生巨大冲击。在传统制造模式中，产品设计者与产品需求者缺乏有效沟通，难以把握市场具体需求，在产品生产和流通过程中也会造成巨大浪费。

虽然目前3D打印在生产效率和精度等方面还存在不足，但是，未来随着3D打印与新一代信息技术的结合，建立工业云平台、工业大数据平台将有效整合制造资源，实现分布式制造，将有效弥补3D打印技术的缺陷。

未来，3D打印技术的精度、速度以及打印材料质量将不断提升，新的服务模式将不断涌现，生产反应速度将更快，产品研发设计、生产制造和整个供应链管理效率将更高，敏捷化制造程度不断提升。

（四）两种制造模式长期并存，融合发展

3D打印可以制造复杂、个性化的零部件，有效弥补传统工艺的不足。但是，目前3D打印在制造精度、力学性能、生产效率等方面仍然面临瓶颈，短期内难以超越传统制造。所以，3D打印与传统制造各具优势，在未来一段时间，将形成两种制造模式相互交叉融合、长期并存的局面。

由于3D打印和传统制造各自的优缺点不同，所以将3D打印技术与传统制造模式相结合，两者融合发展成为一种趋势。目前，日本松浦机械和美国Fabrisonic公司已经开始尝试将铣削技术和3D打印技术融合，国内的沈

阳新松机器人自动化股份有限公司也已经开始进行3D打印复合技术开发，实现了随型流道注塑模具、叶片、螺旋桨及其他复杂零部件的快速制造。

四　3D打印面临的问题和挑战

（一）速度与精度需要提高

3D打印的速度和精度之间的矛盾是长期存在的一个问题。3D打印是用材料一层层堆积成型的，每一层都有厚度，这决定了它的精度。打印同样的产品，精度越高，每一层的厚度就越薄，同时会导致打印时间的延长。如果缩短打印时间，则会降低精度。所以，提高精度则意味着延长打印时间，而缩短打印时间则会降低打印精度。目前，3D打印金属零件的最高堆积效率大约为$70cm^3/h$，与高速铣还有较大差距。3D打印本身的加工速度和精度还远未达到人们理想的状态，有待同时提高。

（二）材料和性能需要突破

打印材料是目前3D打印技术的关键，3D打印技术在各领域的应用和推广，需要研究适应于各领域的材料。制定材料和工艺标准将是3D打印技术亟待解决的问题。

（三）极大极小尺寸成型能力不足

目前3D打印的成型范围大多在1米以下，而且分层厚度较大。由于3D打印自身的特点，其在大尺寸零件或微小精密零件成型方面显得能力不足。

虽然近年来研制了一些面向大尺寸和小尺寸打印的3D打印机，如2014年8月20日，德国Nanoscribe科技公司打印出长为125微米的飞船，相当于人类发丝直径，但是这些技术尚处在研发阶段，离大规模生产应用还有较大差距。

（四）工艺稳定性需要提升

要生产高精度、高质量的产品，必须提高打印工艺的稳定性。此外，喷射扫描模式、粉末层厚度以及压实密度、喷嘴至粉末层的距离等工艺参数都会直接影响 3D 打印的精度和速度。

（五）产业发展环境有待完善

随着 3D 打印技术的发展，与其相关的知识产权保护、行业标准制定等影响产业发展的环境有待进一步完善。

五　我国3D 打印发展对策

（一）大力构建和完善3D 打印产业生态系统

3D 打印技术的发展在很大程度上取决于是否具有完整的生态系统。我国 3D 打印企业还处在单打独斗的初级发展阶段，中低端市场恶性竞争严重，产业整合度较低，相关技术标准、开发平台尚未建立，技术研发和推广应用还处在无序状态。迫切需要整合 3D 打印设备提供商、技术提供商、材料提供商、经销商、服务商等资源，建立完善的产业生态系统，建立资源共享平台。

（二）以互联网为契机推动3D 打印产业创新升级

互联网、大数据、云计算等新一代信息技术与 3D 打印技术相结合将催生新的智造模式和服务模式，推动 3D 打印产业的发展。

目前，国外在此方面已经取得了较快进展。比利时 Mateialise 公司通过 3D 打印网络互动平台获取用户的个性化需求，进而通过 20 多人的设计团队，将用户的想法转化成可实现的设计方案，然后由遍布各地的 80 多台 3D 打印机进行打印智造，将设计方案转化为成品，最终通过配送平台进行产品配送。Shapeways 公司为客户托管以设计文件发送过来的3D 打印产品。

我国需要基于良好的互联网基础和3D 打印发展需求，研究基于互联网环境的3D 打印发展模式，结合云计算、大数据、移动互联网等新一代信息技术，建立个性化定制服务平台，推动3D 打印产业创新升级。

（三）积极推进工业级3D 打印技术研发和应用

目前3D 打印机的应用市场主要分为桌面级和工业级两种类型。我国桌面级3D 打印机市场份额已经达到70% ~80%，而工业级只占20% ~30%，工业级未来增长空间十分巨大。

国内3D 打印市场集中在桌面级的原因有两个：其一，使用的打印材料价格低廉、供应充足；其二，国内3D 打印企业普遍缺乏创新应用意识，对3D 打印的应用领域仅仅停留在打印人像等小饰品上，产业结构单一。与之相比，工业级打印机需要使用金属粉末材料，一方面对技术工艺要求较高，另一方面材料还需要进口，价格昂贵。

因为3D 原创技术依然掌握在国外企业手中，国内工业级的3D 打印机市场依然由3D Systems、Stratasys 和德国 EOS 等国外巨头垄断。所以，我国需要积极推进工业级3D 打印技术的研发和应用。

（四）支持发展面向3D 打印的产品设计软件

3D 打印软件是3D 打印设备的核心，我国缺乏3D 打印方面专业的软件公司核心产品。为了较快推出装备，大部分制造商采用了国外成熟的系统软件，以实现数据处理及工艺控制等基本功能。针对各自设备独有的特点，开发和集成一些特殊功能的模块。但是，总体上与国外先进装备的软件系统相比，缺少实时监测等质量保证功能模块，一定程度上降低了装备的智能化和专业化水平。

目前，美国、德国占据了数字化制造领域软件产品的高端市场。美国的3D Systems、Stratasys、德国的 EOS 提供的3D 打印技术占据了全世界近70%的市场份额。而我国在工业软件领域一直缺乏自主可控的产品，在3D 打印的浪潮中，迫切需要抓住机遇，大力发展面向 3D 打印的产品设计软件，提高产品设计能力，提升装备自主可控能力。

（五）鼓励发展基于3D 打印的个性化定制服务

多样化和个性化是产品高端化发展的大趋势。工业产品从大规模流水线生产向多样化柔性生产方式转变，最终向个性化方向发展将是必然趋势。当前，家电、汽车、电子产品、服装等大量行业已经开始向多样性配置方向，甚至个性化定制方向发展和转变。通用、福特、宝马、丰田、雷诺、沃尔沃等世界上实力强的汽车制造商纷纷实行柔性生产，尝试大规模定制。戴尔、惠普、联想等电脑生产商均允许按照个人喜好进行配置。互联网、电子商务等信息技术的发展和应用，更加速了产品从大规模制造向多样化、个性化发展的进程，使得定制设计更普及、生产成本更低。

我国两化深度融合过程中，要实现转型升级，迈向价值链高端，必须向多样化、个性化方式发展。3D 打印技术的发展为个性化定制服务奠定了技术基础，提供了有力支撑。3D 数字化技术的发展使得 3D 建模的过程简单化、人性化。互联网技术的发展对个性化定制产生了巨大的推动作用。而我国在互联网和 3D 打印方面具备较好的基础和条件，并且需求量庞大，所以，需要鼓励基于 3D 打印的个性化定制服务，加速转型升级。

B.22
可穿戴设备发展历程及前景

曹 媛 何人可*

摘 要：本文介绍了可穿戴设备的基本概念及发展历程，并从消费类电子设备和专业类电子设备两方面对可穿戴设备进行分类总结。同时，分析当前可穿戴设备在产品设计、用户体验、隐私三个方面的发展局限性。最后，对可穿戴设备的发展趋势做出个人视角的预测。

关键词：可穿戴设备 可穿戴分类 发展趋势

一 什么是可穿戴设备

所谓可穿戴设备，目前仍没有较为全面和标准的定义。多伦多大学教授史蒂夫·曼（Steve Mann）最早提出，可穿戴设备是基于用户的个人空间，可以被穿戴者控制且具有持续操作、交互的移动计算机系统。佐治亚理工学院的萨德·斯塔那等人认为：可穿戴设备的核心概念是将个人的信息空间与工作空间融合，并无缝地存在于工作环境中，尽可能不分散用户对工作的注意力。能够实现“hands-free”操作模式且可以穿在身上的计算机。随着硬件微型化和连续传感技术、数据处理、行为识别、环境感知、无线通信等计算机技术的日趋成熟，可穿戴设备对用户所处空间环境的感知识别能力和用

* 曹媛，湖南大学设计艺术学院硕士研究生；何人可，湖南大学设计艺术学院院长，博士生导师。

户个人信息空间的数据处理分析能力都有了极大地提升。可穿戴设备的定义也发生了一些变化。根据可穿戴设备的形式和功能，可以将可穿戴设备定义为能与用户所处环境空间无差别融合，降低人的操作性，且提供无意识的前瞻性服务，从而促进人与设备之间的协同合作。该理论重新定义了人与计算机之间的相互作用。即弱化“人控制机器”而强化了“机器主动辅助于人”，从而使生活更加方便、自然、充满趣味。

二　可穿戴设备发展历程

综合于对“穿戴式”和“计算机”的不同理解，早在公元1600年前后，就有了可穿戴设备的发明，即中国清代商人普遍使用的戒指式算盘，方便在穿戴时进行计算。20世纪60年代，美国麻省理工学院学生索普（Thorp）和香农（Shannon）等人发明出将电脑和鞋合二为一，在轮盘赌中作弊的可以“穿戴”在身上的计算机。但由于在使用过程中用户不能对计算机进行程序的修改和编译，因此并非真正的可穿戴计算机。一般认为，最早的可穿戴计算机是于20世纪七八十年代问世，由史蒂夫·曼基于Apple-Ⅱ 6502型计算机研制的头戴式可穿戴计算机原型，从而实现了人们将计算机变得可移动的愿景。在此基础上，以史蒂夫·曼和萨德·斯坦尔为代表的多位研究人员研制出了一批具有代表性的可穿戴计算机原型系统，并受到了军方、学术界和产业界的高度关注。1996年，美国国防预先研究计划局（DARPA）赞助举行了关于可穿戴计算的研讨会，探讨可穿戴设备的发展方向。

随着商品化和产业化的发展，可穿戴设备逐渐从实验室走向市场。例如卡耐基梅隆大学设计的Vuman系列计算机成功地应用在了C-130等大型运输机上。欧洲、美国、日本、韩国等国纷纷成立了专门的研究机构从事可穿戴设备的研究和开发，并拥有多项创新性的专利和技术。其研究内容涉及信息输入输出；传感数据挖掘、分析和处理；行为环境识别及能耗、材料等多方面技术。中国也于20世纪90年代后期开始了关于可穿戴设备领域的相关研究和发展，多次召开全国性的学术研讨会议，并资助了多项可穿戴设备相关技术的研究和开发。但由于硬件技术发展的局限性，可穿戴设备还没有面向大众生产，而是更多地应用于大型设备的生产制造中。

到了21世纪，计算机硬件微型化和基于互联网的大数据、云计算、物联网、移动互联网和网络社交平台日趋成熟，可穿戴设备在可穿戴性和数据处理等方面的问题得到了解决，开始逐渐走入大众视野成为消费级产品。然而，真正促使可穿戴设备飞速发展的，还是其对人机关系的定位发生了变化。从追求持续辅助和增强人的各种行为能力为目标的孤立于人体以外的计算机系统，转变成以注重基于传感技术的人体体征和环境的识别与认知，持续数据的挖掘，分析和处理；从本地的信息储存转变成依托网络和社会的设备互联和信息共享；从关注硬件问题到专注于满足类型化用户的差异化需求。同时，在技术研究方面，可穿戴设备将在解决信息的挖掘、输入、输出、处理等硬件问题的前提下更加注重数据的分析和处理，实现设备帮助用户判断及预测的发展目标，从而形成了人机紧密结合与协同的新型关系。

三　可穿戴设备分类

目前市场上可穿戴设备种类繁多，根据不同的界定方式，概括地将可穿戴设备分为消费类电子设备和专业类电子设备两大类，下面分别对这两类产品的形式和功能加以介绍。

（一）消费类电子设备

1. 功能模块

按照设备功能属性，目前可穿戴设备主要分为接收模块和显示模块。

作为数据接收模块，可穿戴设备时刻与人接触，能够随时随地获取用户的行为数据。根据数据的作用对象，可分为核心行为数据和额外行为数据。核心行为数据是指，通过用户自身数据的收集帮助用户完成目标或养成良好的习惯。如智能腰带可以感测人的坐姿并提出警告和改正建议，运动手环可以反馈人的身体状态、步数或距离来帮助人调整运动量等。额外行为数据是指产品功能、服务以外的数据。此类数据大量聚集不但会为企业提供产品改良和创新设计依据，还可以记录下用户的行为习惯，帮助用户做出选择和判断。例如运动手环可以记录用户的运动时间和地点，提醒用户锻炼时间或在沿途都有哪些地标性的建筑。

作为数据的显示模块，目前的可穿戴设备中配备的视觉元器件并不多，大部分产品还是通过数据线或无线网络将数据传送到电脑或其他移动设备，再由这些设备将数据进行可视化处理并呈现给用户。伴随着硬件技术和互联网技术的发展，人们对于设备的显示性、娱乐性和社交性的需求不断增长，因而设备中视觉元器件覆盖程度将逐渐提高，可穿戴设备作为显示模块的功能也将被扩大。Mood Sweater 是一款能够表达情绪的毛衣，如图 1 所示。嵌入式传感器能够获得人体的兴奋值并将数据转以色彩的形式显示出来，从而表达用户的情感。传感器和显示器被嵌入衣服和配饰中，向周围的环境传送穿戴者的信息以及他们的行为。回应的信息不仅有个人情绪表达，还有与他人的互动、交流。这些适应性信息构建了一个新颖的交流渠道，不仅告知了穿戴者，也告知了他们周围的人或设备。

图 1　Mood Sweater 智能毛衣

资料来源：sensoree. com。

2. 服务模式

根据服务模式，可穿戴设备也可分为基于产品的自我服务和基于公共平台的协作服务。

自我服务强调在产品的设计和制造过程中加入用户的意愿，即 DTO（Design to Order）的设计生产模式。如 Jawbone UP 24 智能手环的运动功能，可将用户的运动数据通过蓝牙无线连接同步到手机上，并制作成详细的可视化图标，使用户一目了然，从而有效督促用户调整运动量、保持身体健康。此外，针对一些特殊人群，例如运动员、儿童、老人、残疾人等，他们对可穿戴设备数据采集的精准度、佩戴舒适度、操作简易度和功能创新等方面均有更高的要求。一些可穿戴设备还开发了专业的数据分析套件和传感器技术，帮助设备统计、分析用户在不同情境下的体征数据，从而制定出准确有效的个性化方案。如图 2 所示，英国橄榄球队——狮子——将 GPS 跟踪软件缝进了队员的队服里，有助于分析各个队员的表现。当队员的身体强度表现为高于或低于正常水平时，跟踪技术都可以监测出来并显示给教练，通过这些详细的指标可以辨识球员在球场上的潜在问题。

图 2　GPS 跟踪软件

资料来源：lionsrugby. com。

协作服务则是指以产品作为载体，打造基于网络的针对某特定功能的服务平台。其核心在于建立线上社交平台和收集大量的用户数据，将现实生活与虚拟社区融合。例如耐克在2013年将Nike+整合到了篮球和训练产品中，推出了"Hyper dunk+"篮球鞋和"Lunar TR1+"慢跑鞋。并同时上线了"Nike+Basketball"和"Nike+Training"两款针对篮球和训练的移动客户端应用。该应用增加了专业的训练项目和技术指导，其中自我展示模块可以记录运动的过程和数据并分享到网络平台的排行榜上与其他用户进行较量，从而激励用户不断地挑战自我，超越极限。基于网络的服务平台为使用者建立了一个生活圈，帮助他们管理数据和结交好友。这种将现实生活与虚拟社区融合，产品作为连接，基于平台设计和研发多种应用的方式将是推动可穿戴设备发展的又一个关键举措。

（二）专业类电子设备

目前可穿戴专业电子设备最为关注的三个领域分别是医疗、工业和军用。

在医疗领域，可穿戴治疗设备主要分为体外以监测为主的监测设备和植入体内以治疗为主的治疗设备。可穿戴监测设备是通过收集连续的体征数据和周边环境信息让医生远程监控使用者准确的生理状态，从而制定一套合理、个性化、可量化的指导和疾病管理方案，实现对人体健康的干预和改善。在进行数据挖掘和监测的同时，还可建立符合用户自身状况的数据库，并上传至云端的医疗机构，与年龄、性别等多方面相同用户的数据进行比较，帮助人们观测身体健康状况的变化。在出现规律的异常波动时发出预警，让用户能够及时掌控自己患中长期慢性疾病的风险，从而尽量避免看急诊和住院治疗，节约费用和人力成本。植入体内的可穿戴设备按功能可以划分为植入式刺激器、植入式测量器、植入式人工器官、辅助装置和植入式药疗装置。与体外监测相比，植入设备可以实现生命体征自然状态下的直接测量和控制，所得数据更加精准。由于不经皮肤，可以避免一定的干扰，便于对器官和组织实施直接调控和对疾病的有效控制。随着可穿戴技术和植入技术的发展，新型可穿戴植入设备将适用于各类人群，带给用户全新的体验方式。

工业应用是可穿戴设备研究的另一个重要领域。当诸多环境因素迫使有线检测设备无法正常完成工作任务，或多个检测设备需要协同合作时，可穿戴设备便成了最好的选择之一。它具备持续、增强和介入三种工作模式，在工业生产过程中可以为技术人员提供信息辅助、操作训练、环境监控、技术指导及协作的应用功能。例如 Alok Sarwal 等基于生产线设备的维护需求，研制出可戴在头上具有显示器的可穿戴设备。通过视频、交互系统、增强现实、姿势评估等技术，提供实时的设备操作、护理、维修及人员仿真环境培训。Yukiharn Ohga 等针对核电站设备维修人员的工作性质，研制出可以监测、计算并显示工作人员所处环境辐射强度的可穿戴设备，从而提高工作效率。未来可穿戴设备在工业领域将迎来巨大的发展空间。

近几年，可穿戴设备在军事领域的需求也在不断提升，主要包括提升武器效能、实时情报传输、远程救护、远程维护和操控四个方面。这就要求可穿戴设备必须具备语音信号的识别处理技术，先进的交互方式、智能化的辅助以及高效的信息过滤技术。如为美国军方设计的 Q-Warrior 头盔，可以全彩显示战场情况，为战士提供即时的情境感知，有助于他们迅速做出调整和战略部署。同时，它还具备夜视增强和敌我识别的功能，在未来的战争过程中，将发挥极其重要的作用。由此可见，可穿戴计算设备必将改变未来的军事作战模式，具有显著的应用前景和军事效益。

四　可穿戴设备发展现状

在产品设计方面，目前市场上现有的可穿戴设备的形式、功能和应用均大同小异。形式上可穿戴设备多以智能手表、智能眼镜、智能手环和配饰为主。可任意弯曲的显示屏、续航能力较强且更加微型的电池等硬件方面仍没有实现突破，极大地限制了可穿戴设备的使用方式、使用时长和产品造型的差异化设计。功能上主要有信息提醒、会议记录、定位、运动和健康管理、睡眠监测等。缺乏具有特色的产品创新功能，产品同质化严重，从而导致用户的选择受到局限。在应用服务上，针对用户个性化需求的应用开发较少，且由于可穿戴设备屏幕较小，无论从设备的移动端应用，还是硬件本身的控制应用，大部分都要依赖于手机实现。与传统移动终端相比竞争优势尚不显著，用户认知和接受度还有待提升。

在用户体验方面，消费者对产品期望所求甚高，用户体验却不尽如人意。当前的可穿戴设备存在功能相似、获取信息不准确、使用方式不便捷、佩戴不舒适、相关应用单一等方面的问题，与用户购买产品时的预期目标不符，导致用户对可穿戴设备的最初兴奋状态逐步淡化，并产生疲惫、失望、疏远、甚至是愤怒的情感。而这些情感无疑会让制造商失去用户的支持。例如在医疗健康方面，使用者更倾向于接受来自专业医师对自身状况给予的准确的、可量化的、客观的、具有鼓励性的反馈数据。如果病人无法像他们预期的那样通过便捷地操作实现对自身身体状况的有效管理和治疗，那么这种状况将会与制造商承诺的高质量服务形成对比，进而严重影响产品的销售和推广。因此，增添创新的功能和应用，便捷的操作和多种交互方式，可以为用户提供更好的使用体验，有助于赢取用户信任，建立品牌特色并稳定市场地位。

在隐私、道德及法律方面。个人信息是与环境信息紧密相关的。用户说的话、做的事、独特的感觉和情感都会以数字化的形式储存起来。为了提供无干扰、智能化、个性化的服务，可穿戴设备必须大量地收集与用户相关的信息，如用户所处环境、个人喜好、当前状态、未来目标等。这使得信息的隐私和安全问题面临越来越多的挑战。目前，人们对可穿戴设备的信任度并不高。同时，无线网络、个人通信、信息安全等技术的发展，使用户和家人、朋友及其他人员的直接接触逐渐减少。例如用户可以通过可穿戴设备进行远程服务或进行检测、监控、刺激生理。但是，当用户在工作、购物或是进行社会活动时，一旦受到可穿戴设备带来的干扰或阻碍，便会遭到社会的排斥。类似的问题也会通过其他方式发生，包括远程医疗援助、远程办公、互联网购物等。道德俨然成为可穿戴设备发展的主要障碍之一。这可能会间接地限制用户自由，致使用户不知道如何选择有效的数据提供给设备。因此，在信息的隐私、保密性以及真实性方面，应建立明确完善的指导方针或法律法规，并合理地运用政府干预，提高可穿戴设备的利用率。

五　可穿戴设备发展趋势

在可穿戴设备领域已有众多的基础研究，这些研究为促进可穿戴设备的发展提供了重要的理论依据。邓恩（Dunne）等提出可穿戴设备的重要表现之一就是可以给用户提供认知上的帮助且不会被关注。洛克莱尔（Loclair）等研发了单手交互系统，让用户可以通过“微交互”的方式更加便捷、高效地同时完成多项操作任务。Dickens 等面向可穿戴设备的医疗健康领域，提出跨辖区的远程操控系统能使偏远地区的人们享受最好的检测、诊断甚至远程手术治疗。

（一）促进情感交流

可穿戴设备的真正意义在于融入人体和人的生活。通过延伸零距离交流与共享个人信息方式的程度与强度，可穿戴设备对人与人之间的关系增添了新的含义。设备间的持续联系在穿戴者之间树立了独特的形象，架起了不间断的桥梁，模拟了亲密关系，从而改变了我们认识彼此的方式，让关注与关心的形式更加多样化，从而促进人与人之间的情感交流。

可穿戴设备加强了触觉与其他反馈系统之间的关系，为爱人们创造了零距离的有形连接。这些工具模拟了只有第三方才能提供的同步存在感和舒适度极佳的环境。如图 3 所示，T. Jackey 是一件用平板操控的夹克衫，采用了嵌入式气泡来模拟拥抱以及平复失去家人联络的孩子的情绪。这件夹克衫以“深度压力理论”为依据。该理论认为，压力对自闭症儿童和注意力不集中的孩子有缓解功效，这些孩子不能同那些没有这一特症的孩子一样掌握感官信息。气泡依次排列在夹克衫的腰区和肩区，通过 APP 进行指令操控，继而膨胀产生拥抱的效果。对自闭症儿童而言，夹克衫提供了包括拥抱在内的感觉，是具有潜在压力式的人与人之间的互动。

（二）智能辅助

智能辅助是可穿戴设备未来发展的重要方向之一。它体现在设备通过环

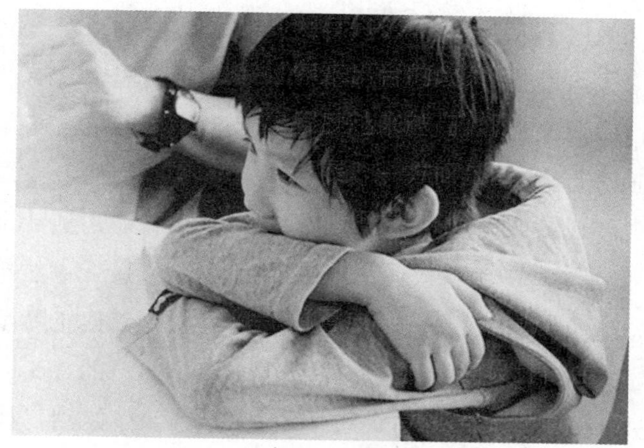

图 3　T. Jackey 智能夹克衫

资料来源：mytjacket. com。

境感知、增强现实等技术实现个人能力的延伸。

环境感知注重对用户自身状态和所处环境的识别，包括用户的生理状态、物理位置、个人历史以及日常的行为模式等。当用户主动向可穿戴设备发出命令时，系统自动感知用户和环境的变化，并通过特定的方式呈现信息、提出警示，自行控制抑或通过无线网络控制其他设备。利用环境感知技术，可穿戴设备可以为用户提供前瞻性的判断、预测用户行为以及呈现用户所需的相关信息，大大减少了用户对行为方式和环境的关注度，进而更加关注信息本身。这种新的体验将会影响到用户感受世界的方式。

增强现实是通过声音、图像以及文字叠加在真实环境之上，提供所需信息，实现提醒、警示、说明、辅助、记忆等功能。以智能眼镜为例。当用户观看屏幕时，针对用户目前所在的环境以及用户正注视的产品或正交谈的对象等，透过智能眼镜，影像可直接投射于用户的眼睛中，悬浮于用户观看现实世界的画面上。目前增强现实的应用尚不够成熟，很多设备还处于开发阶段，但未来必将为可穿戴设备的发展带来更多的可能性。

（三）多通道交互

可穿戴传感技术的发展必将产生多通道的交互方式，即多种交互方式的组合。例如高效的个人上下文感知和识别、语音、眼动跟踪、位置、行为及手势识别等。人与设备的交互已经扩展到人们生活的整个三维空间，时时刻刻都在发生。在可穿戴设备中，采用多通道交互方式的目标是利用用户的日常行为与习惯进行交互，尽可能使用户可以通过更加自然、协调、快捷的方式控制信息并与设备产生互动。这些解决方法可以将非常复杂的计算机工作变成简单直观的操作，适用于任何水平的用户。以 TapTap 智能腕带为例，如图 4 所示。它可以通过简单自然的手势和触摸控制其他应用程序，在设备和人之间建立一种特殊的语言。该智能腕带还拥有自己的 API 供第三方游戏开发人员使用，从而实现对多个游戏应用实现手势控制。如图 5 所示，Blinklifier 是一款智能化妆设备，能够通过特定的眼部动作控制头上佩戴的 LED 灯管的开关，让情调达到一个全新的高度。未来的可穿戴设备在交互方式上会有更多的创新，其目标是将用户生活中的任一行为与动作都变成交互的一部分，实现更加丰富、直接的实时交互。

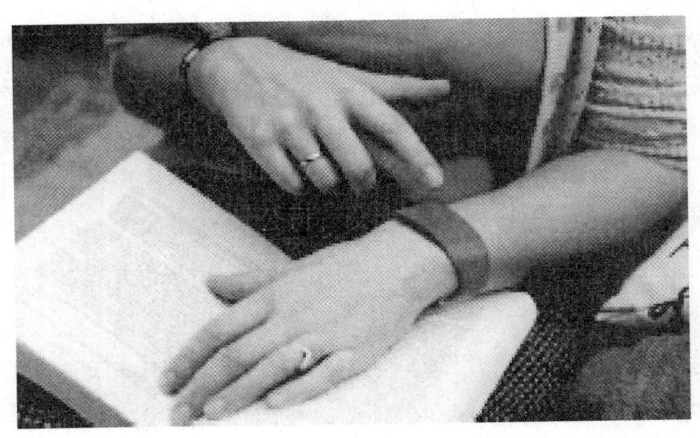

图 4　TapTap 智能腕带

资料来源：kck. st/17tnU8r。

（四）设备植入

随着硬件设备微型化、一体化、智能化技术的不断发展，可植入式设备

图 5　Blinklifier 智能化妆设备

资料来源：katiavega. com。

将逐渐被大众所接受，应用于更多的领域。在医疗领域，各种用于治疗和监测疾病的设备将可能被植入患者体内，为患者提供随时随地的治疗方案，进而开拓具有创新性、先进性的临床治疗和医疗仪器的新方向。如美国 MIT 的科研小组研制的生物电池可植入人的大脑中，通过与体液中的酶发生氧化产生电能，为设备提供能量。如果这项技术发展成熟，将会广泛应用于为植入式设备提供能量来源。南加州大学生物工程学教授安东尼·朱塞佩·艾利领导的团队正在研究一款“电子纹身”。无须侵入式手术即可植入皮肤，监测人体体征数据并通过无线信号传输数据。在军事领域，美军尝试给士兵植入用于验证身份的 RFID 芯片，方便追踪部队、提供援助和搜救等。在其他领域，可穿戴植入式设备也发挥了很大的作用。例如目前正在开发的可植入女性体内的避孕芯片。这种芯片通过外部操作使体内产生少量避孕激素，持续时间最高达 16 年。另外，具有皮下射频识别（RFID）和近场通信（NFC）芯片的智能胶囊，能够实现解锁、传输信息、启动汽车的作用，未来有望替代密码功能。由此可见，可穿戴植入设备正在从各个层面为人们提供便利，改善生活。带给人们全新体验的同时向更多的可能性迈进。

（五）隐私与安全

可穿戴技术与嵌入式科技的结合，将是解决可穿戴设备隐私与安全问题的方式之一。在与其他设备和系统联接时，可穿戴设备通过同步或识别得到穿戴者的个人特征，从而确保并简化了认证的过程。这些技术在消除重复输入密码和其他协议的同时也更好地确保了对隐私与安全性的控制。如图 6 所示，由 Bionym 公司开发的 Nymi 智能腕带，内置生物识别技术，可以识别佩戴者的心率作为密码完成支付过程。Nymi 有三个安全要素，包括智能腕带、佩戴者独特的心率和手机端应用的注册。一旦身份验证完成，系统自动生成密码以便用户放心支付。

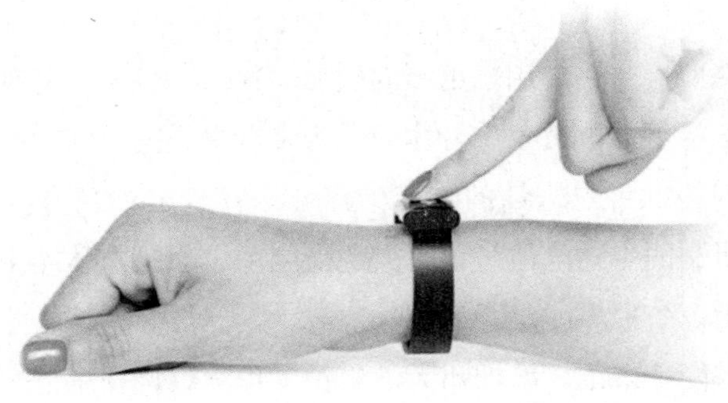

图 6　Nymi 智能腕带

资料来源：getnymi. com。

六　结语

本文通过对可穿戴设备的分类，以及对其发展初期所面临的各种挑战的分析和总结，预测了未来可穿戴设备的发展趋势，即朝着促进情感交流、智能辅助、多通道交互、设备植入、保护隐私安全等多个方向综合发展。可穿戴设备正在不断地调整产品的形式和功能，以满足用户的个性化需求。未来将会有更多的可穿戴设备融入并改善我们的工作、生产和生活，帮助人们更好地定义人与设备之间的相互作用，同时提供更多有意义的经历。

B.23
规划设计发展现状及展望

朱光辉　于春普*

摘　要：改革开放以来，城乡规划增加了很多新的内涵，对社会经济、资源与环境、历史文脉、生态文明建设都给予了充分重视，也取得了很多可喜的成绩。本文分析了城乡规划与建设中存在的问题，以及当前我国快速城镇化过程中面临的机遇与挑战；指出了我国城乡规划编制需要加以调整的7个方面及其发展趋势。

关键词：城乡规划　生态文明建设　新型城镇化　循环经济

一　城乡规划发展形势分析

改革开放后，我国社会经济和城市发展领域发生了一系列重大变化。随着《城乡规划法》的颁布，确立了城乡规划的作用。同时，《城乡规划法》确立了城乡规划基本体系。目前全国有规划编制资质的单位达2700余家，从业人员10万余人，其中注册城市规划师有2万余人，规划设计单位年产值在500亿元以上。现在国内每个省（直辖市）都组建有城市规划设计院。而且，民营规划设计院在悄然兴起，特别是现在众多的建筑设计院也在吸收

* 朱光辉，中社科（北京）城乡规划设计研究院院长，高级城市规划设计师，注册城市规划师，主要研究方向为城市经济与城市规划；于春普，中社科（北京）城乡规划设计研究院顾问总工，高级城市规划设计师（教授级），注册城市规划师，主要研究方向为城市规划，生态规划。

城市规划师，争取到规划资质，开展了规划业务，与进一步的建筑设计进行衔接。我国各省市的城市、城镇、乡镇，以及村庄基本上实现了规划的全覆盖，而且都在随着形势变化不断对规划修改完善。

伴随着我国快速城镇化的进程，城乡规划也在不断得到改进发展，主要表现在以下几个方面。

（一）对规划的认识，从理论到实践都有了全面的提高

我国社会主义市场经济发展，城乡社会发展中诸多结构性矛盾逐渐显现，使我们对城乡规划做了深刻的反思，《城乡规划法》的颁布，从城市规划向城乡规划的转变，标志着城乡规划将肩负着打破城乡二元结构局面、实现城乡协调统筹发展的历史重任。城乡规划作为政府行为，作为城市发展和推进城镇化的控制手段，作为重要的公共政策，对经济社会发展的调控作用日益显现。

全国各地近年所编制的不同层次的规划，增加了很多新的内涵，对社会经济、资源与环境、历史文脉、生态文明建设都给予了充分的重视，达成了共识。说明我们规划的理念在变化，这为规划进一步发展奠定了良好的基础。

（二）规划的制度建设不断得到完善

在国家《城乡规划法》的整体制度框架下，城乡规划领域已初步建立了以国家法律为核心的，由行政法规、地方法规、行政规章和地方行政规章等组成的法律体系。依据法律法规确定的职权范围，设立必要的行政程序和行政许可保证，使依法编制的城乡规划方案能够顺利实施。

规划的立法实践，突出了城乡规划对城乡建设的统筹协调，将城乡发展、各类建设活动与自然资源、产业发展、历史文化遗产、环境保护等方面相结合，保证可持续发展的进一步推进。完善了城乡规划体系中各项规划的内容，确立了对各类规划成果的要求和制定规划编制和审批程序，并注重了

各层次规划之间的衔接和协调。

在《城乡规划法》所规定的各类规划类型之外，各地结合城乡建设和规划实施的需要，探索了一些其他类型的规划编制工作，如区域生态规划、历史文物保护规划、文化创新产业规划、旅游规划等，这些规划虽然是"非法定规划"，但作为法定规划的补充丰富了城乡规划的内容，提高了城乡规划的深度与水平，受到社会的关注和推行。

（三）规划内容不断扩充深化，规划成果质量与水平也得到了社会的认可

在近年规划实践中，传统规划的内容和方法有了创新发展，一方面传统技术不断得到充实，另一方面把传统的只重视物质空间领域的规划，逐步扩充到生态规划、社会规划、产业规划、文化规划、景观规划中的种种内容，实现真正意义上的"以城市空间资源合理分配为主要任务的公共政策"①。当前大致有以下四方面内容的规划工作，对经济社会的发展有较大的影响：一是对生态城市规划的探索和实践有了很大进展。我国开展生态城市规划研究已有近20年的历史。1994年《中国21世纪议程》是对生态城市研究开始的标志。核心是使城市的发展贯彻可持续发展战略，建设可以与自然生态共生共存的城市。而后又相继颁布了《全国生态示范区建设规划纲要》《生态县、生态市、生态省建设指标》和《全国生态环境建设规划》等指导性的政策，各地都在开展生态城市规划的探索与实践。其中天津滨海新区建设的"中新生态城"、无锡中瑞生态城、深圳前海和光明新区等生态城区规划建设的实践，都是有代表性的案例，生态城市的建设在我国城市发展的历程中越来越受到重视。与此同时，对绿色规划和设计技术的要求也不断加强，创建生态示范区和推行节能与绿色建筑技术也都成为城乡规划建设的重点内容。如到2014年3月，我国住建部公布

① 全国城市规划执业制度管理委员会：《城乡规划与相关知识》，中国计划出版社，2011，第142页。

的绿色建筑标识项目已达 1287 个，建筑面积超过 1.6 亿平方米。国家和地方也都研究制定了规划设计的绿色技术标准。如北京就要求到 2014 年底全市新建建筑都要达到北京颁布的绿色建筑标准。

二是产业园区的规划取得了显著效益。其对于全国各地区产业结构的优化起到了积极的促进作用。当前，知识经济对于经济发展的主导作用日益显著，建设高科技园区也逐渐成为城市营造科技创新环境的一项重要举措①。高科技园区包括高科技企业的聚集区、科学研究中心和技术园区等几种类型。自从改革开放以后，全国先后在各地区建立规划了 53 个国家级高新技术产业开发区。从这些园区近些年的发展来看，发展比较成功的高新技术产业园区是经济较为发达的大都市区，如北京中关村高新技术产业园区和上海漕河泾高新技术产业园区。这些地区周围有实力雄厚的高等院校作科技支撑，有规划配套的市政和公共设施的服务，而更重要的是这些园区在规划时就对其发展的产业进行了研究，力求将其打造成符合循环经济原则的产业链。

三是城市文化遗产保护已经成为规划中的重要内容，作为文化和旅游的重要资源得到了非常好的保护和开发。

非物质文化遗产是城市发展历程中留下的见证物，是市民的集体记忆和不可再生的文化资源，也是城市文化文脉的重要组成。对文物进行的申遗工作，也是对城市文化遗产保护规划的促进。

在日益完善健全的历史保护法规体系的支撑下，城乡规划在总体规划阶段增加了文化遗产保护规划的内容，文化遗产保护规划作为专项规划成为规划的主要内容之一；在详细规划阶段中，历史街区和历史建筑也纳入了规划范围，如天津的五大道地区、上海的新天地、成都的宽窄巷、北京的大栅栏、福州的三坊七巷以及苏州的桐芳巷等就是有影响的案例。与此同时，工业遗产和乡土建筑也进入我们的保护视野，如北京在原电子工业区规划建设的“798”作为新的文化创意园区，已经成为一

① 《浅谈城市规划的发展趋势与展望》，百度文库。

处旅游景观。

总之，将保护、保存历史环境和充分利用有限的资源同保护自然生态环境一样纳入规划的内容，已成为共识。

四是旅游规划的普遍开展也促进了各地区城乡规划工作的深化。

随着近年来我国旅游大发展的需求日益增加，各地都在整合旅游资源，将生态文化旅游融合发展。旅游规划涉及产业转型、自然生态环境的保护开发、文化与文物资源的保护、景观的提升，以及各种公共服务能力的提高等，不仅推动了旅游产业的发展，更丰富了规划的内容、方法。

（四）控制性详细规划的编制，城市设计的理论与实践，对城乡景观、城市形象的提升，对规划管理水平的提高起了重要作用

很多城市已经提出将控制性详细规划的成果作为法定图则（见表1），在控制性详细规划中实行规划深度分级，使控制性详细规划的刚性和弹性能够得以兼顾；并提出了引入城市设计，它是从美学、形式、功能、社会、认知等多角度研究城市三维空间形体环境及行为，是对现行控制性详细规划在优化城市空间关系上的有益补充。城市设计方法的不断丰富，使城市景观在规划阶段有了提升，并得到了与建筑设计的有效衔接。因此，城市景观在我国许多城市的建设管理实践中备受关注，并起到了积极的作用。

表1　深圳分类型法定图则编制的控制内容

控制要素 \ 图则地区类型		基本建成地区(A)	新发展地区(B)	特别指定地区(C)
1. 发展目标及功能定位		√	√	√
2. 土地利用性质	①主要用途规定	√	√	√
	②相容性规定	√	√	√
	③限制开发规定	-	-	√
	④发展预留用地规定	○	√	
	⑤特别管制区规定	○	○	○

续表

控制要素 \ 图则地区类型		基本建成地区(A)	新发展地区(B)	特别指定地区(C)
3. 开发强度	①地块开发强度规定	√	√	○
	②土地细分与合并规定	○	○	-
	③旧城改造开发强度规定	√	-	○
	④开发奖励规定	○	○	○
4. 配套设施	①总体布局及规模控制规定	√	√	○
	②各类设施控制规定	√	√	○
5. 道路交通	①总体对策	√	√	○
	②对外联系规定	√	√	√
	③场站设施控制规定	√	√	○
	④步行系统控制规定	○	○	○
6. 城市设计	①城市空间组织规定	○	○	○
	②环境设计规定	○	○	○
	③其他规定	○	○	○
7. 特殊设施	①文物保护规定	○	○	○
	②地下空间规定	○	○	-

注："√"表示必须有；"○"表示建议有，"-"表示无要求。

资料来源：石楠主编《转型发展与城乡规划》，中国计划出版社，2011，第282页。

（五）随着信息技术的发展，规划的信息化水平得到了提高

城乡规划编制过程中的信息量大面广，包括了城市基础地理信息、规划设计成果、规划和测绘部门的城建档案资料等。最具规划特征的是空间信息，与不同部门和单位的非空间信息之间建立起了有机联系，规划信息平台使信息资源得到集成，提高了规划编制和管理的科学性和效率。

总之，虽然改革开放以来，城乡规划取得了历史性的突破，促进了社会经济的发展，带来了焕然一新的城市面貌，但是城乡规划与建设还存在很多问题，对城乡经济、资源与生态环境的可持续发展产生强烈的冲击：一是规划理论研究与制度建设往往滞后于发展；二是城乡规划的随意性，受包括规划编制、规划管理中的长官意志影响，专业人士的意见常常难以采纳，城市规划经常被改动，缺少连续性；三是城市发展存在过度蔓延危机，生态资源

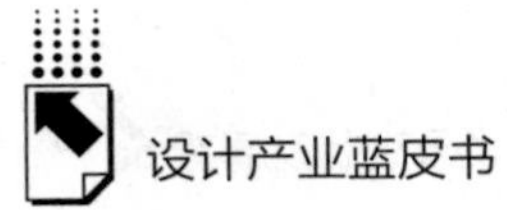

遭到破坏；四是旧城改造中的盲目性，成片的拆改，缺乏对文化遗产的保护意识，致使城市特色消失；五是规划缺乏前瞻性，尤以城市交通、基础设施的规划为最，对城市发展估计不足，严重影响社会经济发展和民生；六是规划方法有待创新，对融合社会经济、资源与环境规划的城乡规划方法论还有待解决，以及技术手段落后，信息化水平还不高等，这些问题如果不加以妥善合理地解决，必将严重影响我国城乡的可持续发展。

二　城乡规划的挑战与发展趋势

城乡规划面临的挑战与发展趋势可以归纳为以下七个方面。

（一）城乡规划将更加重视理论的研究

在当前社会经济全面转型的大环境下，城乡规划同样处于转型发展的关键时期，尤其对城乡规划创新理论研究的要求也十分迫切。

在传统规划理论上，与多个相关学科研究相互交融，将是城乡规划理论研究的方向与方法。其中对于规划空间理论的研究，应引起充分的重视。这是因为城市空间理论是城市规划学科的核心组成部分。城乡规划实践中所进行的多学科、多视角的综合研究，也必须以明确的空间化为导向。由于规划是对城乡空间发展的一种主动干预，因此，应密切关注国内外学者对此理论的研究。现代城市规划的理论主要基于三个来源，即理想主义、现代主义、人文主义，这三种思想已成为现代城市规划的理论基础。当代，城市规划以人为本的趋势，是我们开展规划所必须遵循的原则。

（二）城乡规划将更加重视对社会问题的研究

我国城乡发展呈现前所未有的活力与速度，同时各类社会问题日益凸显，也为城乡规划带来了巨大的挑战，具体表现为："社会人口结构变化带来人口老龄化、家庭小型化、大量农村剩余劳动力涌入城市；经济转型、产业结构调整和采取的差异化政策，造成了区域之间、社会群体之间在经济收入水平、社会地位等方面存在差距；社会生活水平普遍提高和人们对生活品质更多关注，而社会公共服务设施建设相对滞后和布局不合理；大规模旧城及村镇的改造拆迁导致传统城乡社会网络瓦解、地域特色消失、拆迁安置中的不平等以及原居民的社会排斥；公民社会逐渐兴起，而在现实中社会参与却严重不足或频频受阻等”①。

面对快速城镇化和社会经济转型过程中出现的多元需求，甚至相互冲突的社会利益分化、贫富差距、社会不公的诸多复杂社会问题，只有加深对社会问题的研究，才能使城乡规划有效地落实中央提出的走中国特色新型城镇化道路的战略目标。由此，城乡规划中要借助社会规划的理论和手段，强调以人为本，“让公共利益重返规划的核心，这既是政府关于科学发展观、和谐社会的政治诉求，也反映出当前社会大众对规划工作的强烈期望”②。

城乡规划中对社会规划研究主要涉及六个方面的问题：一是鼓励城乡劳动力就业与流动的社会人口规划；二是促进社会融合的城乡社会空间规划；三是面向社会公正与多元需求的公共服务设施规划，其中备受关注的是保障性住房的建设规划；四是提高城市生活品质的社会规划；五是社区规划与规划的公众参与；六是面向特殊群体特别是老龄化社会的规划需求。

（三）城乡规划将更加重视推进新型城镇化的研究

最近习近平主席指出，“城镇化不是土地城镇化，而是人口城镇化”。因此，在我们规划中要注重城镇化的动力来自农村剩余劳动力的产业转型这一要因。当前，改革开放进入“共同富裕”阶段，政策的制定和执行、资源的调配要充分注重“均衡发展”“保障公平”。

在城乡规划编制各阶段，城镇体系规划是推进新型城镇化的切入点。

在规划中推进农业转移人口市民化，是推进新型城镇化的关键之一。“重要的是要提高城镇的活力，通过市场发展的动力，提高农民工融入城镇

① 石楠主编《城乡规划与相关知识》，中国城市出版社，2011，第1页。

② 石楠主编《城乡规划与相关知识》，中国城市出版社，2011，第2页。

的素质和能力，并通过政策促进，如全面放开建制镇和小城市落户限制等，才能创造发展机会。”① 将这种在传统规划中只重视空间规划发展为社会经济发展加空间规划，强调新型城镇化与新型工业化、信息化和农业现代化的同步发展，在经济体制转型中，城乡规划才能对新型城镇化的进程发挥重要的调控作用。

（四）城乡规划将更加重视城市生态文明建设的研究

生态文明建设提出之所以迫切，主要是因为要应对当前我国经济快速发展过程中，来自经济发展方式转变、消费模式调整和生态环境恶化的挑战。因此，城乡规划必须要对此做出回应。

在规划中体现生态文明的建设就要加强对经济发展过程中生态过程的研究。规划编制中的任务，是要完善包括自然生态系统保护、修复与开发，市政与公共设施等生态文明建设的支撑体系建设，宜居宜业与节能低碳等可持续发展的措施。同时，要注重文化的传承，城乡文脉的延续，挖掘、继承和发扬地域文化传统特色，要保护利用好优势的人文资源和历史遗存。创造具有民族特色的、融民族文化和现代文化于一体的多样化的社会主义城镇新文化。城市文化也是城市的一种竞争力，为城市提供发展的动力，要有持久的文化战略的思考。

在规划中要认真研究采取因地制宜的绿色技术，城乡规划中要将生态规划的成果吸收进来。“生态规划的核心内容是回答、分析和谋划区域发展中人类活动与环境的协调关系，一是区域发展中人类活动对生态环境的影响；二是生态环境所提供的生态服务功能是否满足区域发展的要求”②。生态服务功能是指生态系统为城乡人类活动所提供的资源、净化等功能，是在生态文明建设中应予充分重视的积极要素。

---

① 朱光辉：《科学编制城镇体系规划是推进新型城镇化的切入点》，《北京规划建设》2014 年第 2 ~ 3 期，第 62 ~ 65 页。

② 于敬：《关于生态规划编制的相关问题思考》，《城市环境与城市生态》2014 年第 3 期，第 17 ~ 20 页。

（五）城乡规划将更加重视产业结构优化升级的研究

对产业结构升级优化的研究，是城乡规划有效实现空间资源分配最重要的基础之一。产业结构直接影响城市的发展方向、城市的布局、城市的形象。现在政府委托规划编制时，无不将产业结构优化创新放到首位。产业结构的调整，是当前机制转轨和结构调整中首要解决的问题，优化产业运作体系就要提高资源利用率，根本转变粗放型经济增长方式。在这里要注重从传统产业走向生态产业的研究，“在生态建设中革新传统产业，从产业重组中寻找生态机会”。因此，生态产业就是按照循环经济原理组织起来的生产过程。最终达到以较小发展成本获取较大的经济效益、社会效益和环境效益。

当前在产业结构调整中，生态文化旅游业的发展是全国城乡规划中关注的热点，也是拉动内需的需要。在规划中要处理好生态环境资源、文化资源保护与开发利用融合发展机制；生态文化旅游在城镇、乡村和自然环境呈现不同的形态与结构的空间融合发展机制；整合资源与市场，实现资源优化配置，对重大生态文化旅游产业项目融合发展机制；创新产品形态的产品融合机制。以此实现区域中生态、文态、业态、形态的融合，支撑区域生态文化旅游的发展。

（六）城乡规划将更加重视制度建设，使规划管理走向法治

“制度是所有规划行为的框架，其内涵涉及规划的各个阶段和各个方面，包括：法律法规制度、相关政策、行政机构及其运作、规划制定与规划实施”①。只有完善生态规划制度建设，才能最大限度地规范编制行为，提高城乡规划的作用。

一是不断完善规划的法律体系，包括行政法规和技术法规。一方面，城乡规划需要以国家宏观政策为指引，遵守相关的法律法规，这是城乡规划具

① 于敬：《关于生态规划编制的相关问题思考》，《城市环境与城市生态》2014 年第 3 期，第 17～20 页。

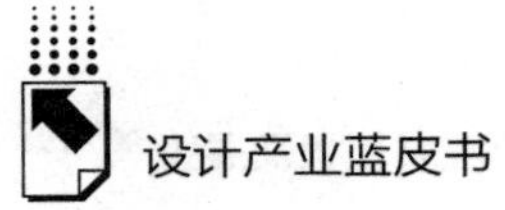

有合法性和实施性的基础，是规划连续性的保证，也是城乡规划作为公共政策不可或缺的条件；另一方面，国家宏观政策和相关法律法规的执行和实施也需要以城乡规划的制定和实施为重要途径和手段。因此，对控制性规划要继续深化研究，完善这一阶段城市设计的理论与实践，对城乡规划行政权力落实到空间地域有着重要意义。

二是促进地区的社会经济发展规划、城乡规划和土地利用规划的“三规合一”（社会经济发展规划、城乡规划、土地利用规划），这一问题的解决将有利于提高规划的和谐统一，使之高效和更具指导性。由于这三个法定规划在行政上分别由发改委、规划局（委）和土地局负责编制，如何真正将三者有机协调起来是长期困扰规划编制的难题。要解决这个难题，就要求今后在政府牵头下，深入进行三项规划协同的理论探讨和实践探索，尤其要重视三项规划在融合编制的管理和技术方面的实用性，按照体系变革、制度创新、规划协同、信息资源整合、探索编制技术的原则解决这一问题。

三是要注意研究规划实施的路径和政策保障，建立规划实施的政策和运行保证体系，是城乡规划中必须讨论的内容。如城镇土地使用权的有偿出让，以及农村土地流转制度，对于实施城乡规划和控制城市建设规模都起着关键作用。

四是城乡规划的管理是对城市中各项建设项目的组织、控制、协调的过程，是实现规划目标的关键手段。要不断加强科学化，完善规划管理机制和体系，包括法制、行政、经济、技术和社会的手段与方法研究，规范城市开发建设的秩序，提高投资效益。要注意将变化了的情况反馈到规划编制部门，从而能对规划方案进行及时的补充和调整。

（七）规划要在信息化建设中加强规划方法论的研究

近 20 年来，城市规划的信息收集、模拟、制图、传递等几乎全面实现了飞跃。但是，传统的调查、分析等方法并未“过时”，而且仍然显得非常重要。如何把新旧方法结合起来运用，是一个需要不断研究考虑的新课题。最重要的是要把我们的规划工作规范化，把规划者从复杂的矛盾冲突中做出有效的判断的思考过程概念化、逻辑化、程序化，通过人机对话实现对规划方案的计算机处理，有可能解决规划中社会经济发展、生态环境保护、能源与资源合理使用方方面面的规划的有机融合，而不是生硬的拼凑①。

总之，城乡规划学科是政策性、技术性很强的综合性学科，而且越来越在传统的空间布局、规划设计的技术工作上，向着综合社会经济、生态环境与民生宜居的方向发展，并作为政府的公共政策、行政手段，在经济社会发展和我国新型城镇化推进中发挥重要作用。城乡规划技术与手段也将在信息化发展的推动下，在多学科交叉融贯的研究中，得到不断的创新与发展。

① 于春普：《一致百虑，殊途同归——从可持续发展谈城市规划编制方法的改进》，《北京规划建设》2003 年第 3 期。

B.24

平面设计产业发展趋势研究

石晨旭　祝 帅*

摘　要：在平面设计产业中，政府和市场两种调节手段各有所长。在产业调整转型的关键时期，中国平面设计产业的发展得到了政策层面的支持，行业内部的交流以及国际交流频繁，相关学术研究已经提上议事日程，行业协会作为重要的专业组织也应该发挥越来越重要的作用。与此同时，互联网技术、设计管理、农村市场成为平面设计产业领域的关键词，移动互联网等新技术对平面设计产业发展的正负面影响都已凸显，未来平面设计多媒体融合的趋势将越来越明显。

关键词：中国　平面设计　发展趋势

当前，中国人口结构变化的后果正在逐步显现。据发展经济学相关研究，中国经济的“刘易斯拐点”将在21世纪初来临，最晚的估计在2015年，也就是当今的中国。随着我国城乡二元经济的迅速转型，我国经济正在进入城市化或称工业化经济的时代。在这样的时代背景下，中国的平面设计产业呈现出怎样的新面貌？中国的平面设计产业是否已经具备与时代相匹配的发展规模？平面设计产业的未来又将向哪个方向发展？这些是本文拟集中探讨的问题。

* 石晨旭（通讯作者），北京大学新闻与传播学院博士研究生、青岛科技大学艺术学院讲师；祝帅，北京大学新闻与传播学院博士、北京大学现代广告研究所研究员、中国艺术研究院副研究员。

一　相关政策综述

中国平面设计产业的发展，体现出鲜明的中国特色。制度性要素对中国的各个产业的影响都非常巨大。因此，在研究中国平面设计产业时，本文也要首先回顾近年来官方有关平面设计产业发展指导性意见及动态。之后，国家相关部门连续出台了多个政策文件，对文化产业给予各种支持，进而也支持到作为文化产业重要组成部分的平面设计等相关产业。相关政策如表1所示。

表1　近期平面设计行业相关政策文件内容列举

时间	负责部门	文件名称	相关内容
2014年2月26日	国务院	《国务院关于推进文化创意和设计服务与相关产业融合发展的若干意见》	推进文化创意和设计服务等新型、高端服务业发展，促进与实体经济深度融合，是培育国民经济新的增长点、提升国家文化软实力和产业竞争力的重大举措，是发展创新型经济、促进经济结构调整和发展方式转变、加快实现由"中国制造"向"中国创造"转变的内在要求，是促进产品和服务创新、催生新兴业态、带动就业、满足多样化消费需求、提高人民生活质量的重要途径
2014年3月3日	国务院	《国务院关于加快发展对外文化贸易的意见》	近年来，随着改革开放的推进，我国对外文化贸易的规模不断扩大、结构逐步优化，核心文化产品和服务贸易逆差仍然存在。为进一步做好有关工作，现提出以下意见：加强政策引导，优化市场环境，壮大市场主体，改善贸易结构，加快发展对外文化贸易，把更多具有中国特色的优秀文化产品推向世界。在支持重点部分，该文件着重指出要支持设计产业：鼓励和引导文化企业加大内容创新力度，创作开发体现中华优秀文化、展示当代中国形象、面向国际市场的文化产品和服务
2014年3月27日	人力资源社会保障部与国家工商行政管理总局	《关于印发广告专业技术人员职业资格制度规定和助理广告师、广告师职业资格考试实施办法的通知》	为加强广告专业技术人员队伍建设，提高广告专业技术人员素质，适应广告业发展需要，在总结广告专业技术人员职业资格制度实施情况的基础上，人力资源社会保障部、国家工商行政管理总局修订了《广告专业技术人员职业资格制度规定》和《助理广告师、广告师职业资格考试实施办法》，现印发给你们，请遵照执行

续表

时间	负责部门	文件名称	相关内容
2012年2月23日	文化产业司	文化部"十二五"时期文化产业倍增计划	完善相关政策措施,营造创意设计氛围,不断提高创意设计能力,统筹推动创意设计业快速发展,提高文化产品的创意设计水平,扩大创意设计服务外包和出口。主要举措:"培育壮大拥有自主知识产权和知名品牌、具有较强竞争力、成长性好的创意设计类龙头企业。支持创意设计企业与高等院校联合建设创意设计产业人才培养基地,加快培养创意设计人才
2010年6月9日	文化产业司	《文化部关于加强文化产业园区基地管理、促进文化产业健康发展的通知》	值得注意的是,有的地方建设的文化产业园区文化含量低,浪费资源;有的地方和部门忽视其条件和内涵;有的地方搞房地产及其他产业开发。这些势头势必影响到文化产业的科学发展,需要引起高度重视。具体措施如下:一、加强规划,引导促进文化产业园区基地健康发展。二、严格建设程序和条件,有效遏制文化产业园区基地盲目发展的势头。三、扶优扶强,发挥好文化产业园区基地对文化产业发展的促进作用。四、履行政府职能,加强管理与服务
2014年4月16日	文化部办公厅	《国家文化产业示范基地管理办法》修订	为进一步加强国家文化产业示范基地的建设管理,引导和支持国家文化产业示范基地做实做强做出特色,结合近几年基地建设的实际情况,我部对原《国家文化产业示范基地评选命名管理办法》进行了修订。其中也明确提到设计产业,如第四条:示范基地建设遵循内容优先、特色突出、品牌引领、创新发展的原则。重点支持文化内容创意、特色文化产品生产、文化科技融合、业态模式创新、文化创意和设计服务与相关产业融合类的企业申报、建设示范基地。

2014年3月27日，人力资源社会保障部与国家工商行政管理总局发出《关于印发广告专业技术人员职业资格制度规定和助理广告师、广告师职业资格考试实施办法的通知》，文件对以往的通知进行了修订。作为平

面设计重点服务的广告行业，广告专业技术人员职业资格考试在一定程度上对从业人员的技术水平起到了提高的作用，考试题目当中也涉及平面设计的内容。从这些文件可以看出，在经济转型时期国家对文化产业的发展加大了支持力度。设计产业作为文化产业中的一个组成部分，不仅自身能够成为独立的产业门类，而且在多个传统产业和文化创意产业当中起到重要的支撑作用。

除了政策支持之外，近两年由政府牵头设立的文化创意产业园、广告产业园也是中央和地方各级政府支持文化产业的大手笔。据“中国文化创意产业网”2012 年 4 月 21 日统计，“目前已建成中国文化创意产业园区共计 1216 个”。在国家以实际优惠政策支持文化产业的背景下，文化创意产业园的确是突飞猛进。2012 年 5 月 10 日，《文化部“十二五”时期文化改革发展规划》发布。此次规划提出了与文化产业创作生产相关的许多量化指标，其中尤其引人关注的是对文化产业园区的数量提出了控制。① 针对后期在文化产业园的建设当中出现的种种问题，国家相关部门也对后续的建设工作进行了跟踪处理。从前国家政策只呼吁而不论结果，现在国家政策开始追踪后期的建设情况，这也是一种进步。

这些举措体现了我国政府对平面设计相关产业的了解和认可不断加深，对相关行业的管理和监督不断进步。不管成果如何，这些国家层面的文件和政府行为对平面设计产业提供了强大的后盾。

二　行业组织与行业交流综述

近两年行业交流也呈现升级的面貌。首先各种赛事会议应接不暇。本文根据相关资料整理了近年来部分与平面设计行业相关的活动，如表 2 所示。

---

① 《文化产业园将限数，坚决防止盲目投资》，《西南商报》2012 年 5 月 16 日。

表2　平面设计行业相关活动举例

赛事名称	主办单位	举办地点
2013 年广州国际设计周	广州市人民政府	广州
2013 香港设计中心大奖	香港设计中心	香港
靳埭强设计奖 2013	汕头大学	汕头
2013 中国设计红星奖	中国工业设计协会	北京
2014 深港设计双年展	深圳市平面设计协会（深圳）、miniminigallery（香港）	深圳
2013 香港设计营商周	香港设计中心	香港
2014 年 NEW FORM 国际平面设计探索展北京站	首都师范大学美术学院、布拉格AAAD 艺术展览馆	北京
字旅——亚洲新锐平面设计展	K11 购物艺术馆	首尔、香港、新加坡、台北、深圳、曼谷及北京
西方遇见东方 2014 上海国际设计创意博览会	英国 Media 10 公司、上海艺博会国际展览有限公司	上海
深圳创意设计新锐奖颁奖	深圳市文化创意产业发展专项资金资助、深圳市设计之都推广办	深圳
第七届方正奖中文字体设计大赛	中国文字字体设计与研究中心、北京北大方正电子有限公司	北京
2013 届中国 OOH 青年广告创意大赛	比尔及梅琳达·盖茨基金会、《国际品牌观察》、百灵时代传媒集团、北京工商大学	北京
创意工商 2014 年全国设计学科课程建设学术研讨会	教育部高等教育出版社、武汉长江工商学院	武汉
2014 年“迎接大数据时代”学术研讨会*	装饰杂志社	北京
2014 国际新媒体艺术三年展	中国美术馆	北京
第八届全国视觉传达设计教育论坛暨第八届“未来之星”全国大学生视觉设计展	中国美术家协会	济南
2014 大连设计节	大连市人民政府、中国工业设计协会、北京光华设计发展基金会	大连

续表

赛事名称	主办单位	举办地点
第16届全国设计大师奖	教育部高等学校设计学类专业教学指导委员会等	金华
2014上海高校设计创意优秀毕业作品展	上海工业设计协会	上海
2014上海设计双年展	上海市科学技术委员会	上海
2014 AGDIE亚洲平面设计邀请展	视觉战略联盟等	韩国
中国设计大展	文化部与深圳市政府	深圳

资料来源：李云撰《迎接大数据时代学术研讨会纪要》，《装饰》2014年第6期。

由表2可见，近两年与平面设计相关的比赛、会议举办频率非常高。这些活动多由政府相关部门、行业协会、学术机构来举办。主办单位比较多样化，政府相关部门也多次参与。活动举办地点遍布全国，甚至国外。但总体来看举办地仍然集中于以一线城市为代表的发达城市地区。虽然这些赛事的内在质量和外在影响力参差不齐，但是这些源自各个角落的声音为平面设计产业的社会认知度、行业成长、鼓励设计师进步等方面做出了一定程度的贡献。这种行业赛事活动是非常值得去组织和提倡的。

近年来，行业发展还有一个机遇，就是中国冬奥会的形象识别设计。每逢这种国际瞩目的重大赛事，都离不开平面设计服务。而把这一系列形象设计成功，在国际媒体上传达中国文化、和平友谊的内涵是十分重要且艰巨的任务。不能将这种国际事件上的设计视为某个小群体的责任，而要把它们看做整个中国设计行业的重要任务，务必要体现出中国设计的最高水平。这是中国平面设计行业在国际平台上的免费广告。

全球化经济的时代背景下，世界市场一体化进程不断升级。在这样的市场格局下，近两年我国平面设计行业也有着越来越开放的态度，不断地“引进来，走出去”。在重要的赛事活动、会议论坛中会邀请国外的专业人士参与、发言。我国平面设计行业从高校教师、学生到专业设计师都积极参加国外的赛事活动，如AGDIE亚洲平面设计邀请展。在2014亚洲平面设计邀请展中，有两位中国设计师获得单项奖。我们还积极地将中国的平面设计成果对外进行宣传展示，如2014年10月15日~11月15日在伦敦查宁阁图书馆举办的“GDC平面设计在中国2003~2013”十年大展。除此之外，GDC获奖作品在国内外开展了巡展活动，如济南、西安、墨尔本。这些展览把我们设计师的作品进行了二次传播，将传播的效力进一步发挥。复旦大学上海视觉艺术学院跨国与美国加州圣荷西州立大学远距同步教学，开设《为多数人作设计》课程，并且举办了为期两年“为多数人设计——中美学生设计作品联展”。我国平面设计行业越是开放，心态就越是成熟。在对外交流的过程中不再把“西经”奉为天书，也不再妄自菲薄，更不会盲目自大，而是本着互相交流的心态各取所长，最终期望达成良好的传播效果，增进不同国家平面设计行业乃至整个公民群体的互相了解。因此平面设计行业的这些努力对于国际传播来说是具有一定意义的。

三　研究综述

回顾一下近几年与平面设计相关的学术研究，关于平面设计的研究成果洋洋洒洒，每年都有四五千篇相关论文诞生，这些研究从技术、文化、艺术、教育等多角度讨论了平面设计行业里面的一些问题。笔者检索了近两年平面设计研究的主题，发现近两年的研究呈现以下特点。首先，相对于建筑、工业设计等兄弟设计门类，平面设计方面研究成果数量不够集中。这从侧面体现出平面设计学科仍然是一个重视实务多于科研的学科。平面设计的研究成果无法与基础学科的研究成果相提并论，与广告等相关学科的研究数量也无法同日而语。平面设计学科在研究成果数量方面没有优势。其次，高水平的重要学术成果几乎没有出现，研究的主题重复率较高，且仍集中于平面设计技法、“中国元素”等内部问题的讨论。本文并非认为关于平面设计元素等内部问题的讨论没有意义，但是这体现了我国的平面设计研究整体上还呈现一种拖沓、滞后的面貌。除去少数部分学科带头人、前沿评论家会不断地寻求突破，力图发现、阐释我国平面设计行业所遇到的新问题，多数的研究群体人员是在唱老调。当然，还是有一部分学者看到了目前平面设计新媒体化的动向，开展了相关方面的初步研究。最后，研究方法的缺失。现存的大多数研究成果都是描述、感想类的，缺乏对研究方法的掌握和应用。这体现出我国的平面设计研究力量缺乏研究方法的训练，更多的是总结实务经验等，这种现象凸显了我国平面设计行业研究基础薄弱的特点。

但是，平面设计行业务实的性质，仍然使得新的社会风潮总是能在这个行业当中凸显出来，一些研究成果体现出本学科在近年来的前沿和进展。

首先，移动互联网技术以及相关产业的快速发展带动了平面设计与移动互联网技术的融合。平面设计与互联网、计算机技术、大数据应用的融合已经不算新闻了。2014 年被称为移动互联网元年。因此平面设计的许多元素在以手机、平板电脑为代表的移动互联网媒体上的应用比较突出。新闻咨询类的手机应用软件“今日头条”上线不到两年，累计用户已经达到 1.2 亿。还有 2014 年在抢夺用户方面掀起大战的快的打车和滴滴打车两款打车软件。更多手机应用软件目前仍然没有实现赢利，但是为了抢占用户也在不遗余力地投资、开发。用户的视线已经越来越多地集中在手机这个小小的屏幕上。每个用户的手机上至少装载十几种应用软件，多的甚至有几百种应用软件，这个设计市场也有很大的设计服务需求。但是平面设计呈现的载体是手机屏幕、平板电脑的屏幕，因此近年来设计师转型 UI 设计师的趋势相对明显。类似 Google、苹果等全球领先的互联网公司，一定程度上也对我国平面设计的风格起到了非常大的影响。一个又一个新媒体的诞生告诉我们在平面设计领域新媒体平台的使用是必需的，但这不代表传统平面设计会消亡，它仍然有其存在的必要性。所以拥抱新媒体是重要的，不必有危机感。

其次，平面设计行业已经开始讨论设计管理这个课题，这是非常好的趋势。平面设计活动应该像广告活动一样由策略统筹，由团队去保障策略的执行，只有把平面设计当做一个系统工作，才能将平面设计工作科学化，更好地服务相关的行业。因此，设计管理学科的确立，意味着学界已经认可平面设计也是一门融合了科学和艺术双重属性的行业。2014 年 5 月 10 日，《装饰》杂志在清华大学美术学院召开了“迎接大数据时代”的学术研讨会，会议着重讨论了大数据与设计之间的关系。虽然现在平面设计领域成熟的大数据应用案例还不多，但是在移动互联网的媒体空间下，应用大数据来管理平面设计是一个可以遇见的趋势。因此，平面设计行业还是要加强对大数据等新媒体技术的了解和应用。

最后，农村市场成为平面设计行业新的服务蓝海。农村发展问题曾经是我国改革开放之后的重要社会问题。2003 年《中共中央、国务院关于促进农民增加收入若干政策的意见》文件发布以来，中央一号文件再次回归农业。我国又开展了新一轮的三农发展问题，农村市场开始得到各个行业的重视。对此，我国设计界也已经开始行动起来。“北京工业设计促进会设计师宋慰祖、曾辉共同创建、推动的‘设计走进新乡村’建设项目，组织设计师走进北京郊区乡村，立足于乡村区域经济发展与民生需求，发现设计着力点，设计成为北京在七十多个乡村建设‘最美新乡村’计划的有机组成部分。”① 在服务农村市场方面，平面设计行业应该明确这个阶段农村市场的需求特点，有针对性地去服务农村市场客户的需求，力求在实事求是的基础上引导农村市场的设计审美。

四　产业发展趋势预测

笔者于 2008 年底提出“平面设计转型论”，以此抵制当时在业界初具规模的“平面设计终结论”;② 此后的 2011 年，也有部分青年平面设计师从创作者角度喊出“平面设计死了吗”的口号,③ 相关讨论更进一步引发业界对于平面设计前景的忧虑。一时间，“平面设计已死”成为行业内部解不开的魔咒。但从近年来的发展来看，的确如笔者 2008 年所预言的那样，平面设计并没有死亡，而是正在凤凰涅槃的转型中浴火重生，获得新的空间。

首先，平面设计行业在我国的发展前景仍然是非常广阔的，应该对未来

① 许平：《作为新兴经济体国家的中国及其设计活力》，《设计的大地》，北京大学出版社，2014，第 9 页。

② 祝帅：《当平面设计遭遇经济危机》，《中国文化报》2009 年 1 月 22 日。

③ 李德庚、蒋华等：《平面设计死了吗》，文化艺术出版社，2011。

的平面设计行业满怀信心。平面设计作为一种服务行业，虽然受到新媒体的冲击，但在传统传播媒介（如报纸、杂志）并没有完全失去受众的背景中，所面对的市场是非常巨大的。因此，中国的平面设计行业仍然有很好的市场需求量，与移动互联等新媒介材质上的视觉设计一样，各自有其用武之地。当然，这个市场的需求是千变万化的，有不同层面。因此平面设计要发展，还有很多的路有待探索和开拓。

其次，根据笔者此前借鉴经济学理论，并结合平面设计产业所进行的相关实证研究，发现平面设计行业的政府调控具有非常大的难度。[①] 这是因为，平面设计服务价值具有隐蔽性，平面设计的价值往往体现在其他行业的产值中，如媒体、广告等。这样一来，平面设计行业贡献率很难用数据去考证。至今我国的平面设计产业研究难以获得相关的、翔实的数据支持。并且，根据经济学原理，市场这只看不见的手是资源配置的最有效率的方法，市场竞争会导致供需变化及优胜劣汰。对于平面设计这样具有经济贡献隐蔽性的行业，以市场自发调节为主是一个比较合适的途径，大大小小的设计公司按照现实市场需要而存在和运行。举例来说，因为受到成本的限制，三四线城市目前对于高端设计的需要也是有限的。这个市场包括农村市场，自然就会诞生一批满足这个市场的平面设计类服务。一线、二线城市因为经济发展较快，自然对高端设计服务需求比较大，因此市场也会对设计公司、设计师的工作给出相应的市场价格，这样的市场中自然也会孕育出比较出色的平面设计组织和个人。如果这两种市场之间的平面设计定位出现问题，那么自然就会被市场所淘汰。因此，平面设计公司无所谓绝对追求规模大小。此外，平面设计毕竟还是一个务实的行业。设计师的水平不靠各种资格认证，如 Adobe 资格认证之类，而是看入职时候的面试。设计师的收入也是看设计成果，如果设计师的收入与设计水平不成正比，那么自然会被其他单位高薪聘请。

---

① 祝帅、石晨旭：《中国平面设计产业竞争力提升路径探析》，《设计的大地》，北京大学出版社，2014。

再次，政府这只看得见的手也仍然控制着平面设计的大环境。从我国近年来出台的政策可以看出，政府相关部门对于设计产业等文化软实力的重视程度越来越高。因此，政府相关部门也有许多方式可以支持平面设计行业的发展。一方面是法律的完善，例如知识产权对于平面设计成果的保护等需要政府相关部门出台切实有效的法律政策。对于平面设计中的抄袭、剽窃等行为，政府部门要对相关人员采取一定的措施，这是更有力地保护平面设计师智慧成果的做法。另一方面，政府相关部门应该支持平面设计会议或者赛事的举办，使平面设计的主体化加强。将平面设计的价值普及公众层面，提高全民的审美水平，孕育正常的平面设计市场基础。

最后，除了政府和市场之外，行业协会的作用还有待于进一步加强。行业组织在活跃整个行业，加强平面设计师的工作热情方面扮演了不可替代的角色。而设计协会、委员会的构成当中，也可以通过增加企业（客户）负责人、高校当中的管理专业教授、行业当中的设计师等各个主体的比重等手段，将整个产业链组织起来。一方面，这有利于行业内部各种组织之间、个人之间的交流。群体之间的认同效应、督促效应，会让设计师们找到一个归属地，找到志同道合的人，形成一种松散的共同体和集体价值认知。因此，诸如深圳市平面设计师协会（SGDA）等各种有效的活动组织形式需要不断创新。另一方面，平面设计行业组织的建设对加强行业自律也有着不可替代的意义。例如，在创意产业倡导“原创”精神的大背景下，对“抄袭”的维权和监管方面可以发挥更加积极的作用。一旦发生抄袭事件，当事人不仅将在整个行业当中声名狼藉，也会面临直接的市场制裁，对此行业组织应该在倡导原创方面发出声音。毕竟，只有一个自律的行业才能得到社会的尊敬。

媒体和用户对新的技术采纳可谓一日千里。在新的设计软件的帮助下，我国也开始了全民设计风潮。像美图秀秀、Instagram、玩图、Piclab 等传统或 APP 软件，既发现了广大用户的需求，又操作方便，容易学习，因此一时间仿佛每个人都可以进行平面设计的某些基础性工作，但是毕竟与专业的设计师还是相差较大。其实，越是在这种市场背景下，专业的平面设计学习和锻炼就显得更加重要。用户的设计意识在不知不觉中提高，相应的，对平面设计产品的要求也会越来越高。毕竟，过去平面设计出现的时候是以报纸、杂志、海报等平面媒体为主的媒体时代，而现在是一个离不开计算机、手机的移动互联时代。因此，平面设计产业的发展必须融合到新的媒体环境中。在这种背景中，业界绝不能故步自封，必须通过学习新的技术，掌握产业的研究方法，去迎接学科转型的挑战，为产业研究的开展做好充分的准备。

热　点　篇

Hot－spot Report

B.25

首届联合国教科文组织创意城市北京峰会

左倩　高源*

当前，实施创新驱动，大力发展文化创意产业，是城市发展的难题。建设创意城市，走有特色的资源节约型、环境友好型城市是发展的必然趋势。由联合国教科文组织发起的创意城市网络正是对这一时代要求的回应。

联合国教科文组织“创意城市网络”成立于2004年10月，其致力于发挥全球创意产业对经济和社会的推动作用，促进世界各城市之间在创意产业发展、专业知识培训、知识共享和建立创意产品国际销售渠道等方面的交流合作，分为设计之都、文学之都、音乐之都、手工艺与民间艺术之都、电影之都、媒体艺术之都、美食之都7个主题。至2014年12月31日，已有北京、柏林、首尔、悉尼、布宜诺斯艾利斯、蒙特利尔、爱丁堡、里昂、名

* 左倩，北京工业设计促进中心副主任；高源，博士，北京工业设计促进中心职员。

古屋、达喀尔等32个国家的69个城市加入了该网络。

2012年5月，北京以科技创新、设计创新的鲜明特点，成功当选联合国教科文组织创意城市网络“设计之都”。2012年9月17日，北京市与教科文组织签订了“关于在文化领域开展合作的谅解备忘录”，同意在文化领域，特别是在“联合国教科文组织创意城市网络”领域开展合作。2013年3月，北京市科委落实谅解备忘录精神，与教科文组织签署合作协议，积极开展本次峰会的组织筹备工作。

2013年10月20～23日，北京市人民政府与联合国教科文组织（简称“教科文组织”）、中华人民共和国教育部、中国联合国教科文组织全国委员会（简称“全委会”）共同主办了首届联合国教科文组织创意城市北京峰会（以下简称“北京峰会”）。包括开幕式，首届国际学习型城市大会、创意·创新·发展论坛和创意城市网络市长圆桌会议、首届艺术与创意城市北京论坛三个主要会议，中国油画展、创意城市展、北京印象展三个展览三部分内容，充分展现了北京在产业结构调整升级、推动城市发展、改善市民生活等方面的举措和成果，向全世界传达北京以创新策略促进城市可持续发展、加强知识共享、建立学习与交流合作网络的意愿。

一 2013北京峰会主要内容

一是创意·创新·发展论坛在首都博物馆举办，分为设计与城市，设计与创新、设计与新型城镇化三个分论坛。联合国教科文组织助理总干事汉斯·道维勒发表题为《创意城市——创造一个更美好与繁荣的未来》的主旨演讲，国际工业设计协会联合会主席李淳寅发表题为《参与城市设计的经验》的演讲，国务院发展研究中心研究员马名杰发表题为《经济转型、创新与城市可持续发展》的演讲。此外，还有11个创意城市网络成员城市市长等嘉宾进行了演讲，探讨各城市在改善环境、增加就业，提升市民生活品质，推动城市可持续发展的成功经验与做法，形成北京发起的国际合作机制。

二是创意城市网络市长圆桌会议。共有 32 个创意网络城市的候选城市市长及代表进行了交流，共同签署会议成果文件《北京议程》。《北京议程》在教科文组织确定的宗旨和框架下，结合北京特点与发展需求，突出利用科技创新、设计创新促进城市发展，北京愿意与教科文组织合作，在全球创意网络城市平台中，贡献与分享设计的价值，为提升社会、经济和文化发展水平，维护文化多样性的全球目标做出贡献。

三是国际学习型城市大会。其总体目标是创建一个全球性平台，动员城市在各领域有效使用资源，促进全民终身学习，推进平等和社会正义，维护社会和谐，增强凝聚力，创造可持续发展与繁荣的成果。相关国际组织、联合国教科文组织成员国、有关国家教育部门官员、世界主要城市市长以及专家等约 500 人应邀与会。

四是艺术与创意城市北京论坛。其以“艺术塑造城市未来”为主题。作为一项高级别的国际文化研讨和倡议活动，来自全球的知名人士、城市领导人、文化创意产业领军人物、文化艺术界名人和专家学者共约 100 位嘉宾参加首届“艺术与创意城市北京论坛”。

五是相关展览。首都博物馆举办创意城市展览，主要展示创意城市网络成员城市的建设成果。中国设计交易市场举办北京设计创意展，主要展示中国设计红星奖、北京礼物以及能代表北京水平的优秀设计企业与成果。大都美术馆的开馆展《国风——中国油画语言研究展》由日本著名建筑师安藤忠雄设计。展览的特点是以油画的语言风格演变为线索，从一个新的视角阐述中国油画百年演进、变迁的历程，强调油画本体语言研究的重要性，展出国内百位有代表性油画家的近 150 件重要作品。

二 2013北京峰会影响力分析

联合国教科文组织创意城市北京峰会是自十八大之后，北京乃至中国首次与联合国教科文组织合作，共同举办的重要国际活动，在教科文组织以及相关城市中产生了强烈的反响。

（一）规模大，影响广

2013 北京峰会是北京首次与教科文组织合作，将教育、科技、文化三项重要内容作为共同主题举办的重要国际活动。刘延东副总理，教科文组织总干事伊琳娜·博科娃女士以及两位助理总干事、相关部委领导、市领导出席了峰会开幕式。31 个创意城市网络成员及候选城市的 88 位代表，包括 1 位市议长、11 位市长、5 位副市长及相关官员，以及企业、院校、园区等 300 余人参加了创意设计相关活动，102 个国家的 320 名外宾，包括 39 个部长级官员参加首届全球学习型城市大会，11 个国家的艺术界嘉宾参加首届艺术与创意城市北京论坛。刘延东副总理、博科娃总干事、相关部委、国内外参会城市对峰会本身以及北京的教育、科技、文化给予了高度评价。

（二）对北京未来发展意义重大

峰会的召开，有利于发挥首都科技、教育、文化和人才资源优势，推动城市建设、管理和服务创新，是落实建设学习型社会和科技创新、文化创新“双轮驱动”战略的具体举措；有利于打造设计之都、学习之都标志性活动，形成国际品牌，丰富建设中国特色世界城市的内涵；有利于加强北京与联合国教科文组织以及相关城市的交流与合作，大幅提升北京的国际影响力和话语权。

（三）会议成果丰富，开辟了广泛的国际合作空间

会议充分展现了北京近年来在产业结构升级、推动城市发展、改善市民生活等方面的举措和成果，向全世界传达北京以创新策略促进城市可持续发展、加强知识共享、建立学习与交流合作网络的愿望。本次会议中，与会代表城市签署《北京议程》《北京宣言》《北京共识》三个重要成果文件，大力推进全球城市间的资源共享、信息共享、市场共享，加强各地区、城市间在教育、科技、文化方面的深入合作。

三 2015北京峰会展望

举办北京峰会有利于加强北京与联合国教科文组织、各城市间的联系及在教育、科技和文化等领域的协调与合作；丰富北京设计之都建设的内涵，展现北京通过科技文化创新驱动、改善城市发展环境、促进百姓生活品质提高的目标。

下一步，我们将以此为契机，贯彻落实《北京“设计之都”建设发展规划纲要》，继续大力推进北京“设计之都”建设，提升设计创新能力，促进设计产业快速发展，为推动北京建设有中国特色世界城市做出积极贡献。一是主动对接教科文组织以及创意城市网络城市及候选城市，促进企业参与创意城市网络的创意项目，加强国际设计合作。二是加大北京设计宣传力度，打造北京设计品牌，提高设计活动公众参与度，将设计融入公众的生活。三是2015年北京峰会将进一步向专业化、国际化方向努力，争取成为具有世界影响力的设计和创意经济“达沃斯”论坛。

B.26

2014“感知中国”设计北京展

谢 迪*

2014“感知中国”设计北京展览在联合国教科文组织总部举办。展览由中国国务院新闻办公室、联合国教育、科技与文化组织、中国联合国教科文组织全国委员会主办，北京市科学技术委员会承办。由魅力北京、生态城市、设计创意、拥抱未来四个板块构成，内容包含27个展项，65件展品，25段视频，300余幅图片。

一 “感知中国”设计北京展览特点

一是以“古韵今风”为主线。展览设置有“北京客厅”与“胡同变迁”两组场景，选取了“星宇”瓷板画、新明式家具、“止”禁城托盘、胡同泡泡等设计案例，围绕北京市民居住和生活的变迁，把现代设计呈现在传统语境氛围里，展现北京既古老又现代的城市魅力。

二是体现生态文明与城乡环境建设。选取大栅栏整体街区改造、南锣鼓巷创意产业发展、新能源汽车与城市低碳交通网络规划、重工业区首钢整体搬迁、园博园建设等案例，体现出北京通过倡导绿色出行、开展绿色规划、鼓励绿色设计，持续改善城乡环境，推进生态文明建设。

三是展示北京设计之都的特色。丰富的创意资源、活跃的设计氛围、优秀的研发产品构成了北京设计的DNA。科技领先、设计具有美感的衣、食、住、行产品，展现出设计之都北京在“科技改变生活、设计引领未来”方面的成果。

---

* 谢迪，北京工业设计促进中心宣传部主管。

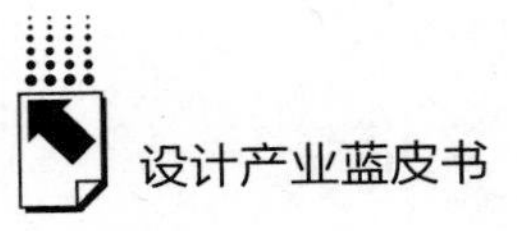

二　意义和影响

作为联合国教科文组织认定的设计之都，北京自2013年10月举办了联合国教科文组织创意城市北京峰会以来，展示了北京与联合国教科文组织交流合作活动的延续，推进了北京设计之都建设，推动北京"走出去"，提升北京的国际影响力和话语权，促进北京融入世界城市的进程之中。同时，2014年是中法建交50周年，两国在文化、经济、科学技术等领域组织了一系列纪念交流活动。法国巴黎举办"感知中国"设计北京展，对加强中国与联合国教科文组织合作、促进北京设计与巴黎设计交流开启便利之门。

"感知中国·设计北京"展览，成了"北京设计"走向国际的重要里程碑。目前，北京正在申请建立联合国教科文组织首个设计创意第2类中心，进一步提升"北京设计"的国际话语权，大力推进全球城市间的资源共享、信息共享、市场共享，加强各地区、城市间在科技、文化、设计方面的深入合作。积极组织北京设计企业全面参与创意城市网络的各项活动，推动设计企业参与国际设计项目，参与制订国际规则；进一步提升中国设计红星奖、北京国际设计周、设计之都－设计之旅国际化水平，引导更多国际知名设计公司、设计师落地北京。

B.27

中国设计红星奖

陈冬亮　谢 迪*

设计是人类为实现特定的目标而进行的先导和准备。改革开放以来，中国的设计创新为促进“中国制造”走向国际市场，为中国成为世界第二大经济体做出了重要贡献。今天，中国经济发展进入新常态，正在着力提高经济增长的质量、效益和可持续性。设计作为人类创造性劳动的实现“过程”和新兴业态，在调整产业结构、促进技术应用和产业化、提高人民生活品质等方面将发挥巨大的作用。

大时代的变与不变，精确地体现在中国设计红星奖身上。红星奖创办9年来，不仅致力于表彰优秀设计，更不断地通过推广，向社会、产业、世界传播着创新的意识。红星奖得到了国际工业设计协会联合会的认证，与德国红点奖成为战略合作伙伴，与韩国好设计奖和澳大利亚国家设计奖互认奖项，成为中国工业设计的“奥斯卡”。

一　中国设计红星奖发展历程

2006年，在北京市科学技术委员会的大力支持下，北京工业设计促进中心联合中国工业设计协会、国务院发展研究中心《新经济导刊》共同创办“中国设计红星奖”。设立这一奖项旨在围绕建设创新型国家的战略目标，通过每年一届表彰优秀设计产品，促进设计产业发展，鼓励企业创新设计，提高市场竞争力，弘扬中华民族文化，保护自主知识产权，提升国民生

* 陈冬亮，研究员，北京工业设计促进中心主任；谢迪，北京工业设计促进中心宣传部主管。

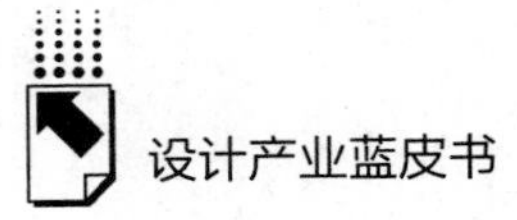

活品质，推动中国设计国际化。

自创办以来，红星奖累计参评企业超过6000家次，分别来自国内32个省市、地区和世界29个国家，参评产品突破3万件，已有来自中国、德国、意大利、美国、日本、韩国等20个国家的130位设计、经济、媒体等领域的权威专家担任过红星奖评委，在国内外30个城市举行了102场巡展，受众超过200万人次，帮助近千家制造企业与设计师开展了设计诊断、对接交易活动。同时，为鼓励具有自主知识产权的首创精神，提升中国原创设计水平，中国设计红星奖于2012年开始设立“中国设计红星原创奖”，奖项创立两年来，国内参评地域达到23个省、市及地区。

2014年，中国设计红星奖共有16个国家的1561家企业的6037件产品报名参评，企业和产品数量分别比上年增加21.9%和8.4%，继续超过德国红点奖4815件的征集数量，成为全球首个年参评数量超过6000件的设计奖项。其中，有近300件产品获奖，包括至尊金奖1项、金奖9项、银奖9项、红星奖247项、最佳团队奖1项、最佳新人奖1项和原创奖18项。获奖产品分为7大类，涵盖信息和通信产品、消费类电子和家用电器、家居用品和照明服饰、工艺美术和产品包装、装备制造和医疗器械、交通工具和公共设施、建筑装饰等领域。

2014年3月，中国设计红星奖首次亮相联合国教科文组织巴黎总部，成为首个走出国门的设计奖项展览。共有39家设计机构的近400幅作品参展，体现了我国生态文明和城乡环境建设等方面的创新设计，提升了北京市设计品牌的国际影响力和话语权。

从2013年的“全球视野，国家利益”到2014年的“设计为人民”，中国设计红星奖开辟了一个新的战场，更加实际地关注国内、关注民生、关注普通民众最基本的生活需求、城乡的协调发展以及生态环境的优化。可以说，中国设计红星奖正在促使设计回归脚下的土地。

二 2014中国设计红星奖新特点

第一，龙头企业争当设计创新领头羊。中外龙头企业比2013年增加了

11.2%。中外企业报名比例为12:1，中国企业包括北汽集团、江河创建、广汽集团、三一重工、沈阳机床、武汉重机、东方航空、华硕科技、联想集团、小米科技、博洛尼家居、海信电器、美的电器等，国外企业来自16个国家，包括德国博世、韩国三星、美国科勒、英国戴森设计、丹麦雅各布延森设计、日本三菱、日本柯尼卡美能达等。

第二，大型制造企业对设计的认知和运用有了显著提升。如：三一重工2006年导入工业设计，从提升企业产品形象入手，通过产品部件设计、采购的标准化，到技术研发与设计研发同步，拓展国际市场，不断通过设计引导，提升产品内在品质，降低了制造成本，创造了工程机械领域多项行业第一。2010年，企业在工业设计上每年投入近4000万元，2011年获得红星奖金奖和最佳新人奖，2013年其产品市场占有率达到13.7%，居行业首位。同行业的另一龙头企业徐工集团也在2013年成立了工业设计中心，北京江河创建（原江河幕墙）收购了香港梁智天300人的设计团队。沈阳机床等大型装备制造企业都曾表示，参评红星奖是向市场传递一个信息，中国的大型装备制造不仅拥有过硬的制造能力，也同样拥有强大的设计研发创新能力。

第三，设计创新助力产业结构调整。2014年红星奖报名情况显示，东南沿海地区多以家用电器、电子产品、卫浴建材、生活日用类为主，中西部地区以仪器制造、大型装备产品居多，北京企业更加注重高技术含量和设计服务拉动。以广东和北京为例，报名企业为239家和176家，分别占总报名企业的15.3%和11.2%，列前两位。广东地区报名产品主要是消费类电子、家用电器、家居用品等，企业多集中在美的、TCL、创维等制造业龙头。北京地区报名企业多以设计机构、IT信息等现代服务业、科技服务业和具有自主知识产权的高新技术企业为主。报名产品中，既有支撑大数据、云计算的中科曙光GreenRow数据中心专用机柜、云终端等产品，也有北汽集团绅宝D50、D70新款车、新能源电动车。从设计产业的发展特征看，广东工业设计呈现的行业属性特征明显，分工明确，规模优势突出，设计效率相对更高；北京设计随着近年高耗能、低产出的企业外迁，设计公司的低端设计业务逐步缩减，设计更加注重品质，技术含量更高，文化承载力更强。

第四，设计师“俱乐部”向企业家“俱乐部”转变。在红星奖的历届获奖名单中，设计机构、院校与企业的报名比例曾经为1∶2，近年，随着企业创新主体意识和设计研发与成果转化能力逐步增强，企业报名数量不断攀升，目前比例已达到1∶4，企业成了红星奖参评主体。为鼓励好设计、好产品，中兴、华为、浪潮、曙光等IT巨头每年都会将最新的产品申报红星奖。宁波欧琳集团将设计部划分为若干设计小组，分别选送产品参评，并视获奖情况给予设计人员奖励。参评企业对红星奖评委、专家的评语极为重视、认真研究，据此判断产品设计、研发趋势。更多的企业则将红星奖获奖的认证效应，作为新产品进入市场、获得客户认可的“通行证”，红星奖正在成为企业设计创新的抓手，得到越来越多企业的青睐。

第五，成为设计创新人才的培养激励平台。企业不仅将红星奖作为创新设计宣传推广途径，也使其成为历练培养团队、发现人才的契机。获得红星奖的北京设计机构东城新维，2008年转型介入设计研究与产品咨询，先后与宝洁公司、苹果公司等国际企业开展合作。经过几年的积淀，2014年初，东城新维的核心团队在美国硅谷创立了新公司，专门研发基于数据分享的实时天气监测产品，并开始为国外客户提供服务。实现了设计机构向科技服务型企业的华丽转身。联想集团副总裁姚映佳、东道设计创始人解建军、小米科技设计总监刘德从设计师转型为企业管理者，分别入选2011、2012、2013年“科技北京”百名领军人才培养工程。2013年红星原创奖银奖获得者范石钟荣获“第九届中国大学生年度人物”。廖翀、张青等80后“最佳新人”获奖者，获奖后从设计机构进入企业，专业特长得以发挥。

2014年，红星奖与北京国际设计周联合举办了中国设计挑战赛，并支持中国青年创业就业基金会与现代汽车举办的“现代汽车设计大赛”、美国Art Center学院与北京工业大学举办的2014E级方程式国际设计锦标赛等赛事，积极培养青年设计师创新思维。

此外，红星奖也成为创新人才评价标准和聚集抓手。北京西城区、广东佛山市顺德区、浙江宁波市等地政府，对获奖的企业和设计人才给予3万～5万元奖励；广东、重庆、浙江、大连等地将获奖作为职称评定和衡量当地工业设计发展水平的依据；大连民族学院作为学分奖励手段，对获德国红点、IF 奖的学生，奖励 3 个学分，对获红星奖的，奖励 6 个学分，以此鼓励学生更具中国特色的设计创新。某些高校甚至将红星原创奖作为评选奖学金和获得保研资格的一个重要标准。

三　中国设计红星奖任重道远

如果说，20 世纪是中国设计力形成的准备阶段，21 世纪就是设计真正进步的开始。2012 年，北京以科技创新的鲜明特点加入联合国教科文组织创意城市网络，被授予“设计之都”称号，先后出台了《北京市促进设计产业发展的指导意见》《北京“设计之都”建设发展规划纲要》和《北京技术创新行动计划（2014～2017 年）》，为“设计之都”建设创造了良好的政策环境。同时，以此为契机，加快文化创新与科技创新双轮驱动，设计产业发展逐渐呈现高端化、服务化、集聚化、融合化等“高精尖”特点。

当前，在知识网络时代，一切传统的模式正在面临深刻变革。云计算、大数据、智能技术、3D 打印等技术的出现，都将彻底改变设计研发、制造和服务的过程，它是信息革命与能源革命、制造革命结合起来的一场新的产业革命和思维革命，设计的对象不再仅限于有形固化的产品，而是在网络空间中的全球资源共享和协同创新，设计开始注重互动、参与、体验，成为一种思维和情感。

作为盘点和展望中国社会、产业、经济的设计大奖，红星奖以一贯鲜明的态度影响着人们对设计的认知和行为。“民众的幸福感”“经济的品质运行”“美丽中国”“创新驱动”“APEC 蓝”等关键词，既是设计精神回归本质的追求，也是红星奖表彰优秀设计的出发点。

2015 年，红星奖将围绕科技与文化融合、服务企业、做大产业，对评审标准进行全面修订，努力将其打造成为设计行业的风向标，为调结构、保增长、促改革、惠民生贡献力量，在中国共产党领导中国人民实现两个一百年的中国梦的伟大进程中，让设计为改善人民生活的品质发挥更积极的作用。

B.28

北京国际设计周

孙群　曾辉*

从2009年至今，北京国际设计周已经成功举办了五届。北京国际设计周由教育部、科技部、文化部与北京市人民政府共同主办，于每年9月底至10月初在北京全城范围内举办，每年吸引参会设计师、机构代表、学术专家超过2000人，注册媒体百余家，观众超过600万人次。

北京国际设计周缘起于2009年，当时适逢世界设计大会首次在中国举办，在歌华集团、北京工业设计促进中心以及中央美术学院的合作下，诞生了第一届北京国际设计周。从2011年开始，确定北京国际设计周每年举办一届；到了2012年，随着北京获得“设计之都”称号，北京国际设计周成为推动北京成为版权之都、设计之都的重要平台；2013年，北京国际设计周被Dezeen杂志收录进“世界创意活动地图”（World Design Guide），成为世界公认的最优秀的国际设计活动之一；2014年初，北京国际设计周重点推动设计市场建设，成为中国创意设计推广、交易和交流合作的重要平台。

六年来，从政府到产业到公众到世界，都认为北京国际设计周已经成为北京的一张新名片，一张内涵丰富的城市名片。通过五届的运营，北京国际设计周已经形成了包括开幕活动、设计大奖、设计市场、智慧城市、设计人才、主宾城市和设计之旅在内的七项主体内容。其依托北京科技文化人才的优势，通过主宾城市等七项主要内容，采取政府主导、广泛的社会参与形式，形成了具有广泛影响力的国际活动。其向民众普及了设计创新理念，特别在北京设计之都的申办中发挥了重要的作用。目前，设计周已经成为为国内外设计机构和人才提供展示、交流、交易的服务平台，其核心价值就是用

* 孙群，北京国际设计周组委会办公室主任；曾辉，北京国际设计周组委会办公室副主任。

大设计来带动新经济，让好设计成为好生活。

秉持着这个理念，自 2011 年以来，北京国际设计周重点聚焦设计交易，2011 ~2014 年北京国际设计周累计实现设计交易额 225. 38 亿元，其中：2011 年 1. 58 亿元、2012 年 56 亿元、2013 年 65. 8 亿元、2014 年 102 亿元。拉动直接设计消费累计 13. 8 亿元，其中：2011 年 2. 1 亿元、2012 年 2. 7 亿元、2013 年 4 亿元、2014 年 5 亿元。

设计周对北京的贡献，不仅是设计对投资与消费的拉动，同时还体现在设计对首都文化旅游的带动。正是通过设计周，推出了“国庆·北京看设计”特色文化旅游品牌。2013 年，阿姆斯特丹将“大黄鸭”作为赠礼，在园博园、颐和园先后展出，直接实现 1. 6 亿元的旅游门票收入，相关衍生品市场进账至少 700 万元。2014 年，巴塞罗那带来了“巴萨骑士”神马，在中华世纪坛、751 北京时尚设计广场及大栅栏等场所进行为期两周展演。巴塞罗那市长查维·特利亚斯表示“北京国际设计周这一国际舞台为巴塞罗那展示创意提供了良好的机会”。

设计周对设计行业本身的带动也非常明显，据不完全统计，五届设计周带动国际与社会市场资金资源投入累计 13. 5 亿元，其中：2011 年 1. 7 亿元、2012 年 2. 8 亿元、2013 年 4. 5 亿元、2014 年 4. 5 亿元。特别是 2014 年，北京国际设计周充分依托北京市作为全国政治中心、文化中心、国际交往中心、科技创新中心的功能定位，利用自身的平台服务功能，利用国家对外文化贸易基地、中国设计交易市场等国际化市场平台的先天优势，积极推动国际设计资源与中国飞速发展的文化创意与设计服务贸易市场相对接，在北京建立集约化发展的国际设计贸易主场，为更多优秀的国际设计机构、品牌、设计师搭乘中国贸易快车创造更加快捷、便利的条件。

“创新驱动”已经成为中国经济转型的关键词和出发点。未来十年，是北京国际设计周也是中国大设计产业的黄金时代！北京国际设计周不仅是北京的新名片，也是评测中国创新驱动发展能力的一个通道。北京国际设计周践行文化创意和设计服务与相关产业融合发展的国家战略，也向世界传递着当代中国集全球智慧，聚焦中国课题，谋求社会、文化、产业进步的气度和勇气。

B.29

上海国际创意产业活动周

黄果甜*

一　上海国际创意产业活动周概况

上海国际创意产业活动周是由上海创意产业中心在上海市委宣传部和上海市经济与信息化委员会的具体指导下诞生的。该活动旨在推动“创意产业化，产业创意化”。上海国际创意产业活动周自 2005 年 11 月 30 日在上海创意产业集聚区“海上海”开幕以来，以其丰富多彩的博览会、论坛、评选等活动形式，已成为国内外政府、机构、企业交流推广和交易融资的平台，同时，也加强了国际、城市、企业之间的合作，为实现资本创意、技术、产业之间的结合提供了非常好的渠道。上海国际创意产业活动周在欧洲、美洲、中国香港和中国台湾等国家和地区也引起了很大的关注。加拿大、美国、荷兰、丹麦、韩国、澳大利亚等数十个国家也积极组织参展，并且先后在往届活动周中设置了主题展馆，派出的所有参展团队都取得了丰硕的成果。

上海国际创意产业活动周作为国内创意产业的大型综合性活动，概括地说集中体现了“四性”：即创意性、国际性、互动性、直观性。从理论研究到社会实践、从企业成果展示到大师作品启迪，让参与者更多地了解世界各国创意产业发展的过程和趋势、观赏世界创意大师的顶级作品、领略缤纷多彩的创意产品。

上海国际创意产业活动周 2005 ~ 2011 年每年举办一次，每次活动周都

---

* 黄果甜，北京市社会科学院文化金融实验室助理研究员，研究方向为产业经济。

组织了内容丰富的博览会、论坛及创意盛典、创意之旅等各项精彩纷呈的创意活动，每届活动周都设有不同的活动主题，为全世界展现了创意产业在上海经济发展中产生的重要作用。该活动为上海创意产业的快速发展起到重要的推波助澜的作用。

二　上海国际创意产业活动周的特点

（一）每届活动周设有不同的主题和相对固定的板块

自从2005年第一届上海国际创意产业活动周举办以来，上海国际创意产业活动周已经成为全球创意产业界展示、交流、发布、推广、交易的重要平台。每届的活动周都以一个主题为主旨，开展各类活动。例如，2005年活动周的主题为“创意产业，引领未来”；2006年的活动周主题为“创意设计，创造生活”；2010年则以“创意·后世博——世博之城，设计之都”为主题；等等。

每届活动周都由相对固定的三大板块（上海国际创意产业博览会、上海国际创意产业论坛和上海国际创意设计大奖赛）、数十项活动和不同展区组成。第一个板块——上海国际创意产业博览会。博览会让更多人士体验到了创意产业链相互依存与产权保护的重要性。第二个板块——上海国际创意产业论坛。论坛注重理论与实践的完美统一，并且通过专家与学者的亲身经历，阐述了实现创意与产业的对接与互动发展的问题。第三个板块——上海国际创意设计大奖赛。比赛通过评选，对在上海创意产业发展中有突出贡献的人物和企业，进行相应的奖励并且配合媒体的大力宣传，从而促进了上海创意产业的更好发展。

（二）上海国际创意产业活动周活动内容丰富，展区风采各异

每届活动周都开展了数十项活动和布局了若干个不同风格的展区。2006年的活动周首次以“创意作品—创意产品—创意商品”为主线，全方位演

绎了“创意产业化、产业创意化”的理念，并且活动周加快了项目的对接，特别注重设计单位与企业、创意与产业之间的对接，实现了创意所蕴涵的产业价值。2007 年的活动周主要演绎了创意产业化和产业创意化的未来生活方式，其中四大展区通过对创意产品、创意品牌的展示，让人们体验创意给生活带来的无穷乐趣，进而达成产品交易的目的。又比如，作为历届最大规模的 2011 年上海创意产业活动周，以“新概念、新视角、新形式”的全新特点亮相活动周，展览由“上海创意产业博览会、上海国际主题乐园产业展览会、创意生产力上海设计新模式展、红坊 ZAI 设计”这四大主题构成，内容纷繁精彩。

（三）获得了国内外官方组织和媒体的大力支持

上海国际创意产业活动周一共获得了上海市 16 个委办局的支持，作为一个每年举办的全球性创意产业盛会，已经吸引了几十个国家和地区的代表前来参与互动，同时也得到了联合国教科文组织、联合国贸易发展会议署、联合国南南合作局的高度关注和评价。另外，有多家网站（搜狐、新浪等）、杂志（《城市中国》《M. style 创意》）、报纸（《解放日报》《新民晚报》《上海商报》）和 SMG 艺术人文频道对上海国际创意产业活动周进行全方位的跟踪报道，同时配合大量的户外广告进行集中宣传，具有非常大的影响力。

三　上海国际创意产业活动周的深远影响

（一）吸引了海内外各界人士的关注

第一届活动周共吸引了 10 多万名中外参观者，其中专业人士超过 70%。组委会表示，活动周的影响力远远超出了预期目标。第二届活动周据不完全统计，包括两个主会场、两个主题会场和十个分会场，为期 7 天的活动周展览面积近 10 万平方米。参观人数超过 15 万人次，其中专业人士超过

65%，国外人士接近15%，有来自英国、法国、德国、美国、丹麦、日本、澳大利亚、韩国、荷兰等30多个国家和地区的代表前来参展、参观。国内有北京、天津、青岛、西安、南京、无锡、杭州、宁波、武汉、重庆、大连、广州、深圳、香港特区、嘉兴、新乡等城市的政府代表、新闻媒体、专家学者等前来参展、参观，其影响力之大、传播力之广、成交额之多，并且建立了长效的推进创意产业可持续发展的七大公共服务平台，超过了预期目标和效果。据不完全统计，参观前六届活动周的总人次超过了100万，其中专业的观众已经达到了70%。活动周已成为上海打造世界创意城市“设计之都”的一张新名片，并通过加强国际、城市间、企业间的合作交流来实现文化、资本、技术、产业融合，为其提供了良好的渠道和平台。

活动周的国际化程度越来越高，规模也越来越大。比如第三届活动周主会场的展示面积近3万平方米，其中国外参展商占到总展示面积的60%，包括荷兰、英国、澳大利亚、加拿大、美国、德国等发达国家和地区。其中最大的亮点是国家和地区创意日，以荷兰创意日和香港创意日最为规模化和高端化，其展览面积全部超过1500平方米。荷兰组织了包括飞利浦、阿迪达斯等在内的70多家国际品牌企业参展，香港特区也组织了40多家著名企业参展并带来了“1997～2007”创意产业十年回顾展。这些不仅彰显了上海发展创意产业的优势和魅力，也为相关企事业单位开展国际化交流与合作搭建了一个优秀的载体和平台。第四届活动周还有来自丹麦、荷兰、德国、澳大利亚等20多个国家和地区带来各自最具特色、最具代表性的创意汇聚于此，争奇斗艳、百花竞放，为观众奉献了一场精彩的创意盛事。丹麦首相也于10月21日下午来到活动周主会场参观丹麦家居设计馆。同时，该活动周也为很多展商和参展企业带来丰厚的利润和潜在客户，如摩兰手工艺品、纸立方、一丫服饰等创意类产品深受参观者的喜爱，甚至出现人们争相抢购的现象。而一些尚未入驻中国的国外企业和品牌如丹麦的服饰和家居产品等，也成为人们热烈追捧的对象，据了解，很多参观者都十分关心这些企业和品牌何时入驻中国落户上海。为这些企业和品牌早日落户中国埋下了伏笔、打下了基础。

（二）活动周对上海经济发展的影响

在连续举办多届活动周后，上海于2010年2月正式加入了联合国教科文组织创意城市网络，同时也获得了“设计之都”的称号。如今创意产业已成为上海城市创新活力的新增长点。根据官方数据统计，2009年比2008年的总增加值增长了18.3%，上海创意产业规模在上海创意产业涉及的38个中类、55个小类行业总产出为3413.55亿元，总增加值为1048.75亿元，比重占全市生产总值的7.66%。至2010年，上海已经成为中国创意产业发展最迅速、总体实力最大的城市之一。据官方发布的数据表明：2010年，上海文化创意产业从业人员为108.94万人；总产出比上年增长了14.2%；增加值比上年增长了15.6%；占上海生产总值的比重为9.75%，比上年提高0.51个百分点；对上海经济增长的贡献率达到14%。

B.30

广州国际设计周

薛晓诺*

一 设计周概况

广州国际设计周在广州市人民政府支持下于2006年诞生，是目前中国规模最大、参与人数最多、影响力最广、国际化程度最高的设计+选材博览会。一年一度的广州国际设计周同期举行CDA中国设计奖、金堂奖-中国室内设计年度评选等奖项盛典、中国商业与旅游地产设计年会、亚洲软装趋势发布等精彩活动，为国内外设计产业关联的开发商、设计师、承包商、材料商、分销商等专业群体搭建了精准、有效的市场营销、趋势发布等需求互动的营商平台。广州国际设计周以弘扬"设计创造价值"为己任，以365+3天的模式展开运营，是目前国内唯一获得国际工业设计联合会（ICSID）、国际平面设计协会联合会（ICOGRADA）、国际室内建筑师团体联盟（IFI）三大国际设计组织联合认证、全球同步推广的年度设计营商盛事，也是全球范围内"为中国设计发声"的核心价值观的输出源头。

2014年12月5~7日，广州国际设计周在广州琶洲保利世贸博览馆成功举办，展览涉及建材、设计以及亚洲软装。2014广州国际设计周同期举办了"inguangzhou 2014世界室内设计大会"（WIM），中国设计首次以主场身份拥抱世界，宣告中国设计与世界同行的时代来临。

---

* 薛晓诺，北京大学光华管理学院博士，北京市社会科学院文化金融实验室研究员。

二　设计周的特色

（一）海外品牌集体亮新品

2014 年的广州国际设计周汇集了全球 40 多个建材、家具、家居用品等国际大品牌，参展报名于 11 月 15 日截止，主办方在报名中“优中选优”，筛选出拥有最优产品和设计的品牌企业参展，最终有来自 20 多个国家的 300 多家企业携 1000 多款作品参展，为专业观众送上了前所未有的设计盛宴。参会者以最直接的方式享受到国内外顶级艺术设计的饕餮盛宴。

（二）参展新模式

2014 年的设计周首创“交钥匙”展位参展模式。“交钥匙”意味着参展商将“0”搭建成本参展，不再需要支付额外成本进行展位策划与搭建，而在统一的设计布展理念和周到的服务下，以全新形式与专业观众沟通交流。“交钥匙”展位自 2013 年起运行，其性价比极高的参展方式得到了展商的热烈拥趸，也赢得了专业观众的高度评价，成为当年人气最旺的展区之一。2014 年参展“交钥匙”展位的企业数量也由此引来了井喷式的暴涨。

“交钥匙”展位为展商提供犹如“精装商务公寓”般“拎包入住”的参展体验。组委会聘请了知名设计师统一设计布局，并由照明设计师进行再生灯光设计，提供独立展位、展示墙、功能接待台、高级洽谈桌椅、专属餐饮和 Wi－Fi 等高规格配置和服务。组委会不仅全力承担了布展的主要工作，更将“交钥匙”展位区设在专业观众必经之路的展馆中心区域。“交钥匙”展位的推行，旨在最高效集结产业链上、中、下游的优质企业，协力推广高品质产品及理念，共同为设计驱动产业升级发声，为提升国民生活品质发力。

（三）产业融合的力度增强

展会由设计展、材料展、亚洲软装展、中国厨房展四大展区组成。展览以“整体生活美学及趋势”为诉求，而不是在设计的各自领域独自发展，强调设计各种要素的融合。展会将各种元素组合起来，从多个维度展示设计之美。

（四）参与式参观设计

艺术设计给参观者最直观的感受莫过于视觉上的冲击。本次设计周为参观者塑造了别样的设计体验，更加重视立体式体验。展会上，展厅是最直接的呈现，将带给观众最直观的感受。以瓷器展览为例，罗浮宫陶瓷参展面积达100多平方米，展位设计沿袭罗浮宫惯有风格，以白色为主色调，最大限度还原产品设计特色。另外，大唐合盛·瓷砖展位结合佛山彩灯艺术、蒸汽朋克、几何线条多种跨界设计风格亮相；皇磁瓷砖则采用地中海风格，以艺术长廊的形式设计展位。

除了注重视觉效果外，参展企业越来越注重打造立体式体验展厅。简一大理石瓷砖展位将糅合中式简洁和西方奢华风格，同时注重观众的文化体验，不仅有“世界珍稀石材库鉴赏暨粤派美食之旅”，还增加了文化交流活动，如用砖做乐器，邀请设计大咖与设计师朋友面对面交流等。

（五）海内外交流

本届展会不仅吸引了包括城市组、华地组、汤物臣·肯文、韦格斯杨、共生形态、柏舍、尚诺柏纳、J2等在内的诸多在商业空间、酒店会所、办公空间、样板间等室内设计领域获奖无数的知名设计企业参展，还有中国（湛江）设计力量、NCS色彩设计学院、广州设计名片以及亚洲软装风尚榜入选机构等国内外设计团体、机构和个人纷纷亮相展出，他们通过一个个极具前瞻性的展位设计，为参观者塑造别样的设计体验，多维度揭露设计秘诀，联袂发布“设计思维”导向下的空间、产品及生活方式的未来风向。

12 月 6 日，广州国际设计周罗浮宫展位，“游学设计周 · 筑梦罗浮宫——2015 欧洲游学之旅”重磅启动，为获得欧洲游学资格的设计师颁发“欧洲游学邀请函”。“罗浮宫空间艺术骑士勋章”作为活动中代表设计师至高荣誉的国际勋章，对空间艺术具备独特见解和运用能力的优秀设计师进行表彰。

“游学设计周 · 筑梦罗浮宫——2014 空间艺术沙龙”由法国罗浮宫博物馆修缮设计大师卢卡 · 罗西发起，罗浮宫陶瓷联合广州国际设计周共同举办。江苏无锡正式启动后，还将前往厦门、唐山、石家庄、贵阳、长沙、成都、哈尔滨、广州等全国各大城市，旨在为中国设计师搭建空间艺术交流的国际平台。

三　活动周的深远影响

（一）激励艺术家提高设计水平

设计周设立了三个奖项，共收到 1000 多份参选作品，经过为期 3 个多月的评选，最终选出优秀作品授予“红棉奖”“产品设计至尊奖”和“CDA · 2014 中国设计奖”等奖项。该活动鼓励更多的设计师思考、策划、创新，创造出有特色有水平的作品。同时，本次设计周中国家居原创产品比例大幅上升，也反映了我国领军企业、领军人物在“设计创新”与“原创设计”领域不断探索、不断成长，形成新的设计思潮。

（二）以设计驱动产业升级

10 月 22 日，中国陶瓷产业总部基地与广州国际设计周举行战略合作签约仪式。广州国际设计周秘书长、广州市城博展览有限公司董事长张卫平表示，以设计驱动产业升级，从而以设计带动国民生活品质是广州国际设计周接下来十年的目标，此次合作是为设计驱动陶瓷产业升级目标迈出的重要一步。2015 广州国际设计周“设计驱动产业升级”示范项目授牌仪式将同期于“金堂奖”颁奖典礼举行。

（三）提高全民对设计的了解

本次设计周，12 月 5 日开幕首日到场参观达 3.6 万人次，相比上年的 2.5 万人次，人流量提高了 44%；活动周期间，共有 8 万人次前往参观，观展人数较上年同期上涨 30%。活动周的举办有利于民众对设计的了解，推动设计理念在社会的传播。同时，设计周展览加入了许多互动元素，参观者在参观的同时可以通过亲身感受进一步领略设计的魅力。

（四）推动国内外艺术交流

一方面，2014 年的设计周吸引了来自世界各地的优秀设计团队携带其顶级设计产品参加展览，这有利于我国设计者欣赏到优秀的作品，感受国际化的设计理念，学习先进的设计知识，在这个过程中获得灵感，改进自己的作品。另一方面，设计周展示了我国设计界的顶尖水平，有利于国际对我国设计发展现状的了解，向世界设计界塑造我国设计发展的形象。同时，设计周为国内外优秀设计者提供了一个交流的平台，设计者们互通有无相互学习，欣赏对方的设计作品，互相交流设计的感受与经验，这有助于全球设计的快速发展。

（五）为全球设计产业提供风向标

设计周吸引了全球的优秀团队参加展览，反映的是全球设计的最新动态，展示了世界设计的最高水平。2014 金堂奖典礼系列活动之金堂奖主题论坛上，获奖嘉宾、专家评委、媒体评委齐聚一堂，共话年度设计趋势，发布了大数据主导下的 2014 年度“设计关键词”，以帮助业界对判读整个设计行业有更清晰的指引。全球设计界人士可以通过欣赏世界顶尖作品了解设计界最新动向，明确未来发展方向，进一步推动全球设计产业更好更快发展。

B.31 中国（深圳）国际工业设计活动周

乔 丹*

一 “中国（深圳）国际工业设计周”概述

“中国（深圳）国际工业设计周”是深圳创意十二月系列活动之一。该活动由深圳市设计联合会进行策划、举办和推广，2007～2014 年已成功连办八届。每年一届的工业设计周集展览、论坛、推广等多种形式内容为一体，涵盖工业设备、医疗器械、家具、IT 通信、电子家电、数码产品等多个领域，在将设计企业的设计成果推向市场、挖掘未来设计之星，拉动经济发展、促进深圳设计产业升级等方面具有无可比拟的影响力。

2014 年 12 月 29 日，第八届中国（深圳）国际工业设计周于深圳欢乐海岸隆重开幕，“设计引领，商业创新”是本届的主题。本届活动由中国工业设计协会、深圳市设计与艺术联盟特别支持，深圳市经济贸易和信息化委员会、深圳市文体旅游局、深圳市设计之都推广办公室主办，深圳市南山区人民政府文化产业发展办公室、深圳市设计联合会承办。活动邀请到了韩国、新加坡、澳大利亚、意大利等多个国家和地区的设计创新组织、设计专家和业界精英代表参加。

二 “中国（深圳）国际工业设计周”的特色

（一）注重产、学、研、资交流合作

历届国际工业设计周均把产学研相结合作为重要议题，第八届设计周更

---

* 乔丹，对外经贸大学经济学博士，北京市社会科学院文化金融实验室研究员。

是在此基础上加入了“资”。“资”即资本。本届活动把文化与资本相结合，这是在国家大力推动文化金融建设大背景下的又一创新。

在第八届设计周开幕式上，深圳市设计与艺术联盟揭牌，成为全国第一家在民政部门注册的设计艺术类跨行业联盟。深圳市设计与艺术联盟首创“设计 + 艺术 + 教育 + 金融”的模式，由任克雷发起成立，集结代表深圳市创意产业的各行业协会、艺术机构、教育机构与金融机构等 16 家机构作为发起单位，以一种全新的模式搭建起了设计艺术产业融合发展的新平台。

除深圳市设计与艺术联盟揭牌外，“中国国际设计研究院”也在本届开幕式中举行了发起仪式。“中国国际设计研究院”由中国工业设计协会、深圳市设计联合会、联想集团等，以及来自美国、德国、瑞典、意大利、澳大利亚、韩国、新加坡等国家和地区设计产业推进组织、设计机构联合发起设立，目的是要整合全球设计创新与商业力量，把全球设计智慧转化为企业的市场竞争优势，旨在为促进经济繁荣和可持续发展作出贡献。“中国国际设计研究院”的首批合作单位有康佳、苏宁、腾讯、飞亚达等国内知名品牌企业。

（二）人才会聚促发展

中国国际工业设计周既为国内外优秀设计者提供了一个展现风采的平台，也促进了人才交流合作。比如，在本次设计周的活动中，IAOIP 美国创新专业协会核心专家 Michael Eagleton，澳门特区中西文化创意产业促进会会长、国际创意产业联盟主席徐凌志，中国台湾艺术大学工艺设计学系教授范成浩，意大利工业设计协会会长 Luisa Bocchietto，香港著名工业设计师叶智荣等嘉宾，围绕国际设计、创新、商业等话题与设计师和企业家展开深度对话。同时，一个由清华大学柳冠中教授担任首席顾问，张福昌、鲁晓波、汤重熹、石振宇、陈冬亮、童慧明、应放天、王受之、许平等成为首批顾问的委员会——“中国设计师联盟专家顾问委员会”正式成立。此外，“中国国际设计研究院”第一次筹备工作会议中，中国、美国、瑞典、意大利、澳大利亚、韩国、新加坡等研究院等发起机构的代表，就“中国设计研究院”

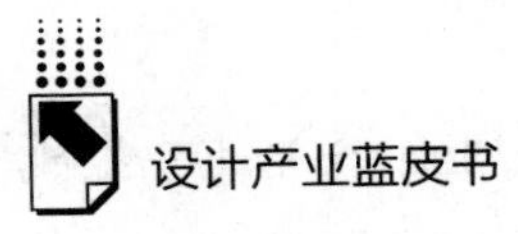

的定位、发展方向、重点工作以及建设运营等多个核心问题提出各方观点和建议。

中国国际工业设计周的举办，对人才的聚集起到推波助澜的作用。一方面，大批设计专家顾问的积极参与为设计周的成功举办奠定了基础；另一方面，正是由于设计周致力于传播先进设计文化、打造系统的设计教育、研究平台提升设计师职业水准，有社会责任感的设计者才愿意参与进来。以发展作为主题，将引领中国设计师迈向更高更远的目标。

（三）大展本地风采

中国国际工业设计周不仅重视与国内外业界的交流，还致力于发挥东道主优势，大力展现广东风采、深圳风采。在第八届设计周的开幕式上，《大国风范·设计广东》系列专题片首发，全面深度展示广东从“广东制造”转向“广东设计”，从诞生、发展、亮点、特色等方面充分展示了广东在工业设计方面的核心竞争力，全方位展示设计广东、活力广东的精彩内容、重大意义及其社会影响力。另外，本届设计周还推出了深圳设计精品展、2014年“省长杯”深圳分赛区获奖作品展、“设计走进社区，社区走进设计暨首届社区生活创意大赛”获奖作品展等大展，彰显深圳城市设计力量，呈现深圳城市浓郁的文化创意氛围。

三 “中国（深圳）国际工业设计周”的举办意义

（一）传承中国设计、记载历年设计发展

工业居于国民经济的主导地位，决定着国家的技术水平和经济发展水平。工业设计是对工业产品的设计，工业设计水平的高低既取决于经济发展情况，也取决于设计者自身的文化背景。

改革开放以来，经济的飞速发展为设计师提供了更优越的生活条件、更先进的设计工具、更广阔的发展空间，也让设计师不得不紧跟新潮流、直面

新挑战、解决新问题。在不断变化的时代背景下，设计师们根据人们对工业产品的实际需求，做出不同的设计方案。这种设计作品本身就反映着经济环境的变化、设计理念的变化、大众审美的变化。

中华文化博大精深，中国的设计者受到中华文化熏陶，即使学习了西方设计方法，也依然会带有中国元素。中国国际工业设计周通过记录每一年度的设计成果，记录了中国设计。如本届设计周中展出了获得红星奖、iF 奖、红点奖、G-Mark 奖等设计奖项的优秀作品和广东“省长杯”等地方比赛的获奖作品。将一年一度的设计成果汇集起来，可以看到变的一面，即设计的发展历程，也可以看到不变的一面，即设计中的“中国特色”。

（二）提高设计人才的培养与管理水平

目前，我国设计人才市场仍存在供求不匹配的情况。在人才需求一方，那些培养自己人才队伍的大企业要求高、需求小，对工业设计人才需求最大的反而是那些规模小、经营相对不规范的企业。在人才供给一方，设计人员水平参差不齐，那些刚毕业的年轻设计者则缺乏设计经验。供需的不匹配一方面导致了小企业招不到人，另一方面导致了设计人员转行。

在第八届中国国际工业设计周中，“深圳市设计与艺术联盟”集结了行业协会、艺术机构、教育机构、金融机构，节约了人才供需双方的沟通成本。中国国际工业设计周作为一个人才交流的平台，至少有三方面的作用：其一，设计师可以对中小企业加强了解，帮助中小企业做大做强；其二，企业可以根据自己的需求，直接通过设计作品筛选合适的设计者；其三，推进研究、开发、生产一体化进程，增强供需契合度。比如，此次康佳、苏宁、腾讯、飞亚达等国内知名品牌企业签约“中国国际设计研究院”，既为部分设计者提供了良好的工作机会，也有利于培养本土企业。

（三）鼓励设计创新

我国工业设计仍处于初级阶段，设计服务能力和水平还不能满足产业、技术快速发展的需要，大量企业技术研发投入不足，缺少属于自己的研发队伍，仅仅通过购买核心技术或者代工生产。这种“代工”模式利润率低，且依赖于低的劳动成本，随着我国劳动成本上涨，我们迫切需要推进工业设计的创新。中国国际工业设计周通过邀请名人演讲，分享创新成果，既激励了设计人才，也激励了各类企业从“代工”走向“贴牌”（OEM）。

（四）拓展国际视野、履行国际责任

我国的工业设计起步较晚，尽管近些年来已经有了很大的进步，但与国际发达国家的设计水平、管理水平还相去甚远，因而积极学习国外设计经验是必要的。深圳作为一个开放程度很高的海滨城市，比其他城市更加了解拓展国际视野的必要性。在中国国际设计周中，邀请了很多国外专家，针对深圳的实际情况，探讨了新经济中的创新与商业模式，以推动深圳工业设计新发展。

在经济全球化与区域合作日趋紧密的大背景下，第八届中国（深圳）国际工业设计周以亚太地区为主要合作对接方，以积极主动的战略构想，经营发展亚洲设计市场，并通过中国国际设计战略合作项目的共建致力于构建中外设计交流合作平台，促进亚洲设计与经济的互补提升、合作共进。

Abstract

In order to implement the State Council on promoting the strategy on cultural creativity and design services with the convergence development on related industries, accelerating the cultural creativity and design services with the depth merge of the real economy, strengthen the leading industry effect on the cultural creativity and design services, building a pattern that design industry and related industries with a comprehensive, deep-seated and wide-ranging in the field of integration of the development. The system support the design industries in planning for its 13th Five Year Plan around the China, CIDA (China Industry Design Association), BSTC (Beijing Science and Technology Commission), BASS (Beijing Academy of Social Sciences), BIDC (Beijing Industrial Design Center) co-operate with well-known experts and scholars in Chinese design industry, the report on development of Chinese design industry has been formally published.

This book is the first annual development report that with a comprehensive, systematic and further study on design industry. The main report analyzes the present situation and trend on global creative city network, Chinese design education, design practice and industrial design, and points out that excess production capacity provides the new opportunities for industrial chain integration of design innovation; in this "new normal" economy, the design industry has become an important impetus to trarsfer and upgrade; build a national design system is the trend of the times; each stakeholder should form the dynamic organic synergy governance network system under the same policy goals. The Region reports analyze and predict the development situation to the design cities, indicate that "science and technology + design" has become the mainstream mode on the development of design industry. By using the design to improve the citizens' quality of life has become the development concept for domestic leading cities,

Beijing has becomes the center of the Asia Pacific design network, Shanghai, Shenzhen, Hangzhou, Chongqing, Chengdu have their own comparative advantage in the specific areas. According to the research results, the cultural creativity, design services, and development of the new high-level service industry has formed a certain scale in Beijing, Shanghai, Shenzhen and other areas, and there is a substantial progress on aspect of promotion and real economy depth fusion, become a new growth point to the national economy.

The industry reports give a comprehensive combing on 11 segments in design industry, and analyze the latest trends on 3D printing, wearable and some other new formats industry. 3D printing technology promotes the Maker Movement, Professional Design and Mass Innovation, combined with Peoples Innovation, will strengthen the power of design innovation. The development trend of the wearable devices, namely towards promote the emotional communication, intelligent auxiliary, multi-channel interaction, devices implanted, privacy security and other comprehensive development of multiple directions. The strategy reports introduce the research on design industry which contains the compilation method of The Red Star index and statistical classification, Chinese Red Star index (Beijing) will based on the business index, 50 index, process a series of index system such as phased development, compile and publish the price index, creativity index, with a specific monitoring indicators of quantitative processing to represent comprehensive development status and the future trend on Beijing design industry; the statistical classification of Beijing design industry is the first time has been clear about the scope of statistics in Chinese design industry, and it has a typical significance and demonstration effect for the national industry development.

Contents

𝔹 I General Report

Abstract: Since 2008, after the global economic crisis, especially the great changes have taken place in Asian region economy, culture has an tremendous impact on the development of art and design, which initiate some new change. This article refers to the design and analysis of related content is combined with the aesthetic requirement on the realistic social life of utility function based on the realization, which mainly include the practice of art design, the development of art design theory and the education of art design. The article analyzes and discusses the present situation of the rapid rise of Chinese art design with the three layer of the art design field after the financial crisis.

Keywords: Design Practice; Design Theory; Design Education

𝔹 II Comprehensive Chapter

Abstract: Affected by the global downturn, lower growth rate of global design industry, maintains the overall upward trend. The design has become the

German, British, America, Japan and South Korea, the strategic focus of the first developed countries, promote domestic industrial design level and maintain the advanced level of the world through the development of national design strategy, establish the government promotion agencies, special funds invested, prizes and other measures. The rear countries are making the development policy and the corresponding strategy and promot the healthy and sustainable development of design services. Under this background, our country should make the design goals of industrial development, build a multi-agent cooperative network governance system, perfecting the design talent education system, policy system according with the development stages of the design industry feature.

Keywords: International; Design Industry; Design Capital; Trend

B.3 Development and Policy of China's Industrial Design Industry

Zhu Tao / 028

Abstract: 2013 –2014 Chineses industrial design industry overall presents an industrialization development trend, new models, new formats, new achievements and new trends are emerging, continued to show healthy, vigorous development trend. The government continued, vigorously promote industrial development, manufacturing enterprises, design, design of college park enterprise comprehensively entered a new stage of transformation and upgrading, industry organizations continue to play a role in the promotion, promotion activities present normalization. With China characteristics, production, learning and research, government, business, gold collaborative innovation mechanism is preliminary form, the whole industry to high-end comprehensive, design development trend of significant.

Keywords: Development and Policy of China's Industrial Design Industry; Industries Development; All-round Transformation and Upgrading

B. 4 The Research on Chinese Red Star Index (Beijing)

Xi Dalong, Liu Tao, Cui Zhenghua, Huang Qiuxiang and Dai Juncheng / 048

Abstract: With the arrival of the big data era, the global economy is gradually gaining access to the 'Index economy era', the development of design industry increasingly requires index system to represent the development dynamics and tends of design sector. This paper takes the research of China Red Star Design Index (Beijing) as the breakthrough point, constructs the China red star design index from the aspects of compiled background, framework structure, index system and calculation method, respectively, it release and analysis the index results of the first three quarters of 2014.

Keyword: Design Index; Indicator System; Sector Index; China Red Star

B. 5 The Statistical Classification Research on Beijing Design Industry

Zhang Yongshun / 063

Abstract: There is no statistical data of design industry due to lack of unified concept and classification in China nowadays yet, the industrial data is in high demand for analyzing the status of development and making some promotion policy. It becomes more meaningful to establish the classification standard of the design industry, this article just meets the needs, and it offers not only the classification standard but also some practical methods to investigate and monitor the design industry after the systematic research.

Keyword: Design Index; indicator system; sector index; China red star

B. 6 The Rise and Propects of Crowdfunding on the Cultural Creativity *Wei Pengju* / 095

Abstract: with the development of Internet Chinese flourishing age, cultural and creative industry has also ushered in the overall development period, the integration between the two is the necessity of the times. To all the chips as the representative of the Internet finance is a kind of cultural and creative industry and the height of the gas and the temperament of modern financial form, from the international to China, cultural and creative crowd funding finance rapid development, has a great role in promoting the development of cultural and creative industries.

Keywords: Cultural and Creative; Industry of Internet Financial; Crowd Funding

B Ⅲ Regional Chapter

B. 7 Status Analysis and Innovation Strategy of Beijing's Design Industry *Liang Haoguang*, *Cao Gang and Lan Xiao* / 107

Abstract: From Beijing the first "technology + design" as the core characteristics of the mode of development, integration of science and technology, culture, arts and social economic factors, based on intelligence and creativity, by means of modern technology, to enhance the value and quality of life and production, innovation activity, promote the capital's economic development "sophisticated". Design industry has become the promotion of Beijing science and technology and culture, enhancing the core competitiveness of industry and urban quality, an important way to build a national science and technology innovation service center.

Keywords: Beijing; Culture and Technology; Industrial Design

Abstract: This paper describes the development history of design industry in Shanghai, analyzes the status of its development, analyzes its cutting-edge development and looks ahead its future prospects. We seek to disciplinary, industry, research, policy and service, seek to these principles of interactive and integration, and discuss the development of design industry in Shanghai that as the representative of China.

Keyword: Shanghai Design; Design Industry; Design Studies

Abstract: Shenzhen is the first City of Design accredited by UNESCO in China. Today the cultural industry has become one of the four pillar industries in Shenzhen. As an important part of cultural industry, design industry should speed up the fusion with manufacturing and services. The design industry of Shenzhen must be based on the Pearl River Delta, build the 'Shenzhen and Hong Kong design twins', shift from 'Shenzhen speed' to 'Shenzhen quality'.

Keywords: Shenzhen; Design Industry; Manufacturing Industry

Abstract: This report is the first comprehensive analysis, on overall development situation investigation report of Guangzhou design industry in China and provides an important reference for the auxiliary government decision-making and promoting design industry. The report briefly reviews the development course of Guangzhou design industry, analyzes the Guangzhou design industry development status, characteristics, advantages and problems, and the future development trend of Guangzhou design industry makes a scientific prediction. Based on the support of Guangzhou design industry policy, development mode and hot events such as a large number of research results, and strive to embody the scientificalness, industry, practical and prospective.

Keywords: Guangzhou; Design Industry; Current Situation

Abstract: Hangzhou Municipal Party committee, further implement the strategy of "industrial prospering city", adhere to the "three turn a dispute" and "continue to walk in the forefront of the country to ensure that the city" target, and enhance the development of the traditional advantage industry, moderate the development of new heavy industrialization, vigorously develop high-tech industries "three" policy, vigorously develop the design industry, continuously improve the contribution of design innovation of the industrial economic development in Hangzhou city for the full rate, enhance the comprehensive competitiveness of Hangzhou economy and society and make greater contribution.

Keywords: Hangzhou; Design Industry; Present Situation; Trend

Abstract: Compared with Apple, Foxconn, Midea, Huawei, ZTE, and other chinese companies as representative for large manufacturers design team of the Pearl River Delta brand, the team construction and development of power as a whole is not high, but most of enterprises have started the design patterns to explore suitable for their own characteristics, there are brand and unified design center, platform for division design and research on loose type design. These three modes not only reflects the enterprise's current ecological design activities, but also reflects the enterprise business philosophy for the industrial design value and the role of cognitive differences. With the transformation and upgrading of strategic development goals from " made in China " to " created in China ", innovation become the keyword of the large manufacturing enterprise for the future development of the Pearl River Delta.

Keywords: The Pearl River Delta; Big Brands; Manufacturing Industry; Competitiveness

B Ⅳ Industry Chapter

Abstract: This article is based on " 2013 Chinese advertising industry data analysis report" which was published by the "modern advertising" magazine in June 2013. With the related data provided by the report, the author tries to observe and insight the developing trend of the advertising and design industries in Chinese market. The article is organized from three aspects: the prospect of the ad-design industry, the subject of the industry and the iecology of this industry. The author strive to provide readers with different thoughts on the future of the Chinese advertising and design.

Keywords: Chinese Advertising Industry; Advertisement Design; 2013 Chinese Advertising Industry Data

B. 14 Development Dilemma and Prospect of Fashion Design Industry

Luo Bing, He Tengfei / 222

Abstract: China is the largest clothing consumption and production country in the world. Today, the consumers have dominated the retail market of the clothing. The Chinese government pays more attention to construction of ecological civilization. Chinese fashion design has to solve the problem of low level design and homogeneity competition and find out how to increase the added value of design, promote design expression, tap the market deeply, provide the good products for consumers, enhance the international competitiveness.

Keyword: Chinese Fashion Design; Industrial Civilization; Design Innovation; High Value Added; Good Product

B. 15 Status Analysis on Prospective Design Industry

Zhang Junying, Feng Xiaoshuo and Tang Ke / 241

Abstract: With the development of the "going global" strategy in China, some large survey and design enterprises has been setting out an internationalization layout, especially in the exploration of the emerging markets. This kind of design companies usually have an engineering general contracting qualification, and the richful experience of engineering design and project management is very helpful to obtain international projects.

Keywords: Prospective Design; Industry; Development Trend; Forecast

B. 16 Status Analysis and Suggestions on Art Derivatives Design Industry

Zhang Yichun / 248

Abstract: As the creative economy grows quickly in China, the market of art derivatives is emerging. In the paper, we define what art derivatives is and the features, and we categorize the art derivatives into 3 classes. And then, we analyze the market capacitives, business modes and market opportunities of art derivatives in current china. We point out the main problems standing in its way, and propose the corresponding solutions.

Keywords: Art Derivatives; Cultural Creativity; Art Licensing

Abstract: In this paper, from the angle of the animation industry's own law of development and the big animation view analysis of the importance of animation design. The animation industry in the rapid development of today, need to calm analysis of the key role played by the cartoon image design in the works. In the Internet era, in the cross-border integration of market conditions, the animation design has a broader space, also face greater challenge and competition. The challenge from consumers, from the market. Animation industry will grow in the animation designers and operators of efforts.

Keywords: Animation Design; Cartoon Image; Cartoon View; Protoplast Fusion

Abstract: Integrated Circuit (IC) Design Industry, which contains high innovation and technological strength, is the core of the whole IC industry. The global IC industry is in a stablestage, and the IC Design Industry has become an important symbol of high technology, innovation ability and advanced leader. Chinese s IC Design Industry has developed well for recent years, either its scale, the proportion or the industry structure is optimizing and upgrading. Currently,

Chinese IC Design Industry shows many characteristics, which includes: the core areas concentrate in three major areas which are the network communication, computer and multimedia; the technology of IC Design Industry is making a fast progress; features of different classes of the design industry gradually appear; the cross-border mergers and integrations have increased changes competition situation. Although there is still a large gap between the Chinese IC industry and the International average level, such as the poor industrial chain or the overall planning of the nation fund. As the policy environment improves, the IC Design Industry is facing a new trend of development. The industry may achieve a leaping development, if we seize the opportunity, meet the challenge, as well as attract and cultivate talents.

Keywords: Integrated Circuit (IC); the Design Industry

Abstract: Nowadays, the market of commercial real estate has developed very fast. To be more competitive in commercial complex design, it is necessary to have a profound understand of business and real estate industry. Based on the review of the major events in real estate industry in 2013, this paper will analyze the trend of the commercial real estate and point out how the profit mode of the commercial real estate influences the commercial complex design. Combined with the author's design practice, this paper will also present some regular design problems and resolutions, in order to make improvement in design and increase the value of commercial property.

Keywords: commercial real estate design Characteristic

Abstract: With the rapid development of Chinesc exhibition industry, display design as a modern service platform has entered a period of rapid development. This paper shows the developing status analysis of display design as the breakthrough point for the last two years, summarizes the development trend of display design, respectively, from the systematic display design, digital design, sustainable design and experience design, and discusses the prediction of display design in the future.

Keyword: Display Design; Status Analysis; Development Trend

Abstract: The development of 3D printing technology has a profound impact on the production mode of manufacturing and the life way for people. The 3D printing strategy has been deployed by major developed countries one after another. The application effect of 3D printing has significantly increased and industry scale is growing because of the constant emergences of new 3D technology, new material and new products. In the future, 3D printing manufacturing mode and the traditional manufacturing mode will coexist for a long time and go through a fusion development. The 3D printing equipment will be more universal and intelligent, the material types and performance will be more diversified, and the production mode tend will be distributed and agile. Compared with foreign countries, there are still large gaps in the 3D printing technology basic theory, technology, materials research and the core components. in our country, and the whole industrial scale is smaller. There is an urgent need to build and improve the 3D printing industry ecosystem, promote innovation upgrade with the Internet as an opportunity, actively promote the research and application of industrial 3D printing technology, support developing the product design software for 3D printing, encourage the development of personalized custom services, and promote the rapid development of industry.

Keywords: 3D Printing; Current Situation Analysis; Development Trend

B. 22 Development Course and Prospect of Equipment Wear

Cao Yuan, *He Renke* / 328

Abstract: This paper introduced the definition of wearable devices and their history, classified and summarized wearable devices from the consumer electronic devices and the professional electronic equipments. At the same time, analyzed the current limitation of wearable devices' development from the product, user experience and privacy. The last part of this paper is the individual prediction of wearable devices' development trend.

Keywords: Definition of Wearable Devices; Classification of Wearable Devices; Development Trend

B. 23 Status Analysis and Prediction on Planning Design Industry

Zhu Guanghui, *Yu Chunpu* / 342

Abstract: This paper expounds a series of changes since reform and opening. First of all, there are significant changes of inventory work in urban and rural area in China. Many new connotation were been brought in urban and rural planning. A welcome development has been gotten by the connotation attracting more attention in the social economy, the resources and environment, historical context, the construction of ecological civilization. In the second place, the paper analyze the problems about the urban and rural planning and construction and display the opportunities and challenges in current rapid urbanization of China. Thirdly, the paper pointed out that our country urban and rural planning need to adapt the trend of seven aspects, make urban and rural planning as a behavior of the government, as the important public policy in the development of social economy and play an increasingly key role in the new advance of urbanization of our country.

Keywords: Urban and Rural Planning; Ecological Civilization; Urbanization; Recycle Economy

Abstract: In the graphic design industry, the government and the market have their own market regulation, In the key period of industry adjustment transformation, the development of Chinese graphic design industry has been supported by a certain degree of policy, the industry internal communication and international communication become more frequently, the relevant academic research has been on the agenda, the industry associations as an important professional organizations should also play a more and more important role. At the same time, the impacts on the Internet technology, design management, rural market become key words in the field of graphic design industry, mobile Internet and other new technologies for the development of the graphic design industry have been highlighting, the trend on the multimedia integration of the graphic design become more and more obviously in the future.

Keywords: China; Graphic Design; Development Trend

B V Hot-spot Report

皮书起源

“皮书”起源于十七、十八世纪的英国，主要指官方或社会组织正式发表的重要文件或报告，多以“白皮书”命名。在中国，“皮书”这一概念被社会广泛接受，并被成功运作、发展成为一种全新的出版型态，则源于中国社会科学院社会科学文献出版社。

皮书定义

皮书是对中国与世界发展状况和热点问题进行年度监测，以专业的角度、专家的视野和实证研究方法，针对某一领域或区域现状与发展态势展开分析和预测，具备权威性、前沿性、原创性、实证性、时效性等特点的连续性公开出版物，由一系列权威研究报告组成。皮书系列是社会科学文献出版社编辑出版的蓝皮书、绿皮书、黄皮书等的统称。

皮书作者

皮书系列的作者以中国社会科学院、著名高校、地方社会科学院的研究人员为主，多为国内一流研究机构的权威专家学者，他们的看法和观点代表了学界对中国与世界的现实和未来最高水平的解读与分析。

皮书荣誉

皮书系列已成为社会科学文献出版社的著名图书品牌和中国社会科学院的知名学术品牌。2011 年，皮书系列正式列入“十二五”国家重点图书出版规划项目；2012~2014 年，重点皮书列入中国社会科学院承担的国家哲学社会科学创新工程项目；2015 年，41 种院外皮书使用“中国社会科学院创新工程学术出版项目”标识。

中国皮书网

www.pishu.cn

发布皮书研创资讯，传播皮书精彩内容
引领皮书出版潮流，打造皮书服务平台

栏目设置：

□ 资讯：皮书动态、皮书观点、皮书数据、皮书报道、皮书发布、电子期刊

□ 标准：皮书评价、皮书研究、皮书规范

□ 服务：最新皮书、皮书书目、重点推荐、在线购书

□ 链接：皮书数据库、皮书博客、皮书微博、在线书城

□ 搜索：资讯、图书、研究动态、皮书专家、研创团队

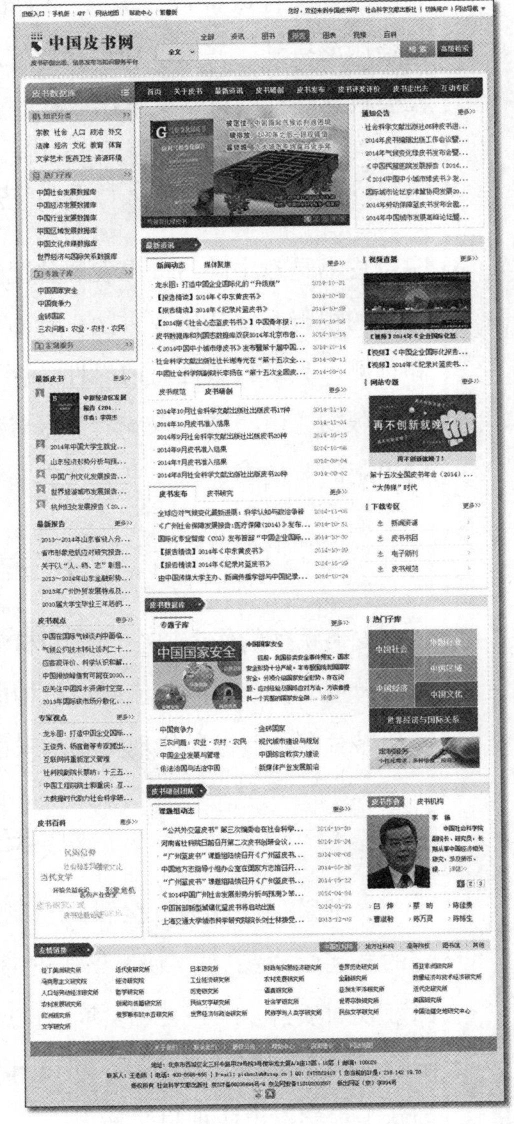

中国皮书网依托皮书系列“权威、前沿、原创”的优质内容资源，通过文字、图片、音频、视频等多种元素，在皮书研创者、使用者之间搭建了一个成果展示、资源共享的互动平台。

自 2005 年 12 月正式上线以来，中国皮书网的 IP 访问量、PV 浏览量与日俱增，受到海内外研究者、公务人员、商务人士以及专业读者的广泛关注。

2008 年、2011 年中国皮书网均在全国新闻出版业网站荣誉评选中获得“最具商业价值网站”称号；2012 年，获得“出版业网站百强”称号。

2014 年，中国皮书网与皮书数据库实现资源共享，端口合一，将提供更丰富的内容，更全面的服务。

法律声明